石油和化工行业“十四五”规划教材

省级一流本科专业建设成果教材

本书获天津科技大学研究生教材建设项目资助

多智能体机器人系统控制及其应用

Multi-agent Robots: Their Systems Control and Applications

戴凤智　赵继超　宋运忠　主编

化学工业出版社

·北京·

内 容 简 介

本书分为三篇内容。第 1 篇是多智能体机器人系统的基础（第 1～3 章），介绍多智能体系统的概念、必要的控制原理和数理知识。第 2 篇是多智能体机器人系统的控制（第 4～5 章），分别针对一阶和二阶多智能体系统进行了各种情况下的一致性和编队控制与验证。第 3 篇是多智能体机器人系统的应用（第 6～8 章），分别针对多无人车系统、多无人机系统以及由它们组成的异构多智能体系统，讲述了在各种情况下的一致性控制、编队控制和最优控制等的实验与应用。

本书将课程思政和党的二十大对高等教育的要求有效地融合进了专业授课内容之中。本书配有 PPT 电子课件、程序、教学大纲和授课计划，以及各章习题的参考答案，免费提供给选用本书作为教材的授课教师和读者。需要者请登录化学工业出版社化工教育（www. cipedu. com. cn）下载或手机微信扫下方二维码获取。

本书为高等院校控制理论与控制工程、电子信息等专业的研究生教材，也可作为自动化类、人工智能、机器人工程等相关专业的本科教材，还可供相关领域的工程技术人员参考。

手机微信扫码

图书在版编目（CIP）数据

多智能体机器人系统控制及其应用/戴凤智，赵继超，宋运忠主编 . —北京：化学工业出版社，2023.9（2025.2 重印）

ISBN 978-7-122-43703-7

Ⅰ. ①多…　Ⅱ. ①戴…　②赵…　③宋…　Ⅲ. ①智能机器人-高等学校-教材　Ⅳ. ①TP242.6

中国国家版本馆 CIP 数据核字（2023）第 116725 号

责任编辑：周　红　　装帧设计：王晓宇

责任校对：李雨函

出版发行：化学工业出版社（北京市东城区青年湖南街 13 号　邮政编码 100011）

印　　装：河北延风印务有限公司

710mm×1000mm　1/16　印张 13　字数 225 千字　2025 年 2 月北京第 1 版第 2 次印刷

购书咨询：010-64518888　　售后服务：010-64518899

网　　址：http：//www. cip. com. cn

凡购买本书，如有缺损质量问题，本社销售中心负责调换。

定　　价：79.80 元

序言

作为自动化和人工智能领域的一名学者，我非常高兴地看到《多智能体机器人系统控制及其应用》这本书的出版。本书涵盖了多智能体系统控制的相关理论和技术，并且介绍了多智能体系统在不同领域的应用。这本教材的出版必将为普及和推动多智能体系统控制的发展与应用做出一定的贡献。

多智能体机器人系统控制是一个备受关注的研究领域，也是控制理论、人工智能和机器人技术领域中的重要分支。多智能体系统由多个智能体组成，各智能体之间通过通信、协作、竞争等方式相互影响，最终实现特定的任务和目标。多智能体系统的控制问题比较复杂，需要综合考虑各种因素，包括系统的动力学特性、智能体机器人的感知能力、通信协议等。

我与本书的三位作者戴凤智、赵继超和宋运忠都是中国人工智能学会智能空天系统专业委员会的成员，因此对他们都非常了解。也非常高兴受邀为本书写序。本书介绍了多智能体系统控制的基本理论和在不同领域中的应用。首先讲解了多智能体系统的基本概念、系统控制原理以及必要的数理基础知识，然后介绍了一阶和二阶多智能体机器人系统的协同控制方法，这些方法可以直接应用于多智能体系统的控制。最后再着重介绍多无人车系统和多无人机系统的协同控制，特别值得一提的是在探讨了这些系统中智能体之间的协同控制问题之后，还进一步论述了异构多智能体系统的协同控制方法和最优控制，这也是本书的亮点之一。这些内容对于解决异构系统协同控制问题非常有帮助，并且已经得到实际的应用。

综上所述，我认为无论是从理论研究还是从实际应用的角度来看，本书对于学习和推广多智能体系统控制都具有一定的意义。我相信，这本书将成为多智能体系统控制领域的一本有用的教材和参考资料，对那些希望深入了解、学习和应用多智能体系统控制技术的学生、研究人员、学者和工程师来说，都将是一本不可或缺的指南。

此外，本书在写作风格上，既注重文字表达的严谨性以符合专业领域的知识性、科学性要求，又注重文字表达的通俗易懂以满足教材本身惠及大众学子的功能。我相信，如果本领域的教师和专家学者，还有对多智能体系统控制感兴趣的学生和读者都能够从中受益，那将是本书之幸，也是作者之愿。

天津工业大学人工智能学院副院长

天津市特聘教授

2023年5月1日

前言

多智能体机器人系统是一门较为新兴的复杂系统科学。多智能体系统在执行任务时具备单个机器人无法比拟的优势，如多无人车系统的协同作战、多无人机系统的编队表演，以及无人机和无人车组成的空地协同系统等。但是它在控制原理和技术应用上也会比单个机器人要复杂。

经过调研，我们发现目前关于机器人的控制及其应用的教材基本分为两类。其中一类主要是讲述单体机器人的控制问题，包括路径规划、智能算法、行为和运动控制等。而另一类则以数学分析为基础去推导机器人的各种控制以及多机器人间的协同控制问题，但是在应用方面没有给出详细的可操作性实例。

因此在人工智能算法和机器人技术发展的今天，关于不同种类多个机器人之间的协同控制方面的教材是短缺的，特别是能够有效提供应用性操作的教材更是较少。为了贯彻党的二十大报告提出的“深入实施人才强国战略”，按照“培养造就大批德才兼备的高素质人才，是国家和民族长远发展大计”的要求，编写新教材是必需的，也是紧迫的。

同时，党的二十大报告提出“实施科教兴国战略，强化现代化建设人才支撑”，指出要“开辟发展新领域新赛道，不断塑造发展新动能新优势”，并且要“加强基础学科、新兴学科、交叉学科建设，加快建设中国特色、世界一流的大学和优势学科”。

多智能体机器人系统正是以人工智能算法和机器人控制技术相结合的关键技术为核心，它必将为载人航天、探月探火、深海深地探测、卫星导航等国家提出的战略性新兴产业的发展壮大提供支撑。

该书是多位教师和研究生将学习和科研过程中的资料系统地汇总完善，将教师授课经验和科研方面的经历与摸索进行梳理的成果，曾以讲义形式在天津科技大学、河南理工大学、济源职业技术学院等多所院校使用。我们希望以此书作为桥梁，打通多智能体机器人在基础理论与高水平科学研究之间的通道。我们也希望该书可以部分地解决多智能体机器人的知识与传统控制理论之间缺乏连贯性的问题，填补它们之间存在的空白，力争使读者在阅读本书时不需要自己去寻找大量的基础知识和实例等资料来填补。

基于这些考虑，本书分为三篇。第 1 篇是多智能体机器人系统的基础（第 1～3 章），第 2 篇是多智能体机器人系统的控制（第 4～5 章），第 3 篇是多智能体机器人系统的应用（第 6～8 章）。本书在内容设计上先通过对两类机器人，即无人车和无人机建立数学模型，分析单个机器人的控制原理，然后组建成多智能体机器人系统，以此来完成教材知识体系框架的过渡。同时考虑到各类型学校及其各专业的课程大纲设计的不同，在本书的第一部分（基础知识部分）解释了多智能体机器人系统的基本概念，以及在后面学习和研究过程中将要遇到的相关控制理论和数理基础知识。

编者认为学习有三重境界：一为看进去；二为看明白；三为讲出来。关于本书的使用，建议读者在快速浏览第 1 篇（第 1～3 章）之后立即进入第 2 篇（第 4～5 章）的学习中。当在后面的学习过程中遇到相关定义及定理时，可以再回过头来仔细精读第 1 篇对应的内容。然后通过精读第 3 篇（第 6～8 章）来融会贯通。最后请通过自己的仿真、实验和成果汇报，把掌握的知识讲出来并运用到专业竞赛和撰写学术论文上。这样才真正完成了学习上的一个循环。

阅读本书时建议（但不局限于）读者具备基础的自动控制理论和高等数学知识，了解线性代数的基本概念及矩阵的基本运算。当然，在本书的第 1 篇中也对相关内容深入浅出地做了介绍。同时，因为本教材兼具教学的需要和进行研究时的参考用书功能，因此在必要的地方直接给出了相关的参考文献编号，便于读者针对某一部分内容进行深入研究时直接查阅相关文献。

本书的部分内容和工作分别获得 2018 年和 2022 年的天津市教学成果奖二等奖，以及 2022 年天津科技大学教学成果奖（研究生组）特等奖。本书得到了 2021 年教育部高等学校电子信息类专业教学指导委员会教改项目（2021-

JG-03），2021年度天津科技大学研究生教育改革创新类（教材建设）项目（2021YJCB02），河南理工大学2022年度研究生教育教学改革项目（2022YJ06）的支持。

本书具体编写分工如下。戴凤智负责全书的编写工作，其他编写人员还包括：李芳艳、冯高峰负责前3章，赵继超、刘竹宁负责第4、5章，宋运忠、张普京负责第6～8章。张闯、贾芃、程宇辉、戴晟等对本书提出了建议并参与了文字校对工作。

感谢南开大学陈增强教授团队和王付永副教授，北京大学谢广明教授团队、王晨副研究员和李帅博士，北京科技大学的祝晓琳为该书所做的指导和支持。感谢天津工业大学人工智能学院副院长、天津市特聘教授夏承遗教授为本书写序并指导该书的撰写工作。本书是在中国自动化学会普及工作委员会、中国人工智能学会智能空天系统专业委员会、中国仿真学会机器人系统仿真专业委员会、中国机械工业教育协会机器人工程专业教学委员会和天津市机器人学会的指导下完成的。

本书为高等院校研究生教材，也可作为自动化类、电子信息类、机器人工程等相关专业的本科和职业院校教材，还可供相关领域的工程技术人员参考。

如果您对本书在编写和内容方面或者对书中提及的技术细节和硬件等有任何疑问，可以发邮件到作者的电子邮箱 daifz@163.com、jichaozhao@163.com、songhpu@126.com 联系。

由于编者水平有限，书中不妥之处在所难免，恳请读者批评指正。

编　者

目 录

第1篇 多智能体机器人系统的基础

第3篇

多智能体机器人系统的应用

第1篇

多智能体机器人系统的基础

第 1 章
多智能体机器人系统

多智能体系统在自然科学、社会科学等众多领域中都有应用，并已成为当前的一个重要研究热点与富有挑战性的研究课题。近年来，多智能体系统相关问题的研究得到了广泛的关注，取得了大量的成果，并不断应用在各领域中。

将多智能体系统的研究成果应用到机器人领域就是多智能体机器人系统（本书在不引起混淆时将多智能体机器人系统简称为多智能体系统）。多智能体机器人系统由多个机器人组成，这些机器人可以具有相同或相似的特征（如由多辆智能无人车组成的多智能车系统），也可以是由不同特征的机器人（如由智能车和无人机混合编队）组成的系统。

机器人作为一种可移动的智能体，由于其具有自适应性、分散性和自组织性等特点，在社会、军事、生产等各领域都有着极其重要的研究意义和应用价值。因此开展针对移动类多智能体机器人系统的分析研究并提高其在工程实践中的应用水平，具有极高的实用价值和工程意义。

本章将介绍多智能体机器人系统的基础知识，包括多智能体机器人系统及其控制特性、主要的研究内容和相关应用。还将概述多智能体机器人系统的几种典型控制，包括群集控制、会合控制、同步控制和包容控制，并引出多智能体系统中重要的一致性控制和编队控制。

1.1 多智能体机器人系统简介

1.1.1 理论发展及其特点

多智能体系统（Multi-agent System，MAS）是指由许多单个智能体（agent）组成，并通过智能体之间的相互协调而共同完成一个复杂任务的系统。智能体一般是指一个物理的或抽象的实体，它具备感知周围环境的能力并能正确调用自身所具有的知识对环境做出适当的反应。而多智能体协调是一个多学科、多领域融合的新技术，其概念最初是受到对自然界中集体行为描述和观察的启发。

多智能体机器人系统是多智能体系统在机器人领域的具体应用。在多智能体机器人系统协调控制的应用中，将单个机器人（相比于整个多智能体机器人系统）设计为具有一定的传感、计算、存储与通信能力的个体。在多智能体系统中，单个机器人的结构可以设计得较为简单，所完成的功能也可以比较单一，其动态系统的控制输入仅依赖于自身信息和其他有限个周围智能体的状态信息[1-3]。而多智能体系统却可以通过这些较为“简单”的单体机器人来完成复杂的任务。

在现实生活中存在大量多智能体系统的实例，如鸟群、鱼群和蚁群等，分别如图 1-1、图 1-2 和图 1-3 所示。在这类系统中，虽然个体自身的智能程度较为有限，但因为往往包含数量庞大的个体，所以生物界的这些集群行为在迁徙、躲避捕食者和找寻食物等方面具有很大的优势。因此对这些行为的研究吸引了各领域大量研究人员的关注。

图 1-1　鸟群

1987 年，生态学家 Reynold[4] 对鸟群、鱼群等群体行为进行仿真，提出了 Boid 模型。该模型要求智能体满足三个基本规则：

（1）避免碰撞　所有个体与邻近个体保持适当间距，以免碰撞。

（2）中心汇聚　所有个体试图靠近邻近个体。

（3）速度匹配　所有个体试图与邻近个体的速度保持一致。

这些规则详尽地描述了系统内部每个个体与系统内其他邻近个体之间交互作用的动态行为[5]。此后，Vicsek[6] 在 1995 年提出了一个简单的模型来研

图 1-2　鱼群

图 1-3　蚁群

究在具有生物动机的粒子系统中出现的自我有序运动。后来，众多文献也对集群行为进行了理论分析[7-9]。

当我们将这些成果应用于多智能体机器人系统时，就要提出各种控制结构，其中大多数结构可以被描述为集中式和分布式方案。在集中式系统中，一个连接所有机器人的中央控制单元拥有全局的团队知识，并通过管理信息以保证任务的完成。因此，集中式系统需要先进和昂贵的设备来满足所需的技术要求。与之不同，分布式系统方案是指所有的智能体机器人都处于同一级别并拥有相同的设备。每个智能体利用本地传感器获取其邻居（neighbors）机器人的相对状态信息，然后做出下一步移动和探索环境的决策。在分布式方案中，每个智能体机器人不需要掌握全局信息，它只与相邻的智能体进行通信。

由此可见，集中式和分布式的方案各有利弊。

（1）集中式多智能体系统　强大的中央智能体可以极大地提高多智能体系统的整体性能，同时处理器优秀的计算能力和高速通信能力可以快速有效地将命令发送给所有的智能体。然而该方案的弊端在于整个系统高度依赖于中心智能体，而中心智能体的故障将导致整个任务的失败。因此集中式方案的鲁棒性不足。此外，由于对中央智能体的要求较高，将导致整个系统的成本较高。

（2）分布式多智能体系统　对于分布式系统，能够使用较低成本的传感器和处理器来替代昂贵的核心单元，可以有效降低系统的成本。同时每个智能体的运动只依赖于邻居智能体的局部相对信息，因此降低了任务的难度。另外，由于局部智能体的故障不会影响整个系统的性能，因此分布式系统对恶劣环境的容错性更强。但分布式方案的弊端在于控制系统依赖于更复杂的控制策略来协调和优化任务的执行，这在一定程度上限制了系统的性能。并且通信的带宽和质量限制也会影响系统的整体性能。如果能够解决这些问题，在现有的资源和技术条件下分布式方案是具有优势的。

多智能体系统的分布式协调控制实现了从集中式框架到分布式框架的转变。一般而言，采用分布式框架时，单个智能体动态的崩溃不会影响整个系统的动态演化，也就不会影响整个系统控制目标的实现。这就避免了集中式控制因中央处理器损坏而导致的整个系统瘫痪，加强了系统的抗干扰性、可扩展性和鲁棒性。同时，通过局部邻居间的信息交互机制也能降低通信成本[2]。

综上所述，分布式多智能体系统主要具有以下特点[5]：

（1）自主性　在多智能体系统中，每个智能体都能管理自身的行为并做到自主地合作或者竞争。

（2）容错性　智能体可以共同形成合作的系统用以完成独立或者共同的目标。如果某几个智能体出现了故障，其他智能体将自主地适应新的环境并继续工作，不会使整个系统陷入故障状态。

（3）协作分布性　多智能体系统采用分布式结构，智能体之间可以通过合适的策略相互协作完成全局目标。

（4）可扩展性　多智能体系统因为采用了分布式设计，所以智能体具有高内聚、低耦合的特性，使得系统整体表现出极强的可扩展性。

当今许多机器人控制的想法都源自生物社会。例如，利用各种生物群体特别是鸟类、鱼类、蜜蜂和蚂蚁的简单局部控制规则，在多智能体机器人系统中可以采用相似的行为。基于生物行为的启发，文献［10］设计了多代的机器鱼用于在 3D（3-dimensions）环境中实施导航。文献［11］开发了许多算法，用于跟踪、识别和学习社会动物的行为。在这些研究中也都体现了多智能体系统优于单智能体。

首先，多智能体系统可以降低硬件平台、软件和算法的成本与复杂性。例如一个大型昂贵的机器人可以被几个小型廉价的机器人取代，能够以更低的成本和降低控制的复杂性来执行任务。其次，多智能体系统可以完成许多单智能体无法有效完成的任务，如对某一较大范围内复杂环境的监视任务。此外，具有分布式控制的多智能体系统具有更高的灵活性和鲁棒性，可以通过使用本地相邻智能体之间的通信来减少整个系统的通信和计算工作量。最后，传感器、通信和控制技术的进步也为多智能体系统的发展提供了良好的支持。随着更小、更精确、更可靠的传感器和通信网络的出现，多智能体协同执行任务的策略变得更加有效和智能化。

1.1.2 多智能体系统的研究内容

多智能体系统所要解决的根本问题在于如何设计合理的控制协议来协调多个机器人个体以统一完成任务，这与基于单一对象的传统控制理论有很大区别。当由传统控制转向多智能体机器人系统控制时，需要先熟悉单个智能体的动力学模型和控制方式，然后理解多智能体机器人之间通信关系对系统的影响，最后再设计出控制协议来完成任务。

因此从分层的角度来看，多智能体系统的研究内容主要包含如图 1-4 所示的三部分：单个智能体的动力学模型、智能体之间的通信关系、每个智能体的控制协议。

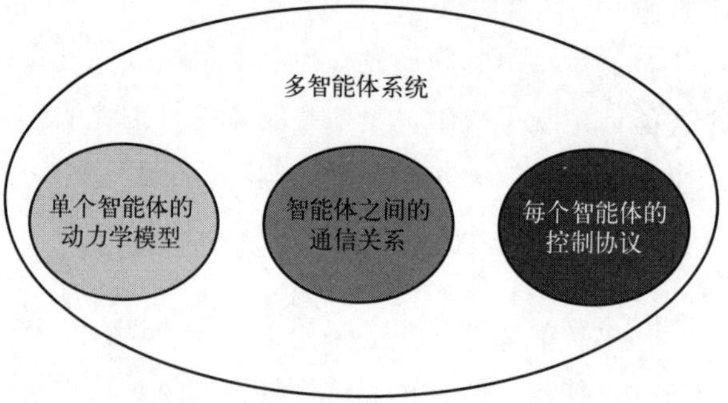

图 1-4　多智能体系统的研究内容

① 单个智能体（也被称为单个节点）的动力学模型反映了单个智能体的内部状态是如何变化的，常用微分方程或差分方程来表示。根据系统阶次的不同，智能体的动力学模型可以分为一阶（first-order）系统、二阶（second-order）系统和高阶（high-order）系统。根据模型是否是线性的可以分为线性（linear）系统和非线性（non-linear）系统。根据是否含有时延可以分为时延（time-delay）系统和非时延（no time-delay）系统。

② 智能体之间的通信关系体现了智能体之间的交互，即在拓扑结构上智能体间如果是相连的就可以进行信息交互，如果不相连则无法进行通信。一般情况下，相邻的多个智能体之间是相连的，距离较远的智能体则不相连。多智能体之间的通信关系常借助图论（graph theory）[12] 中的邻接矩阵（adjacency matrix）、度矩阵（degree matrix）和拉普拉斯矩阵（Laplacian matrix）来表示。根据智能体之间通信拓扑是否固定不变，可以将系统分为固定拓扑（fixed-topology）和切换拓扑（switching-topology）。

③ 每个智能体的控制协议需要根据控制目标来设定。当控制目标确定后，通过控制协议产生对各个智能体的控制作用并输入给各个智能体，各个智能体结合控制输入和自身的动力学模型进行自身状态的更新。当所有节点的状态均达到目标状态时，则意味着多智能体系统完成了相应的控制任务。

当明确了系统类型和通信拓扑关系后，基本就确定了一个多智能体系统。然后就是根据不同的控制目标或控制任务来设计对应的控制器，使其满足期望的控制要求。

如图 1-5 所示，常见的控制目标有一致性控制、编队控制和群集控制等。控制方法包括事件触发控制、滑模控制和自适应控制等。根据不同的控制目标可使用一种或多种控制方法来设计对应的控制器。本书后面各章节将分别论述图 1-5 中的各个部分。

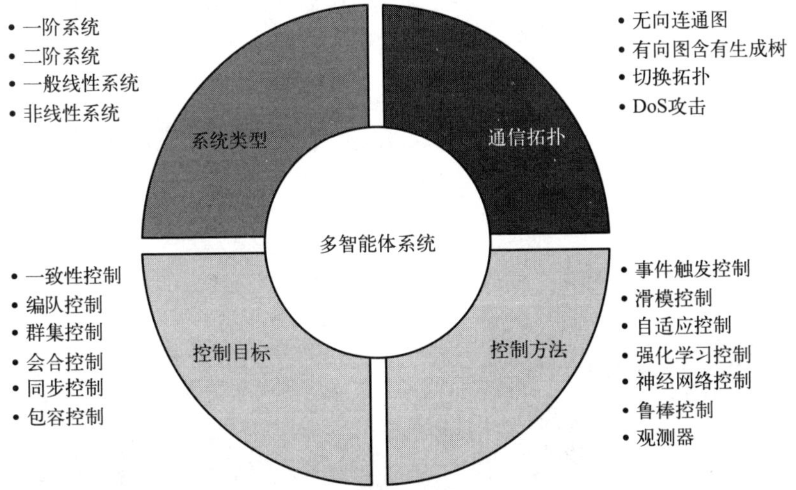

图 1-5　多智能体系统的研究分类

1.1.3 多智能体系统的应用领域

近年来，随着控制、通信、计算技术的交叉融合，多体协调控制获得广泛关注，并已取得丰硕的研究成果。相对于单体系统，多体系统可以完成更复杂的任务，并具有高效率、高容错性和内在的并行性等优点。

现阶段多智能体系统及其相关理论已经被应用在诸多领域中。在工程上，多智能体系统中的智能体可以是无人地面车辆（Unmanned Ground Vehicle，UGV）[13]、无人驾驶飞行器（Unmanned Aerial Vehicle，UAV）[14]、自主水下机器人（Autonomous Underwater Vehicle，AUV）[15]、卫星[16] 和智能电网[17] 等，它们都是具有一定协调能力的控制对象。

图 1-6 所示为北京理工大学方浩教授团队设计的无人车集群平台[18]，这一平台还原了牧羊的场景。图 1-7 所示为中国电科电子科学研究院研发的无人机“蜂群”。图 1-8 所示为中科院自动化所蒲志强教授团队研发的空地协同系统。图 1-9 所示为哈佛大学的 Self-Organizing Systems Research Group 团队设计的 Kilobot 集群机器人[19]，能够完成集群协同的自组织合作。

图 1-6　多移动机器人还原牧羊场景

图 1-7　中国电科陆军协同无人机“蜂群”

图 1-8　中科院自动化所的空地协同系统

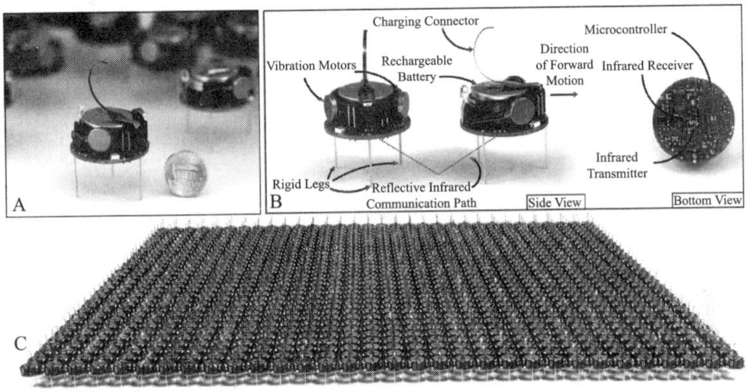

图 1-9　哈佛大学的 Kilobot 集群机器人

在多智能体系统的协同控制中，智能体在本地通过相互影响以实现多智能体系统的预期宏观目标。总的来说，多智能体系统的协同控制可以完成多种不同类型的任务。典型的任务包括一致性[20]、编队控制[21,22]、群集[23]、会合[24,25]、同步[26] 和包容[27,28]。这些内容将在后面章节中逐步介绍，而一致性控制被认为是其他控制的基础。此外，多个移动机器人的协同控制可以完成一些专门的任务，如分布式操作[29]、未知环境的测绘[30]、大型物体的运输[31] 等。

未来，随着无人设备的不断推广及生成过程中自动化水平的不断提高，传统的面向单一对象的控制理论将很难满足实际的控制需求，而多智能体系统因其功能强大、结构灵活、可扩展性强等特点必将得到越来越广泛的应用。

1.2 多智能体机器人系统的控制

如上所述，多智能体系统的一致性是研究多智能体系统其他问题的基础。所谓一致性，从控制理论的角度而言，就是指各智能体的状态变量在一定的控制协议和控制器的作用下最终达到一致[32]。

一致性的定义：随着时间的演化，一个多智能体系统中所有智能体的某个或某些状态趋于一致[33]。

一致性协议是多智能体系统中个体之间相互作用的过程，它描述了每个智能体与其相邻智能体间的信息交互过程。其基本思想是，每个智能体利用网络传递信息，通过合适的分布式控制算法最终使智能体动力学与网络拓扑耦合成复杂系统，从而实现状态的一致或者同步。

在智能体的动力学方面，各种系统动力学的一致性问题已被大量研究。我们发现，系统动力学对多智能体系统的最终一致性状态有很大影响。例如，具有一阶动力学模型的多智能体系统，其最终的一致状态通常收敛到一个恒定值。然而二阶动力学模型的系统一致性可能收敛到一个动态最终值，而此动态最终值一般是关于时间的函数[34]。

许多关于一致性问题的早期结果都是基于简单的智能体动力学，如一阶或二阶积分器动力学[35-37]。然而在现实中，大量实际物理系统不能简单地反映为一阶或二阶动力学模型。例如，对于多无人机系统[38,39]就需要高阶动力学模型。因此，描述高阶线性多智能体的更复杂动力学模型又吸引了大量学者的关注[40-42]。然后又将研究结果推广到非线性多智能体系统[43,44]。

非线性系统的一致性比线性系统的一致性要复杂得多，困难之处在于非线性使得智能体之间在交换信息时增加了一定的限制。这方面的控制研究包括二阶 Lipschitz 非线性多智能体系统的一致性控制[45]，以及具有非线性动力学的高阶多智能体系统的一致性问题[46]等。

在之前的研究中通常有一个常见的假设，就是智能体的动力学模型是相同的并且是精确已知的。然而这在许多情况下可能是不符合实际情况的。因此针对动力学模型不同的问题，即对于异构智能体系统，它的一致性控制研究也得到极大的关注[47]。

此外，智能体之间的通信连接在一致性问题中也起着重要作用。现有的结果大多都基于固定通信拓扑，即假设拉普拉斯矩阵是一个常数矩阵（这部分内容将在第 3 章介绍）。当且仅当零是拉普拉斯矩阵的一个简单特征值时，系统是可以达到一致的[48,49]。如果零并不是拉普拉斯矩阵的一个简单特征值，智能体不能达到渐进一致，因为此时至少存在两个单独的子组或组中至少两个智能体不能接收到任何信息。

众所周知，当且仅当有向通信拓扑图存在有向生成树或无向通信拓扑图是连通时，零是拉普拉斯矩阵的一个简单特征值[50-52]。而有向图的结果比无向图的结果要复杂得多，主要问题在于与有向图相关的拉普拉斯矩阵通常不是正半定的[53]。由于这一不利特性，无向图系统的分解方法不能应用于有向图系统。在实践中，由于传感器的技术限制或链路故障，智能体之间的通信可能在发生故障后无法得到修复，因此也要研究具有切换拓扑的多智能体系统的一致性控制[54]。

在一个多智能体系统中，如果存在一个或多个带队的智能体，则这些带队智能体被称为领航者。根据领航者的数量，上述研究也可以划分为三类，分别是如下。

① 无领航者的一致性（consensus without a leader），其最终状态值取决于智能体的初始状态。

② 领航-跟随的一致性（leader-follower），由其中作为领航者的智能体来确定最终一致的状态值。

③ 包容控制（containment control），此时智能体网络中有多个领航者。

与无领航者的一致性相比，领航-跟随一致性和包容控制在提前确定最终一致性状态值方面具有更大的优势。

1.3 多智能体机器人系统的编队控制

除了一致性控制（将所有的智能体都驱动到相同的期望值）之外，另一个研究方向是编队控制，即智能体通过局部相互作用形成预先设计好的几何构型。

多智能体的编队控制问题是指一组多智能体通过局部的相互作用（通信、合作、竞争），使它们在运动过程中保持预先指定的几何图形并组队向指定的目标运动。要求在运动的过程中，各智能体之间保持一定的距离以避免发生碰撞，在运动的道路上还要绕过障碍物[55]。

与一致性控制相比，在编队控制场景下所有智能体的最终状态值更加多样化。例如在航天器集群中，各个智能体处于不同的位置并进行不同的运动，通过一致性控制达到预先指定的队形和姿态。编队控制可以分为很多类型，如系统中含有实际领航者[56]、虚拟领航者[57]、行为领航者[58]等。

同时，基于一致性的编队控制策略也有很多[59，60]。早期关于编队控制的研究大多集中在简单的智能体动力学上，如一阶或二阶积分器动力学。如前所述，在现实中大多实际的物理系统不能简单地反映为一阶或二阶动力学模型，因此关于高阶线性时延多智能体系统的编队控制问题研究也很重要[59]。

根据感知变量和被控变量的不同类型，编队控制问题还可以分为基于位置（position）、基于位移（displacement）和基于距离（distance）的控制[61]。

当智能体接收到全局坐标系下指定的位置时，如果它们只感知自己的位置，这就是基于位置的控制。当智能体在全局坐标系中接收方位信息时，如果它们能感知相邻智能体的相对位置，这种控制就被称为基于位移的控制。当智能体收到与期望智能体间的距离时，它们会感知邻近的智能体相对于自己的局部坐标系统的相对位置，这被称为基于距离的控制。由于为每个智能体指定所需的位置是不现实的，并且为每个智能体提供全局信息会消耗很多资源，因此采用基于距离的控制算法更为实际。

1.4 多智能体机器人系统的控制形式

对多智能体的控制主要包括群集、会合、同步、包容 4 种形式。

① 群集（flocking）是指由大量自主个体组成的集合。在无集中式控制和全局模型的情况下，个体通过局部感知作用和相应的反应行为聚集在一起，使整体呈现出一致行为[62]。群集是一种普遍存在的群体行为和自组织现象，通过个体间相对简单的相互作用能够展现出较复杂的集体行为[63]。对生物环境的研究后来发展为工程应用中的群集控制问题，它关注的是将多个个体的速度协调到一个共同的速度的过程。相关成果包括二阶动力学（双积分器）模型在平面内的群集问题[64]，同时包括了具有固定拓扑和切换拓扑结构的系统[65]，以及增加的避障方案[66]。

② 会合（rendezvous）是指在空间分布的多个智能体通过交换邻居的局部信息，最终会合于一个期望的区域内。群体中所有个体的速度逐渐趋于零并最终静止于某一位置。会合控制的发展源于机器人应用的需求，如一群机器人要到达同一个地点，或者在一片未知区域进行搜索工作[62]。从控制的角度看，会合问题是为每个智能体单独设计局部控制策略，使一个群体中的所有智能体最终在一个指定的地点会合，而不需要智能体之间进行任何主动通信。也有文献总结了会合问题的早期表述和算法解决方案，其中智能体具有有限的范围感

知能力[67]。

③ 同步（synchronization）是指不同的智能体以同步的动态实现稳定共存。这里要解决耦合非线性振荡器的同步问题。通过研究两个主从混沌系统的同步现象已经将成果应用于安全通信[68]，通过使用主稳定函数方法也解决了振荡器网络的同步稳定性问题[69]。最近的研究着眼于复杂的动力学网络，如小世界和无标度网络的同步性研究[70]。

④ 包容（containment）与会合相近但又不相同。在领航者-跟随者方案中，跟随者需要作为编队的一部分留在领航者周围，实现这一目标的简单方法就是包容控制。通过将跟随者“驱赶”到由一个或多个领航者包围的凸包中，便不需要相邻跟随者的相对速度信息。在避碰场景下，领航者可以通过检测障碍物的位置形成一个（移动的）安全区域。然后在跟随者始终停留在安全区域内的情况下，团队可以安全到达目的地。关于包容控制也有了很多研究成果，研究对象包括单积分器[71]、切换拓扑[72]、双积分器[73]、欧拉-拉格朗日系统[74] 和一般线性系统[75]。

1.5 本书的结构安排

加强基础学科、新兴学科、交叉学科建设，加快建设中国特色、世界一流的大学和优势学科，这是我们的目标。

为此，本书从基础知识、必要的数理和控制，以及实践应用方面入手，在大的结构上分为三部分，分别是多智能体机器人系统的基础（包括第 1～3 章）、多智能体机器人系统的控制（包括第 4、5 章）和多智能体机器人系统的应用（包括第 6～8 章）。具体共分为 8 章，各章的内容安排如下（既可以作为教材根据教学计划从第 1 章开始学习，也可以根据自己的实际情况选择其中的章节进行学习或作为参考）。

第 1 章介绍多智能体机器人的基础知识。

第 2 章介绍在多智能体机器人系统研究过程中需要具备的控制理论基础知识。

第 3 章介绍在数理方面需要用到的相关基础知识。

第 4 章在分别介绍了无人车和无人机的数学模型及其控制原理之后，为这两种机器人分别建立一阶系统模型并讲解多个机器人在协同工作时需要达到一致性状态所需要的控制方法。

第 5 章是第 4 章的进阶内容，分析当机器人的模型为二阶时的控制问题。

第 6 章介绍多无人车系统在指定编队任务时的协同控制及其稳定性分析。

第 7 章介绍多无人机系统的协同控制及其稳定性分析。

第 8 章以地空机器人合作共同完成任务为应用背景，讲解当无人车和无人机共同属于一个多智能体系统时是如何通过控制来协同完成任务的。通过对最优控制律进行分析，给出了异构系统的分布式最优控制协议。

思考与练习题

1. 什么是多智能体系统？
2. 简述多智能体系统的控制结构。
3. 多智能体系统有哪些特点？简述其特点。
4. 从分层角度来看，多智能体系统的研究内容主要包含哪几部分？
5. 在多智能体机器人系统的控制中，一致性是指什么？
6. 根据领航者的数量，多智能体机器人系统的研究可以分为哪三类？
7. 什么是多智能体机器人系统的编队控制？
8. 根据感知变量和被控变量的不同类型，编队控制问题可以分为哪三类？
9. 多智能体系统的控制形式有哪些？

第2章 多智能体机器人系统的控制原理

在分析和设计控制系统之前需要建立控制系统的数学模型。控制系统的数学模型是描述系统内部状态或变量之间关系的数学表达式。根据变量及其各阶导数的情况，系统的数学模型可分为静态数学模型和动态数学模型。静态数学模型中变量的各阶导数为零，此时的模型又称为代数方程（algebraic equation）。动态数学模型中描述的是变量各阶导数之间的关系，此时的模型又称为微分方程（differential equation）。如果已知输入量及各变量的初始条件，对微分方程求解就可以得到系统输出量的表达式，并由此可对系统进行性能分析。

在自动控制原理中数学模型有多种形式。时域中常用的数学模型有微分方程、差分方程和状态方程，复数域中有传递函数和结构图，频域中有频率特性等。本章从模型建立的角度出发，在时域分别建立连续系统模型和离散系统模型并转换到复数域。本章主要介绍时域微分方程和差分方程的建立及其求解方法，更多详细内容请参考相关文献[76,77]。

2.1 机器人的经典控制理论

2.1.1 线性连续系统

用线性微分方程描述的系统称为线性系统。线性系统的重要性质是可以应用叠加原理。叠加包括两重含义，即具有可叠加性和均匀性（或齐次性）。线性系统的叠加性原理表明，两个外作用同时加于系统所产生的总输出等于各个外作用单独作用时分别产生的输出之和，且外作用的数值增大若干倍时，其输出亦增大同样的倍数。

线性定常系统的时域数学模型可由下述 n 阶线性常微分方程描述：

$$\begin{aligned} &a_0\frac{\mathrm{d}^n}{\mathrm{d}t^n}c(t)+a_1\frac{\mathrm{d}^{n-1}}{\mathrm{d}t^{n-1}}c(t)+\cdots+a_{n-1}\frac{\mathrm{d}}{\mathrm{d}t}c(t)+a_nc(t) \\ &=b_0\frac{\mathrm{d}^m}{\mathrm{d}t^m}r(t)+b_1\frac{\mathrm{d}^{m-1}}{\mathrm{d}t^{m-1}}r(t)+\cdots+b_{m-1}\frac{\mathrm{d}}{\mathrm{d}t}r(t)+b_mr(t) \end{aligned} \tag{2-1}$$

式中，$c(t)$ 是系统输出量；$r(t)$ 是系统输入量。$a_i(i=0,1,2,\cdots,n)$ 和 $b_j(j=0,1,2,\cdots,m)$ 是与系统结构和参数有关的常系数，在实际系统中这些系数都是实数，且满足 $n\geqslant m$。

建立控制系统数学模型的目的是用数学方法定量研究控制系统的工作特性。当获得系统的微分方程后，只要给定输入量和初始条件，便可对微分方程求解并由此知道系统输出量随时间变化的特性。线性定常微分方程的求解方法有两种，分别是经典法和拉普拉斯变换法（简称为拉氏变换）。

(1) 经典法求解

在数学上，线性微分方程的解由特解和齐次微分方程的通解组成。通解由微分方程的特征根所决定，它代表自由运动。如果 n 阶微分方程的特征根是 $\lambda_1,\lambda_2,\cdots,\lambda_n$ 且无重根，则把函数 $\mathrm{e}^{\lambda_1 t},\mathrm{e}^{\lambda_2 t},\cdots,\mathrm{e}^{\lambda_n t}$ 称为该微分方程所描述运动的模态，也叫振型。每一种模态代表一种类型的运动形态，齐次微分方程的通解则是它们的线性组合，即

$$y_o(t)=c_1\mathrm{e}^{\lambda_1 t}+c_2\mathrm{e}^{\lambda_2 t}+\cdots+c_n\mathrm{e}^{\lambda_n t} \tag{2-2}$$

式中，系数 $c_1,c_2,\cdots,c_n$ 是由初始条件决定的常数。

如果特征根中有重根 λ，则模态会有形如 $t\mathrm{e}^{\lambda t}$，$t^2\mathrm{e}^{\lambda t}$，…的函数。如果特征根中有共轭复根 $\lambda=\sigma\pm\mathrm{j}\omega$，则其共轭复模态 $\mathrm{e}^{(\sigma+\mathrm{j}\omega)t}$ 与 $\mathrm{e}^{(\sigma-\mathrm{j}\omega)t}$ 可写成实函数模态 $\mathrm{e}^{\sigma t}\sin(\omega t)$ 与 $\mathrm{e}^{\sigma t}\cos(\omega t)$。

(2) 拉普拉斯变换法

拉普拉斯变换是工程数学中常用的一种积分变换，又名拉氏变换。拉氏变换是一种线性变换，可将一个参数为实数 $t(t\geqslant 0)$ 的函数转换为一个参数为复数 s 的函数。

拉普拉斯变换是对于 $t\geqslant 0$ 且函数值不为零的连续时间函数 $x(t)$，通过关系式 $X(s)=\int_0^{\infty}x(t)\mathrm{e}^{-st}\mathrm{d}t$ 变换为复变量 s 的函数 $X(s)$。它也是时间函数 $x(t)$ 在复频域上的表示方式。

定义 2.1　拉普拉斯变换： 定义 $f(t)$ 是一个关于 t 的函数，使得当 $t<0$ 时有 $f(t)=0$，s 是一个复变量。$\mathcal{L}$ 是一个运算符号，它代表对其对象进行拉普拉斯变换，$F(s)$ 是 $f(t)$ 的拉普拉斯变换结果，则 $f(t)$ 的拉普拉斯变换

可由下式给出：

$$F(s)=\int_{0}^{\infty} f(t)\mathrm{e}^{-st}\mathrm{d}t \tag{2-3}$$

性质　拉氏变换 $\mathcal{L}$ 具有以下性质：

(1) 线性性质

$$\mathcal{L}[af_1(t)\pm bf_2(t)]=aF_1(s)\pm bF_2(s) \tag{2-4}$$

(2) 微分定理

$$\mathcal{L}[\dot{f}(t)]=sF(s)-f(0) \tag{2-5}$$

(3) 积分定理（右上角−1 表示 1 次积分运算）

$$\mathcal{L}\left[\int f(t)\mathrm{d}t\right]=\frac{1}{s}F(s)+\frac{1}{s}f^{(-1)}(0) \tag{2-6}$$

(4) 初值定理

$$\lim_{t\to 0}f(t)=\lim_{s\to\infty}[sF(s)] \tag{2-7}$$

(5) 终值定理（原函数终值需要确实存在）

$$\lim_{t\to\infty}f(t)=\lim_{s\to 0}[sF(s)] \tag{2-8}$$

(6) 实位移定理

$$\mathcal{L}[f(t-\tau_0)]=\mathrm{e}^{-\tau_0 s}F(s) \tag{2-9}$$

(7) 复位移定理

$$\mathcal{L}[\mathrm{e}^{At}f(t)]=F(s-A) \tag{2-10}$$

如果式(2-1) 中输入 $r(t)$ 及其各阶导数在 $t=0$ 时的值都为零，输出 $c(t)$ 及其各阶导数在 $t=0$ 时的值也都为零，即零初始条件，则根据式(2-5) 对式(2-1) 中各项分别做拉氏变换可得关于 s 的代数方程：

$$\begin{aligned}&(a_0s^n+a_1s^{n-1}+\cdots+a_{n-1}s+a_n)C(s)\\&=(b_0s^m+b_1s^{m-1}+\cdots+b_{n-1}s+b_m)R(s)\end{aligned} \tag{2-11}$$

式中，$C(s)=\mathcal{L}[c(t)]$，$R(s)=\mathcal{L}[r(t)]$。

表 2-1 给出了一些常用拉普拉斯变换的结果，可以直接使用。

表 2-1　常用拉普拉斯变换对照表

序号	象函数 $F(s)$	原函数 $f(t)$
1	1	$\delta(t)$
2	$\frac{1}{s}$	$1(t)$
3	$\frac{1}{s^2}$	t

续表

序号	象函数 $F(s)$	原函数 $f(t)$
4	$\frac{1}{s^{n+1}}$	$\frac{t^n}{n!}$
5	$\frac{1}{s+a}$	e^{-at}
6	$\frac{1}{(s+a)^2}$	te^{-at}
7	$\frac{1}{(s+a)(s+b)}$	$\frac{e^{-at}-e^{-bt}}{b-a}$
8	$\frac{\omega}{s^2+\omega^2}$	$\sin(\omega t)$
9	$\frac{s}{s^2+\omega^2}$	$\cos(\omega t)$
10	$\frac{1}{s(s+a)}$	$\frac{1}{a}(1-e^{-at})$

定义 2.2　传递函数（transfer function）：线性定常系统的传递函数定义为零初始条件下，系统输出量的拉氏变化与输入量的拉氏变化之比。

$$G(s)=\frac{C(s)}{R(s)} \tag{2-12}$$

对式(2-11）整理后可得其传递函数为式(2-13)。

$$G(s)=\frac{C(s)}{R(s)}=\frac{b_0s^m+b_1s^{m-1}+\cdots+b_{n-1}s+b_m}{a_0s^n+a_1s^{n-1}+\cdots+a_{n-1}s+a_n} \tag{2-13}$$

性质　系统的传递函数 $G(s)$ 具有以下性质：

① 传递函数是复变量 s 的有理真分式函数，具有复变函数的所有性质。

② 传递函数是一种用系统参数表示输出量和输入量之间关系的表达式，它只取决于系统的结构和参数，而与输入量的形式无关，也不反映系统内部的任何信息。

③ 传递函数与微分方程具有相通性，如式(2-13）与式(2-11）可以互相转换。

④ 传递函数 $G(s)$ 的拉氏反变换是脉冲函数 $\delta(t)$，如表 2-1 中序号 1 所示。

定义 2.3　零点（zeros）、极点（poles）：传递函数的分子多项式和分母多项式经因式分解后可写成如下形式：

$$G(s)=\frac{b_0(s-z_1)(s-z_2)\cdots(s-z_m)}{a_0(s-p_1)(s-p_2)\cdots(s-p_n)} \tag{2-14}$$

式中，$z_i(i=1,2,\cdots,m)$ 是分子多项式中的各项，称为传递函数的零点；$p_i(i=1,2,\cdots,n)$ 是分母多项式中的各项，称为传递函数的极点。传递函数的零点和极点既可以是实数，也可以是复数。

由自动控制原理可知，传递函数的极点就是微分方程的特征根，因此它们决定了所描述系统自由运动的模态，而且在强迫运动中（即零初始条件响应）也会包含这些自由运动的模态。传递函数的零点并不形成自由运动的模态，但它们却影响各模态在响应中所占的比例，因而也会影响响应曲线的形状。

【例题 2.1】 存在一个包含输入 $r(t)$ 和输出 $c(t)$ 的系统，其关系如下：

$$\ddot{c}(t)=\dot{r}(t)+2r(t)$$

其初始条件均为 0，即 $r(0)=0$，$c(0)=0$，$\dot{c}(0)=0$。请写出输入 $r(t)$ 和输出 $c(t)$ 的关系，并求出系统的传递函数及系统的零点和极点。

解 对原微分方程取拉氏变换，

$$\mathcal{L}[\ddot{c}(t)]=\mathcal{L}[\dot{r}(t)+2r(t)]$$

即
$$s^2C(s)-sc(0)-\dot{c}(0)=sR(s)-r(0)+2R(s)$$

因为初始条件均为 0，所以 $s^2C(s)=sR(s)+2R(s)$

因此
$$C(s)=\frac{s+2}{s^2}R(s)$$

$$C(s)=\left(\frac{1}{s}+\frac{2}{s^2}\right)R(s)$$

将上式的输入与输出关系取拉氏反变换，得到

$$\mathcal{L}^{-1}[C(s)]=\mathcal{L}^{-1}\left[\left(\frac{1}{s}+\frac{2}{s^2}\right)R(s)\right]$$

$$c(t)=(1+2t)r(t)$$

此系统的传递函数为

$$G(s)=\frac{s+2}{s^2}$$

系统的零点为 $z_1=-2$，极点为 $p_1=p_2=0$。

2.1.2 线性离散系统

离散系统与连续系统既有本质上的不同，又有分析研究上的相似性。为了研究离散系统的性能，就需要建立离散系统的数学模型。由于在离散系统中存在脉冲或数字信号，如果仍然沿用连续系统中的拉氏变换方法来建立系统的传递函数，则在运算过程中会出现复变量 s 的超越函数。

为了克服这个障碍，需要采用 z 变换建立离散系统的数学模型。利用 z 变换研究离散系统，就可以把连续系统中的许多概念和方法推广应用于线性离散系统。线性离散系统的数学模型有差分方程、脉冲传递函数和离散状态空间表达式(state-space representation）三种。本节介绍差分方程及其求解方法。

在离散时间系统理论中，所涉及的数字信号总是以序列的形式出现。因此，可以把离散系统抽象为如下数学定义：将输入序列 $r(n)$，$n=0$，±1，±2，…变换为输出序列 $c(n)$ 的一种变换关系，称为离散系统。记为

$$c(n)=F[r(n)] \tag{2-15}$$

式中，$r(n)$ 和 $c(n)$ 可以理解为 $t=nT$ 时，系统的输入序列 $r(nT)$ 和输出序列 $c(nT)$，T 为采样周期。

如果式(2-15) 所示的离散系统满足叠加原理，则称为线性离散系统。线性离散系统有如下关系：

若 $c_1(n)=F[r_1(n)]$，$c_2(n)=F[r_2(n)]$，且有 $r(n)=ar_1(n)\pm br_2(n)$，其中 a 和 b 为任意常数，则

$$\begin{aligned}c(n)&=F[r(n)]=F[ar_1(n)\pm br_2(n)]\\&=aF[r_1(n)]\pm bF[r_2(n)]=ac_1(n)\pm bc_2(n)\end{aligned} \tag{2-16}$$

输入与输出关系不随时间而改变的线性离散系统，称为线性定常离散系统。例如，当输入序列为 $r(n)$ 时，输出序列为 $c(n)$，而当输入序列变为 $r(n-k)$，则相应的输出序列为 $c(n-k)$，其中 $k=0,\pm1,\pm2,\cdots$，这样的系统就是线性定常离散系统。线性定常离散系统可以用线性定常（常系数）差分方程来描述：

对于一般的线性定常离散系统，k 时刻的输出 $c(k)$ 不但与 k 时刻的输入 $r(k)$ 有关，而且与 k 时刻以前的输入 $r(k-1)$，$r(k-2)$，…有关，同时还与 k 时刻以前的输出 $c(k-1)$，$c(k-2)$，…有关。这种关系一般可以用下列 n 阶后向差分方程来描述：

$$\begin{aligned}&c(k)+a_1c(k-1)+a_2c(k-2)+\cdots+a_{n-1}c(k-n+1)+a_nc(k-n)\\&=b_0r(k)+b_1r(k-1)+\cdots+b_{m-1}r(k-m+1)+b_mr(k-m)\end{aligned} \tag{2-17}$$

上式的 n 阶后向差分方程亦可表示为

$$c(k)=-\sum_{i=1}^{n}a_ic(k-i)+\sum_{j=0}^{m}b_jr(k-j) \tag{2-18}$$

式中，$a_i(i=1,2,\cdots,n)$ 和 $b_j(j=0,1,2,\cdots,m)$ 为常系数，$m\leqslant n$。

式(2-18) 称为 n 阶线性常系数差分方程，它在数学上代表一个线性定常

离散系统。线性定常离散系统也可以用如下 n 阶前向差分方程来描述：

$$\begin{aligned}&c(k+n)+a_1c(k+n-1)+\cdots+a_{n-1}c(k+1)+a_nc(k)\\&=b_0r(k+m)+b_1r(k+m-1)+\cdots+b_{m-1}r(k+1)+b_mr(k)\end{aligned} \tag{2-19}$$

上式的 n 阶前向差分方程可以写成

$$c(k+n)=-\sum_{i=1}^{n}a_ic(k+n-i)+\sum_{j=0}^{m}b_jr(k+m-j) \tag{2-20}$$

求解常系数线性差分方程的方法有经典法、迭代法和 z 变换法。与微分方程的经典解法类似，差分方程的经典解法也要求出齐次方程的通解和非齐次方程的一个特解，非常不便。这里仅介绍工程上常用的迭代法和 z 变换法。

(1) 迭代法

若已知差分方程式(2-18) 或式(2-20)，并且给定输出序列的初始值，则可以利用方程式的递推关系，在计算机上一步一步地算出输出序列。

(2) z 变换法

z 变换的思想来源于连续系统。线性连续控制系统的动态及稳态性能可以应用拉氏变换的方法进行分析。与此相似，线性离散系统的性能可以采用 z 变换的方法来获得。

z 变换是从拉氏变换直接引申出来的一种变换方法，它实际上是采样函数拉氏变换的变形。因此，z 变换又称为采样拉氏变换，是研究线性离散系统的重要数学工具。

设连续函数 $e(t)$ 是可拉氏变换的，则拉氏变换定义为

$$E(s)=\int_0^{\infty}e(t)\mathrm{e}^{-st}\,\mathrm{d}t \tag{2-21}$$

由于 $t<0$ 时有 $e(t)=0$，故上式也可写为

$$E(s)=\int_{-\infty}^{\infty}e(t)\mathrm{e}^{-st}\,\mathrm{d}t \tag{2-22}$$

对连续函数 $e(t)$ 进行采样，则采样信号 $e^*(t)$ 的表达式为

$$e^*(t)=\sum_{n=0}^{\infty}e(nT)\delta(t-nT) \tag{2-23}$$

故采样信号 $e^*(t)$ 的拉氏变换为

$$\begin{aligned}E^*(s)&=\int_{-\infty}^{\infty}e^*(t)\mathrm{e}^{-st}\,\mathrm{d}t=\int_{-\infty}^{\infty}\left[\sum_{n=0}^{\infty}e(nT)\delta(t-nT)\right]\mathrm{e}^{-st}\,\mathrm{d}t\\&=\sum_{n=0}^{\infty}e(nT)\left[\int_{-\infty}^{\infty}\delta(t-nT)\mathrm{e}^{-st}\,\mathrm{d}t\right]\end{aligned} \tag{2-24}$$

根据广义脉冲函数的筛选性质

$$\int_{-\infty}^{\infty}\delta(t-nT)f(t)\mathrm{d}t=f(nT) \tag{2-25}$$

故有

$$\int_{-\infty}^{\infty}\delta(t-nT)\mathrm{e}^{-st}\mathrm{d}t=\mathrm{e}^{-snT} \tag{2-26}$$

于是采样拉氏变换式(2-24) 可以写为

$$E^{*}(s)=\sum_{n=0}^{\infty}e(nT)\mathrm{e}^{-snT} \tag{2-27}$$

在上式中，各项均含有 e^{sT} 因子，故上式为 s 的超越函数。为便于应用，令变量

$$z=\mathrm{e}^{sT} \tag{2-28}$$

式中，T 为采样周期；z 为复数平面上定义的一个复变量，通常称为 z 变换算子。

将式(2-28) 代入式(2-27)，则采样信号 $e^{*}(t)$ 的 z 变换定义为

$$E(z)=E^{*}(s)\Big|_{s=\frac{1}{T}\ln z}=\sum_{n=0}^{\infty}e(nT)z^{-n} \tag{2-29}$$

记为

$$E(z)=\mathcal{Z}[e^{*}(t)]=\mathcal{Z}[e(t)] \tag{2-30}$$

在式(2-30) 中，$\mathcal{Z}[e(t)]$是为了书写方便，它并不意味着是对连续信号 $e(t)$ 求 z 变换，而仍是指采样信号 $e^{*}(t)$ 的 z 变换。

应当指出，z 变换仅是一种在采样拉氏变换中取 $z=\mathrm{e}^{sT}$ 的变量置换。通过这种置换，可将 s 的超越函数转换为 z 幂级数或 z 的有理分式。

性质 z 变换具有以下性质：

(1) 线性定理

若 $E(z)=\mathcal{Z}[e(t)]$，$E_1(z)=\mathcal{Z}[e_1(t)]$，$E_2(z)=\mathcal{Z}[e_2(t)]$，$a$ 为常数，则

$$\begin{gathered}\mathcal{Z}[e_1(t)\pm e_2(t)]=E_1(z)\pm E_2(z)\\ \mathcal{Z}[ae(t)]=aE(z)\end{gathered} \tag{2-31}$$

(2) 实数位移定理

实数位移定理又称平移定理。如果函数 $e(t)$ 是可拉氏变换的，其 z 变换为 $E(z)$，则有

$$\begin{gathered}\mathcal{Z}[e(t-kT)]=z^{-1}E(z)\text{(滞后定理)}\\ \mathcal{Z}[e(t+kT)]=z^{k}\left[E(z)-\sum_{n=0}^{k-1}e(nT)z^{-n}\right]\text{(超前定理)}\end{gathered} \tag{2-32}$$

式中，k 为正整数。

(3) 复数位移定理

如果函数 $e(t)$ 是可拉氏变换的，其 z 变换为 $E(z)$，则有

$$\mathcal{Z}[\mathrm{e}^{\mp at}e(t)]=E(z\mathrm{e}^{\pm at}) \tag{2-33}$$

(4) 终值定理

如果函数 $e(t)$ 的 z 变换为 $E(z)$，函数序列 $e(nT)$ 为有限值（$n=0,1,2,\cdots$），且极限 $\lim\limits_{n\to\infty}e(nT)$ 存在，则函数序列的终值

$$\lim_{n\to\infty}e(nT)=\lim_{z\to 1}[(z-1)E(z)] \tag{2-34}$$

(5) 卷积定理

设 $x(nT)$ 和 $y(nT)$ 为两个采样函数，其离散卷积定义为

$$x(nT)*y(nT)=\sum_{k=0}^{\infty}x(kT)y[(n-k)T] \tag{2-35}$$

根据卷积定理，若

$$g(nT)=x(nT)*y(nT) \tag{2-36}$$

必有

$$G(z)=X(z)\cdot Y(z) \tag{2-37}$$

设差分方程如式(2-20) 所示，则用 z 变换法解差分方程的实质是对差分方程两端取 z 变换，并利用 z 变换的实数位移定理得到以 z 为变量的代数方程，然后对代数方程的解 $C(z)$ 取 z 反变换，求得输出序列 $c(k)$。常用的 z 变换如表 2-2 所示。

表 2-2　z 变换表

序号	时间函数 $e(t)$	z 变换 $E(z)$
1	$\delta(t)$	1
2	$1(t)$	$\dfrac{z}{z-1}$
3	t	$\dfrac{Tz}{(z-1)^2}$
4	$\dfrac{t^n}{n!}$	$\lim\limits_{a\to 0}\dfrac{(-1)^n}{n!}\times\dfrac{\partial^n}{\partial a^n}\left(\dfrac{z}{z-\mathrm{e}^{-aT}}\right)$
5	$a^{t/T}$	$\dfrac{z}{z-a}$
6	e^{-at}	$\dfrac{z}{z-\mathrm{e}^{aT}}$
7	$\dfrac{\mathrm{e}^{-at}-\mathrm{e}^{-bt}}{b-a}$	$\left(\dfrac{1}{b-a}\right)\left(\dfrac{z}{z-\mathrm{e}^{-aT}}-\dfrac{z}{z-\mathrm{e}^{-bT}}\right)$
8	$\sin(\omega t)$	$\dfrac{z\sin(\omega T)}{z^2-2z\cos(\omega T)+1}$

续表

序号	时间函数 $e(t)$	z 变换 $E(z)$
9	$\cos(\omega t)$	$\dfrac{z[z-\cos(\omega T)]}{z^2-2z\cos(\omega T)+1}$
10	$\dfrac{1}{a}(1-e^{-at})$	$\dfrac{1}{a}\dfrac{(1-e^{-aT})z}{(z-1)(z-e^{-aT})}$

【例题 2.2】 试用 z 变换法解下列二阶差分方程：

$$c(k+2)+3c(k+1)+2c(k)=0$$

设初始条件 $c(0)=0$，$c(1)=1$。

解 对差分方程的每一项进行 z 变换，根据实数位移定理得到

$$\mathcal{Z}[c(k+2)]=z^2C(z)-z^2c(0)-zc(1)=z^2C(z)-z$$

$$\mathcal{Z}[3c(k+1)]=3zC(z)-3zc(0)=3zC(z)$$

$$\mathcal{Z}[2c(k)]=2C(z)$$

因为初始条件 $c(0)=0$，$c(1)=1$，差分方程变换为关于 z 的代数方程

$$(z^2+3z+2)C(z)=z$$

得到

$$C(z)=\frac{z}{z^2+3z+2}=\frac{z}{z+1}-\frac{z}{z+2}$$

根据 z 变换表 2-2 中的序号 5，求出 z 反变换：

$$c(k)=(-1)^k-(-2)^k, k=0,1,2,\cdots$$

差分方程的解可以提供线性定常离散系统在给定输入序列作用下的输出序列响应特性，但不便于研究系统参数变化对离散系统性能的影响。因此还需要进一步学习线性系统的理论知识。

2.2 机器人的线性系统理论

经典控制理论对于单输入-单输出（Single-Input Single-Output，SISO）系统是较为有效的。针对多输入-多输出（Multi-Input Multi-Output，MIMO）系统，更多是利用状态空间模型的方法。

2.2.1 状态空间分析

在线性系统中，描述系统的状态量 $\boldsymbol{x}(t)$ 与输入量 $\boldsymbol{u}(t)$ 之间关系的状态

方程为式(2-38) 中的上式，它是线性微分方程或线性差分方程。而描述输出量 $\boldsymbol{y}(t)$ 与状态量和输入量之间关系的输出方程为式(2-38) 中的下式，它是代数方程。式(2-38) 统称为线性系统的状态空间表达式，又叫动态方程。它的连续形式为

$$\begin{aligned}\dot{\boldsymbol{x}}(t)&=\boldsymbol{A}(t)\boldsymbol{x}(t)+\boldsymbol{B}(t)\boldsymbol{u}(t)\\ \boldsymbol{y}(t)&=\boldsymbol{C}(t)\boldsymbol{x}(t)+\boldsymbol{D}(t)\boldsymbol{u}(t)\end{aligned}\tag{2-38}$$

对于线性离散时间系统，由于在实践中常取 $t_k=kT$（T 为采样周期），其状态空间表达式的一般形式可写为

$$\begin{aligned}\boldsymbol{x}(k+1)&=\boldsymbol{A}(k)\boldsymbol{x}(k)+\boldsymbol{B}(k)\boldsymbol{u}(k)\\ \boldsymbol{y}(k)&=\boldsymbol{C}(k)\boldsymbol{x}(k)+\boldsymbol{D}(k)\boldsymbol{u}(k)\end{aligned}\tag{2-39}$$

通常，若状态 $\boldsymbol{x}$、输入 $\boldsymbol{u}$、输出 $\boldsymbol{y}$ 的维数分别为 n，p，q，则称 $n\times n$ 维矩阵 $\boldsymbol{A}(t)$ 及 $\boldsymbol{A}(k)$ 为系统矩阵（或状态矩阵，也可称为系数矩阵），称 $n\times p$ 维矩阵 $\boldsymbol{B}(t)$ 及 $\boldsymbol{B}(k)$ 为控制矩阵或输入矩阵，称 $q\times n$ 维矩阵 $\boldsymbol{C}(t)$ 及 $\boldsymbol{C}(k)$ 为观测矩阵或输出矩阵，称 $p\times q$ 维矩阵 $\boldsymbol{D}(t)$ 及 $\boldsymbol{D}(k)$ 为前馈矩阵或输入输出矩阵。

在线性系统的状态空间表达式中，若系数矩阵 $\boldsymbol{A}(t)$，$\boldsymbol{B}(t)$，$\boldsymbol{C}(t)$，$\boldsymbol{D}(t)$ 或 $\boldsymbol{A}(k)$，$\boldsymbol{B}(k)$，$\boldsymbol{C}(k)$，$\boldsymbol{D}(k)$ 的各元素都是常数，则称该系统为线性定常系统，否则为线性时变系统。线性定常系统状态空间表达式的一般形式为

$$\begin{aligned}\dot{\boldsymbol{x}}(t)&=\boldsymbol{A}\boldsymbol{x}(t)+\boldsymbol{B}\boldsymbol{u}(t)\\ \boldsymbol{y}(t)&=\boldsymbol{C}\boldsymbol{x}(t)+\boldsymbol{D}\boldsymbol{u}(t)\end{aligned}\tag{2-40}$$

对于多输入-多输出系统，其传递函数矩阵定义如下。

定义 2.4　传递函数矩阵：初始条件为零时，输出向量的拉氏变换式与输入向量的拉氏变换式之间的传递关系称为传递函数矩阵，简称为传递矩阵。

设系统动态方程为

$$\begin{aligned}\dot{\boldsymbol{x}}(t)&=\boldsymbol{A}\boldsymbol{x}(t)+\boldsymbol{B}\boldsymbol{u}(t)\\ \boldsymbol{y}(t)&=\boldsymbol{C}\boldsymbol{x}(t)+\boldsymbol{D}\boldsymbol{u}(t)\end{aligned}\tag{2-41}$$

令初始条件为零，进行拉氏变换后得到

$$\begin{aligned}s\boldsymbol{X}(s)&=\boldsymbol{A}\boldsymbol{X}(s)+\boldsymbol{B}\boldsymbol{U}(s)\\ \boldsymbol{Y}(s)&=\boldsymbol{C}\boldsymbol{X}(s)+\boldsymbol{D}\boldsymbol{U}(s)\end{aligned}\tag{2-42}$$

则

$$\begin{aligned}\boldsymbol{X}(s)&=(s\boldsymbol{I}-\boldsymbol{A})^{-1}\boldsymbol{B}\boldsymbol{U}(s)\\ \boldsymbol{Y}(s)&=[\boldsymbol{C}(s\boldsymbol{I}-\boldsymbol{A})^{-1}\boldsymbol{B}+\boldsymbol{D}]\boldsymbol{U}(s)=\boldsymbol{G}(s)\boldsymbol{U}(s)\end{aligned}\tag{2-43}$$

系统的传递函数矩阵为

$$\boldsymbol{G}(s)=\frac{\boldsymbol{Y}(s)}{\boldsymbol{U}(s)}=\boldsymbol{C}(s\boldsymbol{I}-\boldsymbol{A})^{-1}\boldsymbol{B}+\boldsymbol{D}\tag{2-44}$$

2.2.2 定常连续系统求解

2.2.2.1 齐次状态方程的解

形如式(2-45) 的状态方程

$$\dot{\boldsymbol{x}}(t)=\boldsymbol{A}\boldsymbol{x}(t) \tag{2-45}$$

称为齐次状态方程，通常采用幂级数法和拉普拉斯变换法求解。

(1) 幂级数法求解齐次状态方程

设状态方程式(2-45) 的解是 t 的幂级数：

$$\boldsymbol{x}(t)=\boldsymbol{b}_0+\boldsymbol{b}_1t+\boldsymbol{b}_2t^2+\cdots+\boldsymbol{b}_kt^k+\cdots \tag{2-46}$$

式中，$\boldsymbol{x}$，$\boldsymbol{b}_0$，$\boldsymbol{b}_1$，…，$\boldsymbol{b}_k$，…都是 n 维向量。

结合式(2-45) 与式(2-46) 得到

$$\begin{aligned}\dot{\boldsymbol{x}}(t)&=\boldsymbol{b}_1+2\boldsymbol{b}_2t+\cdots+k\boldsymbol{b}_kt^{t-1}+\cdots\\&=\boldsymbol{A}(\boldsymbol{b}_0+\boldsymbol{b}_1t+\boldsymbol{b}_2t^2+\cdots+\boldsymbol{b}_kt^k+\cdots)\end{aligned} \tag{2-47}$$

令上式等号两边 t 的同次项的系数相等，则有

$$\begin{aligned}\boldsymbol{b}_1&=\boldsymbol{A}\boldsymbol{b}_0\\\boldsymbol{b}_2&=\frac{1}{2}\boldsymbol{A}\boldsymbol{b}_1=\frac{1}{2}\boldsymbol{A}^2\boldsymbol{b}_0\\\boldsymbol{b}_3&=\frac{1}{3}\boldsymbol{A}\boldsymbol{b}_2=\frac{1}{6}\boldsymbol{A}^3\boldsymbol{b}_0\\&\vdots\\\boldsymbol{b}_k&=\frac{1}{k}\boldsymbol{A}\boldsymbol{b}_{k-1}=\frac{1}{k!}\boldsymbol{A}^k\boldsymbol{b}_0\\&\vdots\end{aligned} \tag{2-48}$$

且 $\boldsymbol{x}(0)=\boldsymbol{b}_0$，故

$$\boldsymbol{x}(t)=(\boldsymbol{I}+\boldsymbol{A}t+\frac{1}{2}\boldsymbol{A}^2t^2+\cdots+\frac{1}{k!}\boldsymbol{A}^kt^k+\cdots)\boldsymbol{x}(0) \tag{2-49}$$

定义

$$\mathrm{e}^{\boldsymbol{A}t}=\boldsymbol{I}+\boldsymbol{A}t+\frac{1}{2}\boldsymbol{A}^2t^2+\cdots+\frac{1}{k!}\boldsymbol{A}^kt^k+\cdots=\sum_{k=0}^{\infty}\frac{1}{k!}\boldsymbol{A}^kt^k \tag{2-50}$$

则

$$\boldsymbol{x}(t)=\mathrm{e}^{\boldsymbol{A}t}\boldsymbol{x}(0) \tag{2-51}$$

我们知道，标量微分方程 $\dot{x}=ax$ 的解为 $x(t)=\mathrm{e}^{at}x(0)$，e^{at} 称为指数函数。而向量微分方程 (2-45) 具有相似形式的解，即式(2-51)，故把 $\mathrm{e}^{\boldsymbol{A}t}$ 称为

矩阵指数函数，简称矩阵指数。

由式(2-51) 可见，$\boldsymbol{x}(t)$ 是由 $\boldsymbol{x}(0)$ 转移而来，因此对于线性定常系统而言，$\mathrm{e}^{\boldsymbol{A}t}$ 又称为状态转移矩阵，记作 $\boldsymbol{\Phi}(t)$。即

$$\boldsymbol{\Phi}(t)=\mathrm{e}^{\boldsymbol{A}t} \tag{2-52}$$

(2) 拉普拉斯变换法求解齐次状态方程

将式(2-45) 进行拉氏变换，得到

$$\begin{aligned} s\boldsymbol{X}(s)-\boldsymbol{x}(0)&=\boldsymbol{A}\boldsymbol{X}(s) \\ (s\boldsymbol{I}-\boldsymbol{A})\boldsymbol{X}(s)&=\boldsymbol{x}(0) \\ \boldsymbol{X}(s)&=(s\boldsymbol{I}-\boldsymbol{A})^{-1}\boldsymbol{x}(0) \end{aligned} \tag{2-53}$$

进行拉氏反变换，得到

$$\boldsymbol{x}(t)=\mathcal{L}^{-1}\left[(s\boldsymbol{I}-\boldsymbol{A})^{-1}\right]\boldsymbol{x}(0) \tag{2-54}$$

与式(2-51) 相比有

$$\mathrm{e}^{\boldsymbol{A}t}=\mathcal{L}^{-1}\left[(s\boldsymbol{I}-\boldsymbol{A})^{-1}\right] \tag{2-55}$$

式(2-55) 给出了 $\mathrm{e}^{\boldsymbol{A}t}$ 的闭合形式，说明了式(2-50) 所示级数的收敛性。

从上述分析可以看出，求解齐次状态方程时无论是幂级数法还是拉普拉斯变换法，都是计算状态转移矩阵 $\boldsymbol{\Phi}(t)$ 的问题。下面对 $\boldsymbol{\Phi}(t)$ 的运算性质进行总结。

性质　状态转移矩阵 $\boldsymbol{\Phi}(t)$ 具有以下运算性质：

① $\boldsymbol{\Phi}(0)=\boldsymbol{I}$。

② $\dot{\boldsymbol{\Phi}}(t)=\boldsymbol{A}\boldsymbol{\Phi}(t)=\boldsymbol{\Phi}(t)\boldsymbol{A}$。

③ $\boldsymbol{\Phi}(t_1\pm t_2)=\boldsymbol{\Phi}(t_1)\boldsymbol{\Phi}(\pm t_2)=\boldsymbol{\Phi}(\pm t_2)\boldsymbol{\Phi}(t_1)$。

④ $\boldsymbol{\Phi}^{-1}(t)=\boldsymbol{\Phi}(-t),\boldsymbol{\Phi}^{-1}(-t)=\boldsymbol{\Phi}(t)$。

⑤ $\boldsymbol{x}(t_2)=\boldsymbol{\Phi}(t_2-t_1)\boldsymbol{x}(t_1)$。

⑥ $\boldsymbol{\Phi}(t_2-t_0)=\boldsymbol{\Phi}(t_2-t_1)\boldsymbol{\Phi}(t_1-t_0)$。

⑦ $[\boldsymbol{\Phi}(t)]^k=\boldsymbol{\Phi}(kt)$。

⑧ 若 $\boldsymbol{\Phi}(t)$ 为 $\dot{\boldsymbol{x}}(t)=\boldsymbol{A}\boldsymbol{x}(t)$ 的状态转移矩阵，则引入非奇异变换 $\boldsymbol{x}=\boldsymbol{P}\tilde{\boldsymbol{x}}$ 后的状态转移矩阵为$\tilde{\boldsymbol{\Phi}}(t)=\boldsymbol{P}^{-1}\mathrm{e}^{\boldsymbol{A}t}\boldsymbol{P}$。

⑨ 两种常见的状态转移矩阵。设 $\boldsymbol{A}$ 为对角阵 $\boldsymbol{A}=\mathrm{diag}[\lambda_1,\lambda_2,\cdots,\lambda_n]$ 且具有互异元素，则

$$\boldsymbol{\Phi}(t)=\begin{bmatrix} \mathrm{e}^{\lambda_1 t} & & & \\ & \mathrm{e}^{\lambda_2 t} & & \\ & & \ddots & \\ & & & \mathrm{e}^{\lambda_n t} \end{bmatrix} \tag{2-56}$$

设矩阵 $\boldsymbol{A}$ 为 $m\times m$ 的约当阵 $\boldsymbol{A}=\begin{bmatrix}\lambda & 1 & & \\ & \lambda & \ddots & \\ & & \ddots & 1 \\ & & & \lambda\end{bmatrix}$，则

$$\boldsymbol{\Phi}(t)=\begin{bmatrix}e^{\lambda t} & te^{\lambda t} & \frac{t^2}{2}e^{\lambda t} & \cdots & \frac{t^{m-1}}{(m-1)!}e^{\lambda t} \\ 0 & e^{\lambda t} & te^{\lambda t} & \cdots & \frac{t^{m-2}}{(m-2)!}e^{\lambda t} \\ \vdots & \vdots & \vdots & \ddots & \vdots \\ 0 & 0 & 0 & \cdots & te^{\lambda t} \\ 0 & 0 & 0 & \cdots & e^{\lambda t}\end{bmatrix} \tag{2-57}$$

【例题 2.3】 系统状态方程为

$$\begin{bmatrix}\dot{x}_1(t) \\ \dot{x}_2(t)\end{bmatrix}=\begin{bmatrix}0 & 1 \\ -2 & -3\end{bmatrix}\begin{bmatrix}x_1(t) \\ x_2(t)\end{bmatrix}$$

试求状态方程的解。

解：用拉氏变换求解

$$s\boldsymbol{I}-\boldsymbol{A}=\begin{bmatrix}s & 0 \\ 0 & s\end{bmatrix}-\begin{bmatrix}0 & 1 \\ -2 & -3\end{bmatrix}=\begin{bmatrix}s & -1 \\ 2 & s+3\end{bmatrix}$$

得到

$$\begin{aligned}(s\boldsymbol{I}-\boldsymbol{A})^{-1}&=\frac{\mathrm{adj}(s\boldsymbol{I}-\boldsymbol{A})}{|s\boldsymbol{I}-\boldsymbol{A}|}=\frac{1}{(s+1)(s+2)}\begin{bmatrix}s+3 & 1 \\ -2 & s\end{bmatrix} \\ &=\begin{bmatrix}\frac{2}{s+1}-\frac{1}{s+2} & \frac{1}{s+1}-\frac{1}{s+2} \\ \frac{-2}{s+1}+\frac{2}{s+2} & \frac{-1}{s+1}+\frac{2}{s+2}\end{bmatrix}\end{aligned}$$

所以 $\boldsymbol{\Phi}(t)=\mathcal{L}^{-1}\left[(s\boldsymbol{I}-\boldsymbol{A})^{-1}\right]=\begin{bmatrix}2e^{-t}-e^{-2t} & e^{-t}-e^{-2t} \\ -2e^{-t}+2e^{-2t} & -e^{-t}+2e^{-2t}\end{bmatrix}$

状态方程的解为

$$\begin{bmatrix}x_1(t) \\ x_2(t)\end{bmatrix}=\boldsymbol{\Phi}(t)\begin{bmatrix}x_1(0) \\ x_2(0)\end{bmatrix}=\begin{bmatrix}2e^{-t}-e^{-2t} & e^{-t}-e^{-2t} \\ -2e^{-t}+2e^{-2t} & -e^{-t}+2e^{-2t}\end{bmatrix}\begin{bmatrix}x_1(0) \\ x_2(0)\end{bmatrix}$$

2.2.2.2 非齐次状态方程的解

形如式(2-58）的状态方程

$$\dot{\boldsymbol{x}}(t)=\boldsymbol{A}\boldsymbol{x}(t)+\boldsymbol{B}\boldsymbol{u}(t) \tag{2-58}$$

称为非齐次状态方程，有积分法和拉普拉斯变换法两种求解方法。

(1) 积分法求解非齐次状态方程

由式(2-58) 可得

$$e^{-\boldsymbol{A}t}(\dot{\boldsymbol{x}}(t)-\boldsymbol{A}\boldsymbol{x}(t))=e^{-\boldsymbol{A}t}\boldsymbol{B}\boldsymbol{u}(t) \tag{2-59}$$

由于

$$\frac{\mathrm{d}}{\mathrm{d}t}(e^{-\boldsymbol{A}t}\boldsymbol{x}(t))=-\boldsymbol{A}e^{-\boldsymbol{A}t}\boldsymbol{x}(t)+e^{-\boldsymbol{A}t}\dot{\boldsymbol{x}}(t)=e^{-\boldsymbol{A}t}\left[\dot{\boldsymbol{x}}(t)-\boldsymbol{A}\boldsymbol{x}(t)\right] \tag{2-60}$$

积分可得

$$e^{-\boldsymbol{A}t}\boldsymbol{x}(t)-\boldsymbol{x}(0)=\int_0^t e^{-\boldsymbol{A}\tau}\boldsymbol{B}\boldsymbol{u}(\tau)\mathrm{d}\tau$$

$$\begin{aligned}\boldsymbol{x}(t)&=e^{\boldsymbol{A}t}\boldsymbol{x}(0)+\int_0^t e^{\boldsymbol{A}(t-\tau)}\boldsymbol{B}\boldsymbol{u}(\tau)\mathrm{d}\tau\\&=\boldsymbol{\Phi}(t)\boldsymbol{x}(0)+\int_0^t\boldsymbol{\Phi}(t-\tau)\boldsymbol{B}\boldsymbol{u}(\tau)\mathrm{d}\tau\end{aligned} \tag{2-61}$$

其中第一项是式(2-51) 所示的对初始状态的响应，第二项是对输入作用u(t)的响应。

若取 t_0 作为初始时刻，则有

$$e^{-\boldsymbol{A}t}\boldsymbol{x}(t)-e^{-\boldsymbol{A}t_0}\boldsymbol{x}(t_0)=\int_{t_0}^t e^{-\boldsymbol{A}\tau}\boldsymbol{B}\boldsymbol{u}(\tau)\mathrm{d}\tau$$

$$\begin{aligned}\boldsymbol{x}(t)&=e^{\boldsymbol{A}(t-t_0)}\boldsymbol{x}(t_0)+\int_{t_0}^t e^{\boldsymbol{A}(t-\tau)}\boldsymbol{B}\boldsymbol{u}(\tau)\mathrm{d}\tau\\&=\boldsymbol{\Phi}(t-t_0)\boldsymbol{x}(t_0)+\int_{t_0}^t\boldsymbol{\Phi}(t-\tau)\boldsymbol{B}\boldsymbol{u}(\tau)\mathrm{d}\tau\end{aligned} \tag{2-62}$$

(2) 拉普拉斯变换法求解非齐次状态方程

对式(2-58) 的两端做拉氏变换有

$$\begin{gathered}s\boldsymbol{X}(s)-\boldsymbol{x}(0)=\boldsymbol{A}\boldsymbol{X}(s)+\boldsymbol{B}\boldsymbol{U}(s)\\(s\boldsymbol{I}-\boldsymbol{A})\boldsymbol{X}(s)=\boldsymbol{x}(0)+\boldsymbol{B}\boldsymbol{U}(s)\\\boldsymbol{X}(s)=(s\boldsymbol{I}-\boldsymbol{A})^{-1}\boldsymbol{x}(0)+(s\boldsymbol{I}-\boldsymbol{A})^{-1}\boldsymbol{B}\boldsymbol{U}(s)\end{gathered} \tag{2-63}$$

再进行拉氏反变换有

$$\boldsymbol{x}(t)=\mathcal{L}^{-1}\left[(s\boldsymbol{I}-\boldsymbol{A})^{-1}\right]\boldsymbol{x}(0)+\mathcal{L}^{-1}\left[(s\boldsymbol{I}-\boldsymbol{A})^{-1}\boldsymbol{B}\boldsymbol{U}(s)\right] \tag{2-64}$$

拉氏变换的卷积定理为

$$\mathcal{L}^{-1}\left[\boldsymbol{F}_1(s)\boldsymbol{F}_2(s)\right]=\int_0^t f_1(t-\tau)f_2(\tau)\mathrm{d}\tau=\int_0^t f_1(\tau)f_2(t-\tau)\mathrm{d}\tau \tag{2-65}$$

在式(2-64) 中如果将 $(s\boldsymbol{I}-\boldsymbol{A})^{-1}$ 视为$\boldsymbol{F}_1(s)$，将 $\boldsymbol{B}\boldsymbol{U}(s)$ 视为$\boldsymbol{F}_2(s)$，则有

$$\boldsymbol{x}(t)=\mathrm{e}^{\boldsymbol{A}\tau}\boldsymbol{x}(0)+\int_0^t \mathrm{e}^{\boldsymbol{A}(t-\tau)}\boldsymbol{Bu}(\tau)\mathrm{d}\tau=\boldsymbol{\Phi}(t)\boldsymbol{x}(0)+\int_0^t \boldsymbol{\Phi}(t-\tau)\boldsymbol{Bu}(\tau)\mathrm{d}\tau \tag{2-66}$$

结果与式(2-61) 相同。

式(2-66) 又可以表示为

$$\boldsymbol{x}(t)=\boldsymbol{\Phi}(t)\boldsymbol{x}(0)+\int_0^t \boldsymbol{\Phi}(t)\boldsymbol{Bu}(t-\tau)\mathrm{d}\tau \tag{2-67}$$

有时利用式(2-61) 求解更为方便。

【例题 2.4】 系统状态方程为

$$\begin{bmatrix}\dot{x}_1(t)\\ \dot{x}_2(t)\end{bmatrix}=\begin{bmatrix}0 & 1\\ -2 & -3\end{bmatrix}\begin{bmatrix}x_1(t)\\ x_2(t)\end{bmatrix}+\begin{bmatrix}0\\ 1\end{bmatrix}\boldsymbol{u}$$

且状态的初始状态为 $\boldsymbol{x}(0)=\begin{bmatrix}x_1(0)\\ x_2(0)\end{bmatrix}$。试求在 $\boldsymbol{u}(t)=1(t)$ 作用下状态方程的解。

解： 由于 $u(t)=1$，$u(t-\tau)=1$，根据式(2-61) 可得

$$\boldsymbol{x}(t)=\boldsymbol{\Phi}(t)\boldsymbol{x}(0)+\int_0^t \boldsymbol{\Phi}(\tau)\boldsymbol{B}\mathrm{d}\tau$$

$$\boldsymbol{\Phi}(t)=\mathcal{L}^{-1}\left[(s\boldsymbol{I}-\boldsymbol{A})^{-1}\right]=\begin{bmatrix}2\mathrm{e}^{-t}-\mathrm{e}^{-2t} & \mathrm{e}^{-t}-\mathrm{e}^{-2t}\\ -2\mathrm{e}^{-t}+2\mathrm{e}^{-2t} & -\mathrm{e}^{-t}+2\mathrm{e}^{-2t}\end{bmatrix}$$

$$\int_0^t \boldsymbol{\Phi}(\tau)\boldsymbol{B}\mathrm{d}\tau=\int_0^t\begin{bmatrix}\mathrm{e}^{-\tau}-\mathrm{e}^{-2\tau}\\ -\mathrm{e}^{-\tau}+2\mathrm{e}^{-2\tau}\end{bmatrix}\mathrm{d}\tau=\left.\begin{bmatrix}-\mathrm{e}^{-\tau}+\dfrac{1}{2}\mathrm{e}^{-2\tau}\\ \mathrm{e}^{-\tau}-\mathrm{e}^{-2\tau}\end{bmatrix}\right|_0^t$$

$$=\begin{bmatrix}-\mathrm{e}^{-t}+\dfrac{1}{2}\mathrm{e}^{-2t}+\dfrac{1}{2}\\ \mathrm{e}^{-t}-\mathrm{e}^{-2t}\end{bmatrix}$$

故

$$\boldsymbol{x}(t)=\begin{bmatrix}x_1(t)\\ x_2(t)\end{bmatrix}=\begin{bmatrix}2\mathrm{e}^{-t}-\mathrm{e}^{-2t} & \mathrm{e}^{-t}-\mathrm{e}^{-2t}\\ -2\mathrm{e}^{-t}+2\mathrm{e}^{-2t} & -\mathrm{e}^{-t}+2\mathrm{e}^{-2t}\end{bmatrix}\begin{bmatrix}x_1(0)\\ x_2(0)\end{bmatrix}$$
$$+\begin{bmatrix}-\mathrm{e}^{-t}+\dfrac{1}{2}\mathrm{e}^{-2t}+\dfrac{1}{2}\\ \mathrm{e}^{-t}-\mathrm{e}^{-2t}\end{bmatrix}$$

2.2.3 定常离散系统求解

线性定常多输入-多输出离散系统的动态方程为

$$\begin{aligned} \boldsymbol{x}(k+1) &= \boldsymbol{A}\boldsymbol{x}(k)+\boldsymbol{B}\boldsymbol{u}(k) \\ \boldsymbol{y}(k) &= \boldsymbol{C}\boldsymbol{x}(k)+\boldsymbol{D}\boldsymbol{u}(k) \end{aligned} \tag{2-68}$$

求解线性定常离散系统的方法有递推法和 z 反变换法。递推法对定常系统和时变系统都适用，而 z 反变换法只能应用于求解定常系统。

(1) 递推法求解定常离散系统

采用递推法求解式(2-68) 很方便，尤其适用于在计算机中运行时。令式(2-68) 中的 $k=1,2,\cdots,k-1$，可得到 $T,2T,\cdots,kT$ 时刻的状态，即

$$\begin{aligned} \boldsymbol{x}(1) &= \boldsymbol{A}\boldsymbol{x}(0)+\boldsymbol{B}\boldsymbol{u}(0) \\ \boldsymbol{x}(2) &= \boldsymbol{A}\boldsymbol{x}(1)+\boldsymbol{B}\boldsymbol{u}(1) \\ &= \boldsymbol{A}^2\boldsymbol{x}(0)+\boldsymbol{A}\boldsymbol{B}\boldsymbol{u}(0)+\boldsymbol{B}\boldsymbol{u}(1) \\ &\vdots \\ \boldsymbol{x}(k) &= \boldsymbol{A}^k\boldsymbol{x}(0)+\sum_{i=0}^{k-1}\boldsymbol{A}^{k-1-i}\boldsymbol{B}\boldsymbol{u}(i) \end{aligned} \tag{2-69}$$

输出方程为

$$\begin{aligned} \boldsymbol{y}(k) &= \boldsymbol{C}\boldsymbol{x}(k)+\boldsymbol{D}\boldsymbol{u}(k) \\ &= \boldsymbol{C}\left(\boldsymbol{A}^k\boldsymbol{x}(0)+\sum_{i=0}^{k-1}\boldsymbol{A}^{k-1-i}\boldsymbol{B}\boldsymbol{u}(i)\right)+\boldsymbol{D}\boldsymbol{u}(k) \end{aligned} \tag{2-70}$$

因此采用递推法计算式(2-68) 的解为

$$\begin{aligned} \boldsymbol{x}(k) &= \boldsymbol{A}^k\boldsymbol{x}(0)+\sum_{i=0}^{k-1}\boldsymbol{A}^{k-1-i}\boldsymbol{B}\boldsymbol{u}(i) \\ \boldsymbol{y}(k) &= \boldsymbol{C}\boldsymbol{A}^k\boldsymbol{x}(0)+\boldsymbol{C}\sum_{i=0}^{k-1}\boldsymbol{A}^{k-1-i}\boldsymbol{B}\boldsymbol{u}(i)+\boldsymbol{D}\boldsymbol{u}(k) \end{aligned} \tag{2-71}$$

式中，$\boldsymbol{A}^k$ 表示 k 个 $\boldsymbol{A}$ 自乘。

(2) z 反变换法求解定常离散系统

对式(2-68) 两端求 z 变换有

$$\begin{aligned} z\boldsymbol{X}(z)-z\boldsymbol{x}(0) &= \boldsymbol{A}\boldsymbol{X}(z)+\boldsymbol{B}\boldsymbol{U}(z) \\ \boldsymbol{X}(z) &= (z\boldsymbol{I}-\boldsymbol{A})^{-1}z\boldsymbol{x}(0)+(z\boldsymbol{I}-\boldsymbol{A})^{-1}\boldsymbol{B}\boldsymbol{U}(z) \\ \boldsymbol{Y}(z) &= \boldsymbol{C}\boldsymbol{X}(z)+\boldsymbol{D}\boldsymbol{U}(z) \end{aligned} \tag{2-72}$$

对上式进行 z 反变换可得状态方程的解为

$$\boldsymbol{x}(k)=\mathcal{Z}^{-1}\left[(z\boldsymbol{I}-\boldsymbol{A})^{-1}z\boldsymbol{x}(0)\right]+\mathcal{Z}^{-1}\left[(z\boldsymbol{I}-\boldsymbol{A})^{-1}\boldsymbol{B}\boldsymbol{U}(z)\right] \tag{2-73}$$

在零初始状态下，由上式可得

$$\boldsymbol{Y}(z)=\boldsymbol{C}(z\boldsymbol{I}-\boldsymbol{A})^{-1}\boldsymbol{B}\boldsymbol{U}(z)+\boldsymbol{D}\boldsymbol{U}(z) \tag{2-74}$$

因此，系统的脉冲传递矩阵为

$$\boldsymbol{G}(z)=\frac{\boldsymbol{Y}(z)}{\boldsymbol{U}(z)}=\boldsymbol{C}(z\boldsymbol{I}-\boldsymbol{A})^{-1}\boldsymbol{B}+\boldsymbol{D} \tag{2-75}$$

2.2.4 可控性和可观性

如果一个系统在输入的影响和控制下，所有的状态变量都可以由任意的初态到达原点，则称系统是完全可控的，或者更确切地说是状态完全可控的，简称为系统可控或系统具有可控性。否则，就称系统是不完全可控的，或简称为系统不可控。

相应地，如果系统所有状态变量的任意形式的运动均可由输出完全地反映出来，则称系统是状态完全可观测的，简称为系统可观测或系统具有可观性。反之，则称系统是不完全可观测的，或简称为系统不可观测。

(1) 系统的可控性判据

考虑线性定常连续系统的状态方程

$$\dot{\boldsymbol{x}}(t)=\boldsymbol{A}\boldsymbol{x}(t)+\boldsymbol{B}\boldsymbol{u}(t),\quad \boldsymbol{x}(0)=x_0,\quad t\geqslant 0 \tag{2-76}$$

式中，$\boldsymbol{x}$ 为 n 维状态向量，$\boldsymbol{u}$ 为 p 维输入向量，$\boldsymbol{A}$ 和 $\boldsymbol{B}$ 分别为 $n\times n$ 维和 $n\times p$ 维常值矩阵。

引理 2.1（秩判据） 线性定常连续系统（2-76）完全可控的充要条件是

$$\mathrm{Rank}\begin{bmatrix}\boldsymbol{B} & \boldsymbol{A}\boldsymbol{B} & \cdots & \boldsymbol{A}^{n-1}\boldsymbol{B}\end{bmatrix}=n \tag{2-77}$$

式中，n 为矩阵 $\boldsymbol{A}$ 的维数，$\boldsymbol{S}=\begin{bmatrix}\boldsymbol{B} & \boldsymbol{A}\boldsymbol{B} & \cdots & \boldsymbol{A}^{n-1}\boldsymbol{B}\end{bmatrix}$ 称为系统的可控性判别阵。

引理 2.2（PBH 秩判据） 线性定常连续系统（2-76）完全可控的充要条件是，对矩阵 $\boldsymbol{A}$ 的所有特征值 λ_i，$i=1,2,\cdots,n$，均有

$$\mathrm{Rank}\begin{bmatrix}\lambda_i\boldsymbol{I}-\boldsymbol{A} & \boldsymbol{B}\end{bmatrix}=n,\ i=1,2,\cdots,n \tag{2-78}$$

或等价地表示为

$$\mathrm{Rank}\begin{bmatrix}s\boldsymbol{I}-\boldsymbol{A} & \boldsymbol{B}\end{bmatrix}=n,\ \forall s\in \mathbf{C} \tag{2-79}$$

由于这一判据是由波波夫（Popov）和贝尔维奇（Belevitch）首先提出并由豪塔斯（Hautus）最先指出其具有广泛应用性的，故称为 PBH 判据。

【例题 2.5】 已知线性定常连续系统的状态方程为

$$\dot{\boldsymbol{x}}=\begin{bmatrix}0 & 1 & 0 & 0\\ 0 & 0 & -1 & 0\\ 0 & 0 & 0 & 1\\ 0 & 0 & 5 & 0\end{bmatrix}\boldsymbol{x}+\begin{bmatrix}0 & 1\\ 1 & 0\\ 0 & 1\\ -2 & 0\end{bmatrix}\boldsymbol{u}$$

试判别系统的可控性。

解： 根据状态方程写出

$$[s\boldsymbol{I}-\boldsymbol{A}\quad \boldsymbol{B}]=\begin{bmatrix} s & -1 & 0 & 0 & 0 & 1 \\ 0 & s & 1 & 0 & 1 & 0 \\ 0 & 0 & s & -1 & 0 & 1 \\ 0 & 0 & -5 & s & -2 & 0 \end{bmatrix}$$

考虑到 $\boldsymbol{A}$ 的特征值为 $\lambda_1=\lambda_2=0$，$\lambda_3=\sqrt{5}$，$\lambda_4=-\sqrt{5}$，所以只需要对它们来检验上述矩阵的秩。通过计算可知，当 $s=\lambda_1=\lambda_2=0$ 时，有

$$\text{Rank}\,[s\boldsymbol{I}-\boldsymbol{A}\quad \boldsymbol{B}]=\text{Rank}\begin{bmatrix} 0 & -1 & 0 & 0 & 0 & 1 \\ 0 & 0 & 1 & 0 & 1 & 0 \\ 0 & 0 & 0 & -1 & 0 & 1 \\ 0 & 0 & -5 & 0 & -2 & 0 \end{bmatrix}=4$$

当 $s=\lambda_3=\sqrt{5}$ 时，有

$$\text{Rank}\,[s\boldsymbol{I}-\boldsymbol{A}\quad \boldsymbol{B}]=\text{Rank}\begin{bmatrix} \sqrt{5} & -1 & 0 & 0 & 0 & 1 \\ 0 & \sqrt{5} & 1 & 0 & 1 & 0 \\ 0 & 0 & \sqrt{5} & -1 & 0 & 1 \\ 0 & 0 & -5 & \sqrt{5} & -2 & 0 \end{bmatrix}=4$$

当 $s=\lambda_4=-\sqrt{5}$ 时，有

$$\text{Rank}\,[s\boldsymbol{I}-\boldsymbol{A}\quad \boldsymbol{B}]=\text{Rank}\begin{bmatrix} -\sqrt{5} & -1 & 0 & 0 & 0 & 1 \\ 0 & -\sqrt{5} & 1 & 0 & 1 & 0 \\ 0 & 0 & -\sqrt{5} & -1 & 0 & 1 \\ 0 & 0 & -5 & -\sqrt{5} & -2 & 0 \end{bmatrix}=4$$

计算结果表明，充要条件式(2-78) 成立，故系统完全可控。

(2) 系统的可观性判据

考虑输入 $\boldsymbol{u}=0$ 时系统的状态方程和输出方程：

$$\begin{aligned} &\dot{\boldsymbol{x}}=\boldsymbol{A}\boldsymbol{x},\boldsymbol{x}(0)=x_0,t\geqslant 0 \\ &\boldsymbol{y}=\boldsymbol{C}\boldsymbol{x} \end{aligned} \tag{2-80}$$

式中，$\boldsymbol{x}$ 为 n 维状态向量，$\boldsymbol{u}$ 为 p 维输入向量，$\boldsymbol{A}$ 和 $\boldsymbol{C}$ 分别为 $n\times n$ 维和 $q\times n$ 维常值矩阵。

引理 2.3（秩判据） 线性定常连续系统（2-80）完全可观测的充要条件是

$$\mathrm{Rank}\begin{bmatrix} \boldsymbol{C} \\ \boldsymbol{CA} \\ \vdots \\ \boldsymbol{CA}^{n-1} \end{bmatrix}=n \tag{2-81}$$

或

$$\mathrm{Rank}\left[\boldsymbol{C}^{\mathrm{T}} \quad \boldsymbol{A}^{\mathrm{T}}\boldsymbol{C}^{\mathrm{T}} \quad \cdots \quad (\boldsymbol{A}^{\mathrm{T}})^{n-1}\boldsymbol{C}^{\mathrm{T}}\right]=n \tag{2-82}$$

引理 2.4（PBH 秩判据） 线性定常连续系统（2-80）完全可观测的充要条件是，对 $\boldsymbol{A}$ 的所有特征值 λ_i，$i=1,2,\cdots,n$，均有

$$\mathrm{Rank}\begin{bmatrix} \boldsymbol{C} \\ \lambda_i\boldsymbol{I}-\boldsymbol{A} \end{bmatrix}=n,\ i=1,2,\cdots,n \tag{2-83}$$

或等价地表示为

$$\mathrm{Rank}\begin{bmatrix} \boldsymbol{C} \\ s\boldsymbol{I}-\boldsymbol{A} \end{bmatrix}=n,\ \forall s\in \mathbf{C} \tag{2-84}$$

2.3 李雅普诺夫稳定性分析

稳定性是系统正常工作的必要条件，它描述初始条件下系统方程的解是否具有收敛性，而与输入的作用无关。1892 年，俄国学者李雅普诺夫提出的稳定性理论是确定系统稳定性的更一般性理论，它采用了状态向量描述，不仅适用于单变量、线性、定常系统，而且适用于多变量、非线性、时变系统。它最大的优越性就是不依赖微分方程解的本身，跨过了求解微分方程这个极难逾越的鸿沟[78]。

在建立了一系列关于稳定性概念的基础上，李雅普诺夫提出了判断系统稳定性的两种方法：

① 利用线性系统微分方程的解来判断系统稳定性，称之为李雅普诺夫第一法或间接法。

② 首先利用经验和技巧来构造李雅普诺夫函数，进而利用李雅普诺夫函数来判断系统的稳定性，称之为李雅普诺夫第二法或直接法。

由于间接法需要解线性系统的微分方程，而求解系统微分方程往往并非易事，所以间接法的应用受到很大限制。而直接法不需要求解系统微分方程，给判断系统的稳定性带来了极大方便，获得了广泛应用。

2.3.1 李雅普诺夫稳定性

在介绍李雅普诺夫稳定性判据之前，我们先了解一下什么是系统的平衡状

态。设系统方程为

$$\dot{\boldsymbol{x}}=f(\boldsymbol{x},t),\ x(t_0)=x_0 \tag{2-85}$$

式中，$\boldsymbol{x}$ 为 n 维状态向量且显含时间变量 t，$f(\boldsymbol{x},t)$ 为线性或非线性、定常或时变的 n 维向量函数，其展开式为

$$\dot{x}_i=f_i(x_1,x_2,\cdots,x_n,t),\ i=1,2,\cdots,n \tag{2-86}$$

(1) 平衡状态

如果存在某个状态 x_e，使 $\dot{x}_e=f(x_e,t)=0$ 成立，则称 x_e 为系统的一个平衡状态。平衡状态的各分量相对于时间不再变化。若已知状态方程，令 $\dot{x}=0$ 所求得的解 x 便是一种平衡状态。

对于线性系统 $\dot{\boldsymbol{x}}=\boldsymbol{A}\boldsymbol{x}$，可得 $\boldsymbol{A}x_e=0$。当 $\boldsymbol{A}$ 为非奇异矩阵时，系统只有唯一的一个平衡状态 $x_e=0$。当 $\boldsymbol{A}$ 为奇异矩阵时，则存在无穷多个平衡状态。对于非线性系统通常存在多个平衡状态。

【例题 2.6】 求下面线性定常系统的平衡状态：

$$\begin{cases}\dot{x}_1=-x_1+x_2\\ \dot{x}_2=x_1+x_2\end{cases}$$

解： 其平衡状态方程为

$$\begin{cases}-x_1+x_2=0\\ x_1+x_2=0\end{cases}$$

可解得有一个平衡状态：$\boldsymbol{x}_{e_1}=\begin{bmatrix}0\\0\end{bmatrix}$。

如果将线性定常系统转化为矩阵 $\dot{\boldsymbol{x}}=\boldsymbol{A}\boldsymbol{x}$ 的形式，可得

$$\begin{bmatrix}\dot{x}_1\\ \dot{x}_2\end{bmatrix}=\begin{bmatrix}-1 & 1\\ 1 & 1\end{bmatrix}\begin{bmatrix}x_1\\ x_2\end{bmatrix}$$

此时矩阵 $\boldsymbol{A}$ 为非奇异矩阵，因此系统只有唯一的一个平衡状态。

(2) 李雅普诺夫意义下的稳定

设系统初始状态位于以平衡状态 x_e 为球心、δ 为半径的闭球域 $S(\delta)$ 内，即

$$\|x_0-x_e\|\leqslant\delta,\ t=t_0 \tag{2-87}$$

如图 2-1(a) 所示，若能使系统方程的解 $x(t;x_0,t_0)$ 在 $t\to\infty$的过程中都位于以 x_e 为球心、任意规定的半径为$\in$ 的闭球域 $S(\delta)$ 内，即

$$\|x(t;x_0,t_0)-x_0\|\leqslant\in,\ t\geqslant t_0 \tag{2-88}$$

式中，$\|\cdot\|$为欧几里得范数，其几何意义是空间距离的尺度，则称系统的平衡状态 x_e 在李雅普诺夫意义下是稳定的。

实数 δ 与 $\in$ 有关，通常也与 t_0 有关。如果 δ 与 t_0 无关，则称平衡状态是一致稳定的。

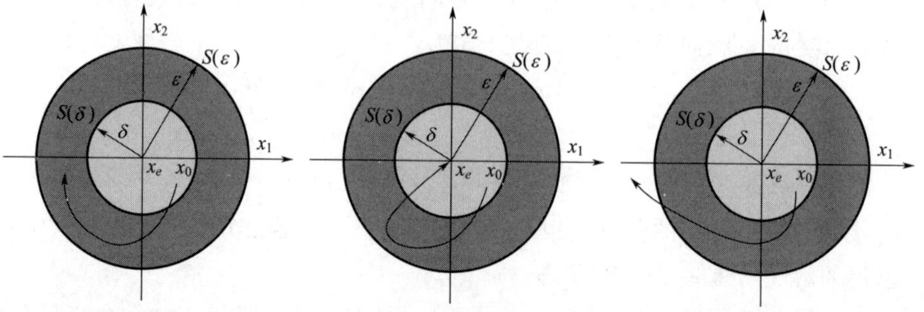

(a) 李雅普诺夫稳定　　(b) 渐进稳定　　(c) 不稳定

图 2-1　系统稳定性示意图

(3) 渐进稳定

若系统的平衡状态 x_e 不仅具有李雅普诺夫意义下的稳定性，还有

$$\lim_{t \to \infty} \| x(t; x_0, t_0) - x_e \| = 0 \tag{2-89}$$

则称此平衡状态是渐进稳定的，如图 2-1(b) 所示。

若 δ 与 t_0 无关且式(2-89) 的极限过程与 t_0 无关，则称平衡状态是一致渐进稳定的。

说明：李雅普诺夫意义下的渐进稳定等同于工程意义下的稳定。

(4) 大范围（全局）渐进稳定

当初始条件扩展至整个状态空间且平衡状态均具有渐进稳定性时，则称此平衡状态是大范围渐进稳定的。此时 $\delta \to \infty$，$S(\delta) \to \infty$。当 $t \to \infty$ 时，由状态空间中任一点出发的轨迹都收敛至 x_e。

对于严格线性的系统，如果它是渐进稳定的，则必定是大范围渐进稳定的。这是因为线性系统的稳定性与初始条件无关。而对于非线性系统来说，其稳定性往往与初始条件的大小密切相关，系统渐进稳定不一定是大范围渐进稳定。显然，大范围渐进稳定的必要条件是在整个状态空间中只有一个平衡状态。

在控制工程问题中，总希望系统具有大范围渐进稳定的特性。如果平衡状态不是大范围渐进稳定的，那么问题就转化为确定渐进稳定的最大范围或吸引域。

(5) 不稳定

如果对于某个实数 $\in > 0$ 和任意一个实数 $\delta > 0$，不论这两个实数有多么小，在 $S(\delta)$ 内总存在着一个状态 x_0，使得由这一状态出发的轨迹超出

$S(\in)$，则平衡状态 x_e 被称为是不稳定的，如图 2-1(c) 所示。

实际上，渐进稳定性比稳定性更重要。考虑到非线性系统的渐进稳定性是一个局部概念，所以简单地确定渐进稳定性并不意味着系统能正常工作。通常有必要确定渐进稳定性的最大范围或吸引域，它是发生渐进稳定轨迹的那部分状态空间。换句话说，发生于吸引域内的每一个轨迹都是渐进稳定的。

为此，还提出了以下三个概念。

① 如果系统从点 x_0 出发，而系统未来的状态位置一直保持不变，即一直待在出发点 x_0，那么出发点 x_0 就叫做系统的不变点。

② 如果系统从某个区域内或者曲线上出发，例如以 0 为圆心，半径为 r 的圆区域或者有限环，并且系统的未来状态位置会一直待在该区域内或者曲线上，那么这个区域就叫做不变区。

③ 所有这些不变点或者不变区域所组成的集合就叫做该系统的不变集。

定理 2.1 拉萨尔不变集原理［Local Version（Local Invariant Set Theorem)]： 对于不依赖于时间的系统（autonomous system）$\dot{x}=f(x)$，其中 $f(x)$ 连续，并且 $V(x)$ 具有对 x 一阶连续偏导。如果在某个区域 Ω_l 内 $V(x)<l(l>0)$，即在 $V(x)$ 该区域内有上界；并且在该区域内，$\dot{V}(x)=\dfrac{\partial V}{\partial x}f(x)\leqslant 0$。

把该区域内所有使得 $\dot{V}=0$ 的点的集合叫做 R，而 M 是包含在 R 内最大的不变集。如果系统始于该区域内，那么随着 $t\to\infty$ 系统一定会收敛于不变集 M 中的点。

2.3.2　李雅普诺夫稳定判据

下面介绍李雅普诺夫理论中判断系统稳定性的方法。

(1) 李雅普诺夫第一法（间接法）

李雅普诺夫第一法是利用状态方程解的特性来判断系统稳定的方法，它适用于线性定常、线性时变以及非线性函数可线性化的情况。

引理 2.5（李雅普诺夫第一法)： 对于线性定常系统 $\dot{\boldsymbol{x}}=\boldsymbol{A}\boldsymbol{x}$，$x(0)=x_0$，$t\geqslant 0$ 有：

① 系统的每一平衡状态是在李雅普诺夫意义下稳定的充要条件是，A 的所有特征值均具有非正（即负或零）实部，且具有零实部的特征值为 A 的最小多项式的单根；

② 系统的唯一平衡状态 $x_e=0$ 是渐进稳定的充要条件是，A 的所有特征值均具有负实部。

【例题 2.7】 有线性定常系统

$$\dot{\boldsymbol{x}}=\begin{bmatrix}-1 & 0\\ 0 & 1\end{bmatrix}\boldsymbol{x}$$

试分析系统状态的稳定性。

解： 由 $\boldsymbol{A}$ 矩阵的特征方程

$$|\lambda \boldsymbol{I}-\boldsymbol{A}|=(\lambda+1)(\lambda-1)=0$$

可得特征值为

$$\lambda_1=-1,\ \lambda_2=1$$

因为有一个正的特征值，所以系统的状态不是渐进稳定的。

(2) 李雅普诺夫第二法（直接法）

在学习李雅普诺夫第二法之前，需要先明确函数和矩阵的正定性等相关概念。首先讨论针对标量函数的正定、半正定、负定、半负定和不定。

正定： 关于标量函数 $V(x)$，如果对于在域 S 中的所有非零状态 x 均有 $V(x)>0$，且在 $x=0$ 时有 $V(x)=0$，则在域 S 内称标量函数 $V(x)$ 为正定。例如 $V(x)=x_1^2+2x_2^2$，仅当 $x=0(x_1=x_2=0)$ 时有 $V(x)=0$，其余情况均有 $V(x)>0$。

半正定： 如果标量函数 $V(x)$ 除了在原点及某些状态时等于零外，在域 S 中的所有其他状态都为正，则标量函数 $V(x)$ 为半正定。即并不一定仅当 $x=0$ 时才有 $V(x)=0$。例如，$V(x)=(x_1+x_2)^2$，当 $x=0(x_1=x_2=0)$ 或 $x_1=-x_2$ 时有 $V(x)=0$，其余情况时 $V(x)>0$。

负定： 如果标量函数 $-V(x)$ 是正定的，则标量函数 $V(x)$ 为负定。例如 $V(x)=-(x_1^2+2x_2^2)$。

半负定： 如果标量函数 $-V(x)$ 是半正定的，则标量函数 $V(x)$ 为半负定。例如 $V(x)=-(x_1+x_2)^2$。

不定： 如果在域 S 内，不论 S 多么小，$V(x)$ 既可以为正值也可以为负值，则标量函数 $V(x)$ 称为不定。例如 $V(x)=x_1x_2+x_2^2$。

引理 2.6（定常系统渐进稳定判别定理）： 对于定常系统 $\dot{x}=f(x)$，$t\geqslant 0$，其中 $f(0)=0$，如果存在一个具有连续一阶导数的标量函数 $V(x)$，$V(0)=0$，并且对于状态空间 X 中的一切非零点 x 满足如下条件：

① $V(x)$ 是正定的；

② $\dot{V}(x)$ 是负定的。

则系统的原点平衡状态是渐进稳定的。

引理 2.7（定常系统大范围渐进稳定判别定理 1）： 对于定常系统 $\dot{x}=f(x)$，$t\geqslant 0$，其中 $f(0)=0$，如果存在一个具有连续一阶导数的标量函数

$V(x)$，$V(0)=0$，并且对于状态空间 X 中的一切非零点 x 满足如下条件：

① $V(x)$ 是正定的；

② $\dot{V}(x)$ 是负定的；

③ 当 $\|x\| \to \infty$ 时 $V(x) \to \infty$。

则系统的原点平衡状态是大范围渐进稳定的。

【例题 2.8】 对于非线性系统

$$\begin{cases} \dot{x}_1 = x_2 - x_1(x_1^2 + x_2^2) \\ \dot{x}_2 = -x_1 - x_2(x_1^2 + x_2^2) \end{cases}$$

试确定系统的稳定性。

解： 显然，原点（$x_1=0$，$x_2=0$）是该系统唯一的平衡状态。选取正定标量函数 $V(x)$ 为

$$V(x) = x_1^2 + x_2^2$$

则沿任意轨迹 $V(x)$ 对时间的导数为

$$\dot{V}(x) = 2x_1\dot{x}_1 + 2x_2\dot{x}_2 = -2(x_1^2 + x_2^2)^2$$

是负定的。这说明 $V(x)$ 沿任意轨迹是连续减小的，因此 $V(x)$ 是一个李雅普诺夫函数。由于当 $\|x\| \to \infty$ 时 $V(x) \to \infty$，所以系统在原点处的平衡状态是大范围渐进稳定的。

【例题 2.9】 对于线性系统

$$\begin{cases} \dot{x}_1 = x_2 \\ \dot{x}_2 = -x_1 - x_2 \end{cases}$$

试判别其平衡状态 $x_e=0$ 的稳定性。

解： 取正定标量函数

$$V(x) = x_1^2 + x_2^2$$

$V(x)$ 对时间的导数为

$$\dot{V}(x) = 2x_1\dot{x}_1 + 2x_2\dot{x}_2 = -2x_2^2$$

由于当 $x_1=0$，$x_2=0$ 时有 $\dot{V}(x)=0$，当 $x_1 \neq 0$，$x_2=0$ 时也有 $\dot{V}(x)=0$，而当 $x_2 \neq 0$ 时有 $\dot{V}(x)<0$，因此 $\dot{V}(x)$ 为半负定。由于李雅普诺夫第二法只是充分条件而非必要条件，故据此并不能判定系统在平衡状态下是不稳定的。

所以重新选取正定标量函数

$$V(x) = \frac{1}{2}\left[(x_1 + x_2)^2 + 2x_1^2 + x_2^2\right]$$

$V(x)$ 对时间的导数为

$$\dot{V}(x)=(x_1+x_2)(\dot{x}_1+\dot{x}_2)+2x_1\dot{x}_1+2x_2\dot{x}_2=-(x_1^2+x_2^2)$$

显然 $\dot{V}(x)$ 负定。由于 $V(x)$ 正定而 $\dot{V}(x)$ 负定，因此系统在平衡状态 $x_e=0$ 是渐进稳定的。由于当 $\|x\|\to\infty$ 时，有 $V(x)\to\infty$，故系统在平衡状态 $x_e=0$ 是大范围渐进稳定的。

一般来说，要构造系统的一个李雅普诺夫函数 $V(x)$ 使其满足 $\dot{V}(x)$ 为负定，常常不易做到。因此，下面给出更加宽松的定常系统大范围渐进稳定判别定理。

引理 2.8（定常系统大范围渐进稳定判别定理 2）：对于定常系统 $\dot{x}=f(x)$，$t\geqslant 0$，其中 $f(0)=0$，如果存在一个具有连续一阶导数的标量函数 $V(x)$，$V(0)=0$，并且对于状态空间 X 中的一切非零点 x 满足如下条件：

① $V(x)$ 是正定的；

② $\dot{V}(x)$ 是负半定的；

③ 对于任意 $x\in X$，$\dot{V}(x(t;x_0,0))\neq 0$；

④ 当 $\|x\|\to\infty$ 时 $V(x)\to\infty$。

则系统的原点平衡状态是大范围渐进稳定的。

从物理概念上来看，$\dot{V}(x)$ 半负定，说明在 $t\geqslant t_0$ 的某些时刻，系统的“能量”不再减少。但是 $\dot{V}(x)$ 又不恒等于零，表明系统“能量”不再减少的状态不能保持，即系统会继续减少能量，直到平衡状态。

【例题 2.10】 对于定常系统状态方程

$$\begin{cases}\dot{x}_1=x_2\\ \dot{x}_2=-x_1-(1+x_2)^2x_2\end{cases}$$

试确定系统的稳定性。

解：显然，原点（$x_1=0$，$x_2=0$）是该系统唯一的平衡状态。选取正定标量函数 $V(x)$ 为

$$V(x)=x_1^2+x_2^2$$

且有 $V(x)$ 为正定。

沿任意轨迹 $V(x)$ 对时间的导数为

$$\dot{V}(x)=2x_1\dot{x}_1+2x_2\dot{x}_2=-2x_2^2(1+x_2)^2$$

可见，除了 $x_2=0$ 或 $x_2=-1$ 时有 $\dot{V}(x)=0$，其他情况下均有 $\dot{V}(x)<0$。故 $\dot{V}(x)$ 为半负定。接下来检查是否满足对任意 $x\in X$，$\dot{V}(x(t;x_0,0))\neq 0$。

考虑到使得 $\dot{V}(x)=0$ 的情况只有 $x_2=0$ 和 $x_2=-1$，故可分别令 $\boldsymbol{x}=[x_1(t)\quad 0]^{\mathrm{T}}$ 和 $\boldsymbol{x}=[x_1(t)\quad -1]^{\mathrm{T}}$ 并代入系统状态方程。

当 $\boldsymbol{x}=[x_1(t)\quad 0]^{\mathrm{T}}$ 时，系统状态方程为

$$\dot{x}_1(t)=0$$

$$0=-x_1$$

这表明点（$x_1=0$，$x_2=0$）使得 $\dot{V}(x)=0$。

当 $\boldsymbol{x}=[x_1(t)\quad -1]^{\mathrm{T}}$ 时，系统状态方程为

$$\dot{x}_1(t)=-1$$

$$0=-x_1$$

而这是一个矛盾的结果，表明 $\dot{V}(x)\neq 0$。

综上所述，有 $\dot{V}(x)\neq 0$。当 $\|x\|\to\infty$ 时，显然有 $V(x)=\|x\|^2\to\infty$。故根据引理 2.8 可知，系统的原点平衡状态是大范围渐进稳定的。

引理 2.9（不稳定判别定理）：对于定常系统 $\dot{x}=f(x)$，$t\geqslant 0$，其中 $f(0)=0$，如果存在一个具有连续一阶导数的标量函数 $V(x)$，$V(0)=0$，和围绕原点的域 Ω，使得对于状态空间 X 中的一切非零点 x 满足如下条件：

① $V(x)$ 是正定的；

② $\dot{V}(x)$ 是正定的。

则系统的平衡状态是不稳定的。

关于李雅普诺夫第二法有以下几点说明：

① 李雅普诺夫函数是一个标量函数并且是一个正定函数。对于一个给定系统，李雅普诺夫函数不是唯一的。

② 不仅对于线性系统，而且对于非线性系统，它都能给出关于大范围内稳定的信息。

③ 李雅普诺夫稳定性定理只是充分条件。对于一个特定系统，若不能找到一个合适的李雅普诺夫函数来判定系统的稳定性，则不能给出该系统稳定性的任何信息。

④ 李雅普诺夫稳定性理论没有提供构造李雅普诺夫函数的一般方法。李雅普诺夫函数最简单的形式是二次型函数。

2.3.3　李雅普诺夫第二法稳定性判据

下面介绍李雅普诺夫第二法分别在线性定常连续系统和线性定常离散系统

中的渐进稳定性判别。

(1) 线性定常连续系统的渐进稳定性

设线性定常系统状态方程为 $\dot{\boldsymbol{x}}=\boldsymbol{Ax}$，$x(0)=x_0$，$t\geqslant 0$，其中 $\boldsymbol{A}$ 为非奇异矩阵，故原点是唯一平衡状态。假设取正定二次型函数 $V(\boldsymbol{x})=\boldsymbol{x}^{\mathrm{T}}\boldsymbol{Px}$ 作为可能的李雅普诺夫函数，考虑到系统状态方程，则有

$$\dot{V}(\boldsymbol{x})=\dot{\boldsymbol{x}}^{\mathrm{T}}\boldsymbol{Px}+\boldsymbol{x}^{\mathrm{T}}\boldsymbol{P}\dot{\boldsymbol{x}}=\boldsymbol{x}^{\mathrm{T}}(\boldsymbol{A}^{\mathrm{T}}\boldsymbol{P}+\boldsymbol{PA})\boldsymbol{x} \tag{2-90}$$

令

$$\boldsymbol{A}^{\mathrm{T}}\boldsymbol{P}+\boldsymbol{PA}=-\boldsymbol{Q} \tag{2-91}$$

则

$$\dot{V}(\boldsymbol{x})=-\boldsymbol{x}^{\mathrm{T}}\boldsymbol{Qx} \tag{2-92}$$

根据引理 2.7，只要 $\boldsymbol{Q}$ 正定（即 $\dot{V}(\boldsymbol{x})$ 负定），则系统是大范围渐进稳定的。于是线性定常连续系统渐进稳定的充要条件为：给定一正定矩阵 $\boldsymbol{P}$，存在着满足式(2-91）的正定矩阵 $\boldsymbol{Q}$，同时 $\boldsymbol{x}^{\mathrm{T}}\boldsymbol{Px}$ 是该系统的一个李雅普诺夫函数，式(2-91）称为李雅普诺夫矩阵代数方程。

按照上述先定 $\boldsymbol{P}$ 再验 $\boldsymbol{Q}$ 是否正定的步骤，若 $\boldsymbol{P}$ 选取不当，往往会导致 $\boldsymbol{Q}$ 非正定，因此需要反复多次验证，很不方便。所以在应用中，往往是先选取 $\boldsymbol{Q}$ 为正定实对称矩阵，再求解式(2-91)。若所求得的 $\boldsymbol{P}$ 为正定实对称矩阵，则可判定系统是渐进稳定的。使用时常选取 $\boldsymbol{Q}$ 阵为单位阵或对角线阵。

引理 2.10 线性定常系统 $\dot{\boldsymbol{x}}=\boldsymbol{Ax}$，$x(0)=x_0$，$t\geqslant 0$ 的原点平衡状态 $x_e=0$ 为渐进稳定的充要条件是，对于任意给定的一个正定对称矩阵 $\boldsymbol{Q}$，有唯一的正定对称矩阵 $\boldsymbol{P}$ 使式(2-91）成立。且标量函数 $V(\boldsymbol{x})=\boldsymbol{x}^{\mathrm{T}}\boldsymbol{Px}$ 就是系统的一个李雅普诺夫函数。

【例题 2.11】 对于定常系统状态方程

$$\begin{bmatrix}\dot{x}_1\\ \dot{x}_2\end{bmatrix}=\begin{bmatrix}0 & 1\\ 2 & -1\end{bmatrix}\begin{bmatrix}x_1\\ x_2\end{bmatrix}$$

试用李雅普诺夫方程判别系统的渐进稳定性。

解： 为了便于对比，先用第一法的特征值判据。

系统状态矩阵为 $\boldsymbol{A}=\begin{bmatrix}0 & 1\\ 2 & -1\end{bmatrix}$，求得特征值为 $\lambda_1=-2$，$\lambda_2=1$。因为有正的特征值，故系统不稳定。

令

$$\boldsymbol{A}^{T}\boldsymbol{P}+\boldsymbol{PA}=-\boldsymbol{Q}=-\boldsymbol{I}$$

$$P = P^T = \begin{bmatrix} P_{11} & P_{12} \\ P_{21} & P_{22} \end{bmatrix}$$

则有

$$\begin{bmatrix} 0 & 2 \\ 1 & -1 \end{bmatrix} \begin{bmatrix} P_{11} & P_{12} \\ P_{21} & P_{22} \end{bmatrix} + \begin{bmatrix} P_{11} & P_{12} \\ P_{21} & P_{22} \end{bmatrix} \begin{bmatrix} 0 & 1 \\ 2 & -1 \end{bmatrix} = \begin{bmatrix} -1 & 0 \\ 0 & -1 \end{bmatrix}$$

解得

$$\boldsymbol{P} = \begin{bmatrix} P_{11} & P_{12} \\ P_{21} & P_{22} \end{bmatrix} = \begin{bmatrix} -\frac{3}{4} & -\frac{1}{4} \\ -\frac{1}{4} & \frac{1}{4} \end{bmatrix}$$

由于 $P_{11} = -\frac{3}{4}$，$\det(\boldsymbol{P}) = -\frac{1}{4} < 0$，故 $\boldsymbol{P}$ 不是正定矩阵，可知系统不是渐进稳定的。

(2) 线性定常离散系统的渐进稳定性

设线性定常离散系统状态方程为

$$\boldsymbol{x}(k+1) = \boldsymbol{\Phi x}(k),\ x(0) = x_0,\ k = 0,1,2,\cdots \tag{2-93}$$

式中，$\boldsymbol{\Phi}$ 阵非奇异，原点是平衡状态。

取正定二次型函数

$$V(\boldsymbol{x}(k)) = \boldsymbol{x}^{\mathrm{T}}(k)\boldsymbol{P x}(k) \tag{2-94}$$

以 $\Delta V(\boldsymbol{x}(k))$ 代替 $\dot{V}(\boldsymbol{x})$ 有

$$\Delta V(\boldsymbol{x}(k)) = V(\boldsymbol{x}(k+1)) - V(\boldsymbol{x}(k)) \tag{2-95}$$

考虑到状态方程（2-93）有

$$\begin{aligned} \Delta V(\boldsymbol{x}(k)) &= \boldsymbol{x}^{\mathrm{T}}(k+1)\boldsymbol{P x}(k+1) - \boldsymbol{x}^{\mathrm{T}}(k)\boldsymbol{P x}(k) \\ &= [\boldsymbol{\Phi x}(k)]^{\mathrm{T}}\boldsymbol{P}[\boldsymbol{\Phi x}(k)] - \boldsymbol{x}^{\mathrm{T}}(k)\boldsymbol{P x}(k) \\ &= \boldsymbol{x}^{\mathrm{T}}(k)(\boldsymbol{\Phi}^{\mathrm{T}}\boldsymbol{P\Phi} - \boldsymbol{P})\boldsymbol{x}(k) \end{aligned} \tag{2-96}$$

令

$$\boldsymbol{\Phi}^{\mathrm{T}}\boldsymbol{P\Phi} - \boldsymbol{P} = -\boldsymbol{Q} \tag{2-97}$$

于是有

$$\Delta V(\boldsymbol{x}(k)) = -\boldsymbol{x}^{\mathrm{T}}(k)\boldsymbol{Q x}(k) \tag{2-98}$$

引理 2.11　式(2-93) 所示系统渐进稳定的充要条件是，给定任一正定对称矩阵 $\boldsymbol{Q}$，存在一个正定对称矩阵 $\boldsymbol{P}$ 使式(2-97) 成立。

函数 $\boldsymbol{x}^{\mathrm{T}}(k)\boldsymbol{Q x}(k)$ 是系统的一个李雅普诺夫函数，式(2-97) 被称为离散的李雅普诺夫代数方程，通常可取 $\boldsymbol{Q} = \boldsymbol{I}$。如果 $\Delta V(\boldsymbol{x}(k))$ 沿任一解的序列不

恒为零，则 Q 可取为正半定矩阵。

本章小结

实践没有止境，理论创新也没有止境。工欲善其事必先利其器，掌握基本原理和必要的知识储备是创新的基础。

本章基于经典控制理论和线性系统理论两大知识框架，从中整理出了在多智能体系统中常用到的控制知识。在一些系统方程不便求解的领域，常用李雅普诺夫方法来分析。因此，本章也对李雅普诺夫稳定性进行了系统性整理，在后面章节对多智能体系统的稳定性进行分析时可以随时作为参考。

思考与练习题

1. 什么是控制系统的数学模型？其目的是什么？
2. 线性连续系统求解主要有哪两种方法？
3. 线性离散系统的数学模型有哪些？
4. 求解常系数线性差分方程的方法有哪些？
5. 什么是状态空间表达式？
6. 什么是传递函数矩阵？
7. 什么是系统的可控性与可观性？
8. 判断系统稳定性的方法有几种？
9. 什么是系统的平衡状态？

第3章 多智能体机器人系统的数理知识

本章介绍在多智能体机器人系统控制中常用到的数理基础知识，包括代数图论、矩阵分析和坐标转换。在代数图论部分，介绍图的基本概念和图的常见类型，以及描述图关系的矩阵。在矩阵分析部分，介绍矩阵的基础概念和矩阵的一些应用。在坐标转换部分，将分别介绍在二维空间和三维空间的坐标转换关系。

3.1 多智能体分析的代数图论

在多智能体系统中，常使用图论[12] 的知识来描述智能体之间的通信关系。图论是有着许多现代应用的古老课题。伟大的瑞士数学家列昂哈德·欧拉在18世纪就建立了图论的基本思想，他利用图解决了有名的哥尼斯堡七桥问题。本节介绍在多智能体系统研究中常用的一些图论知识，包括图的概念、图的类型以及图的矩阵。

3.1.1 图的概念

图（graph）是由一些顶点（vertex）和连接这些顶点的一些边（edge）所组成的离散结构。图、顶点的集合和边的集合分别用大写字母 G，V 和 E 表示，如 $G=(V, E)$。其中顶点集 V 和边集 E 又可以分别表示为顶点 v_i 和边 e_i 的集合，即 $V=\{v_1, v_2, \cdots, v_n\}$，$E=\{e_1, e_2, \cdots, e_m\}$。由图 G 顶点集 V 的子集 $V_s \subseteq V$ 和边集的子集 $E_s \subseteq E$ 构成的图 G_s 是图 G 的子图（subgraph）。

对于顶点集 V 中的每个元素，我们也称其为节点（node）。由顶点出发又

回到顶点的边称为环（loop），即对 E 中的边 $e_{ij}=(v_i, v_j)$，若 $v_i=v_j$，则 e_{ij} 被称作一个环。图 G 的顶点数量 $|V(G)|$ 也被称作图 G 的阶（order）。

当构成边 e_{ij} 的顶点（v_i, v_j）为无序二元组时，边 e_{ij} 称作无向边（undirected edge），顶点 v_i，v_j 分别称为边 e_{ij} 的端点（end-vertex）。

当构成边 e_{ij} 的顶点（v_i, v_j）为有序二元组时，边 e_{ij} 称作有向边（directed edge）。由于有向边具有方向性，因此也写作 $v_j \rightarrow v_i$。当 $e_{ij}=v_j \rightarrow v_i$ 时，此时的 v_j 称为 e_{ij} 的起点（origin），v_i 称为 e_{ij} 的终点（terminus）。起点和终点也称为 e_{ij} 的端点。

当图中的边为无向边时，顶点 v_i 的度（degree）表示与 v_i 相连的边的数量，常用符号 $\deg(v_i)$ 表示。在带有有向边的图里，顶点 v_i 的入度（in-degree）是以 v_i 作为终点的边数，出度（out-degree）是以 v_i 作为起点的边数，入度和出度常用符号 $\deg_{\text{in}}(v_i)$ 和 $\deg_{\text{out}}(v_i)$ 表示。

注意，顶点上的环对这个顶点的入度和出度的贡献都是 1。在全是有向边的图中，每条边都有一个起点和一个终点，所有顶点的入度之和与出度之和相等，这两个和都等于图的边数。

【例题 3.1】 请分别列出图 3-1 中两个图的顶点集 V 和边集 E。

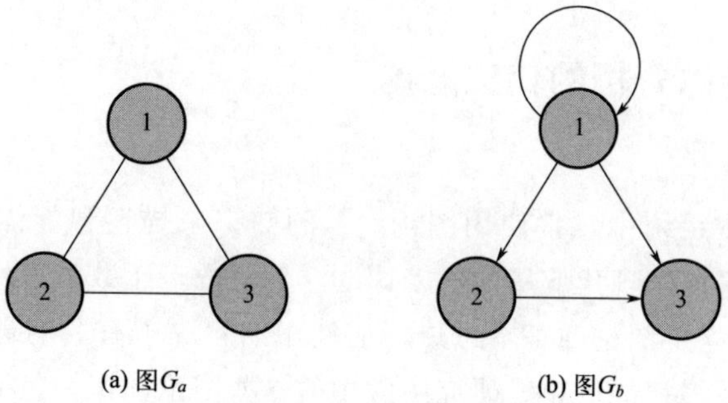

图 3-1　图的无向边和有向边

解：图 3-1(a) 的顶点集 V_a 和边集 E_a 分别为：$V_a=\{v_1, v_2, v_3\}$，$E_a=\{e_{12}, e_{21}, e_{23}, e_{32}, e_{31}, e_{13}\}$。图 3-1(b) 的顶点集 V_b 和边集 E_b 分别为：$V_b=\{v_1, v_2, v_3\}$，$E_b=\{e_{21}, e_{31}, e_{32}\}$。同时图 G_b 还有一个环 e_{11}。

请注意，在定义有向边 $e_{ij}=v_j \rightarrow v_i$ 时，v_j 是 e_{ij} 的起点，v_i 是 e_{ij} 的终点。

3.1.2　图的类型

根据连接顶点对的边的种类和数量的不同，图有多种不同的类型。在由非

空顶点集 V 和边集 E 所组成的图中，如果边是 V 中元素的无序对，那么这种图就是无向图（undirected graph）。如果边是 V 中元素的有序对，那么这种图就是有向图（directed graph）。

在有向图中，其实有许多性质也是不依赖于边的方向的，因此有时会忽略这些方向。在忽略边的方向后得出的无向图称为底无向图。带有向边的图与它的底无向图具有相同的边数。

在无向图中，关联一对顶点的无向边如果多于一条，则称这些边为平行边，平行边的条数称为重数（multiplicity）。在有向图中，关联一对顶点的有向边如果多于一条并且这些边的始点与终点相同（也就是它们的方向相同），也称这些边为平行边。

含平行边的图称为多重图（multi graph），既不含平行边也不包含自环的图称为简单图（simple graph）。因此图 3-1(a) 为简单图，图 3-1(b) 因为有自环所以不是简单图。

定义 3.1［简单图（simple graph）］ 既不含平行边也不包含自环的图称为简单图。

定义 3.2［平衡图（balanced graph）］ 针对有向图中的节点 v_i，当其入度与出度相等时，即 $\deg_{in}(v_i)=\deg_{out}(v_i)$，称其为平衡节点（balanced node）。如果有向图中所有节点都是平衡的，那么就称此图是平衡的（balanced）。无向图中的节点均为平衡节点，且所有的无向图均为平衡图。

对于图中任意两个顶点 v_i，v_j，总是存在至少一条路径使两个顶点相连 $v_i \to \cdots \to v_j$，则称这两个顶点是连通的。在图 3-2(a) 中，虽然 v_1 和 v_3 没有直接相连，但是存在一条路径 $v_1 \to v_4 \to v_3$ 使其相连，因此 v_1 和 v_3 仍是连通的。

在无向图中，若任意两个顶点均连通，则称图是连通的（connected），图的这一性质被称作连通性（connectivity）。在无向连通图的每一对不同顶点之间都存在简单通路。图 3-2(a) 为无向连通图，而图 3-2(b) 由于 v_3 与其他节点均不连通，因此是无向不连通图。

定义 3.3［连通图（connected graph）］ 若无向图中每一对不同的顶点之间都有通路，则称该图为连通的。

定义 3.4［强连通图（strongly connected graph）］ 若当 v_i 和 v_j 都是有向图的顶点时，总存在从 v_i 到 v_j 和从 v_j 到 v_i 的通路，则该有向图是强连通的。

在有向图中，针对任意两个顶点 v_i，v_j，满足 $v_i \to \cdots \to v_j$，$v_j \to \cdots \to v_i$ 均连通，则称该有向图是强连通的（strongly connected）。图 3-2(c) 为有向强连通图。

不严谨地说，连通图是在无向图的基础上对图中顶点之间的连通做了更高的要求，而强连通图是在有向图的基础上对图中顶点的连通做了更高的要求。

有向图忽略边的方向后得到的无向图称为有向图的底图。若有向图本身不满足强连通的条件，但其底图是强连通的，此有向图称为弱连通的（weekly connected）。

定义 3.5［弱连通图（weekly connected graph)］ 若在有向图的底图里，任何两个顶点之间都有通路，则该有向图是弱连通的。

图 3-2(d) 由于 v_3 与 v_4 之间只存在一条通路（$v_4 \to v_3$，$v_3 \not\to v_4$），因此不属于有向强连通图。不过因为其底图是强连通的，所以有向图 3-2(d) 是弱连通的。

如果有向图是弱连通的，当且仅当在忽略边的方向时，任何两个顶点之间总是存在通路。显然，任何有向强连通图也是弱连通的。

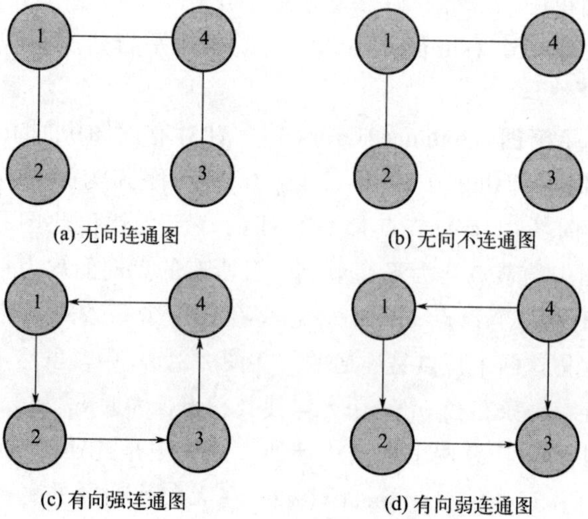

图 3-2 连通图示意图

在多智体系统中，无向连通图和有向强连通图往往意味着所有智能体之间均可以进行信息交互，从而能够完成预期任务。

定义 3.6［完全图（complete graph)］ 完全图是一个简单的无向图，其中每对不同的顶点之间都恰好有一条边相连。

【例题 3.2】 图 3-3 展示的都是完全图，请仔细观察不同顶点数时的图形。

定义 3.7［树（tree)］ 如果一个连通简单图没有回路，则称它是一棵树。

在图论中，树（tree）也可以是一种无向图，其中任意两个顶点间存在唯一一条路径。或者说，只要没有回路的连通图就是树。因为树没有简单回路，

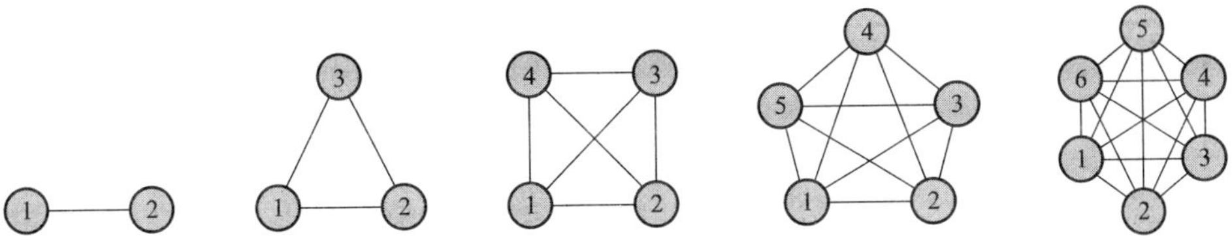

图 3-3　各种完全图

所以树不含多重边或环，因此任何树都必然是简单图。图 3-2(a) 便是一棵树，它是没有简单回路的连通无向图。

一棵树既可以是有向的，也可以是无向的。显然，树是连通图，但不会是两个顶点间有多条路径的双连通图（对于无向图）或者强连通图（对于有向图）。一棵树中每两个顶点之间都有且只有一条路径（指没有重复边的路径）。

一棵有 n 个点的树会有 $n-1$ 条边，这是连接 n 个点所需要的最少边数。所以如果去掉树中的一条边，树就会不连通。如果在一棵树中加入任意一条边，就会得到有且只有一个回路的图。这是因为这条边连接的两个点之间有且只有一条路径，这条路径和新加的边连在一起构成一个回路。

性质　由树的定义可直接得到下列性质：

① 树中任意两点之间至多只有一条边；

② 树中边数比节点数少 1；

③ 树任意去掉一条边，就变为不连通图；

④ 树任意添加一条边，就会构成一个回路。

定义 3.8［生成树（spanning tree)］ 设 G 是简单图。图 G 的生成树是包含 G 的所有顶点的树。

如果连通图 G 的一个子图 G_s 是一棵包含 G 所有顶点的树，则称该子图 G_s 为 G 的生成树（spanning tree)。也就是说，如果把一个连通图中的多余边全部删除，所构成的树叫做这个图的生成树。图的生成树不唯一，从不同的顶点出发进行遍历就可以得到不同的生成树，而生成树的出发顶点叫做此生成树的**根节点**（root)。

换言之，如果一幅有向图中存在一个称作根的顶点，使得它到其他所有顶点都有路径连接，则称这幅有向图存在有向生成树，该顶点称为生成树的根[79]。

3.1.3　图的矩阵表示

当图中有许多边时，为了描述方便，可借助矩阵（matrix）来表示图。常用来表示图的矩阵有两种类型：一种是基于顶点的相邻关系，称作**邻接矩阵**（adjacency matrix）；另一种是基于顶点与边的关联关系，称作**关联矩阵**（incidence matrix）。

假设 $G=(V,E)$ 是简单（无向）图，其中顶点数量为 $|V|=n$。假设把 G 的顶点任意地排列成 $v_1,v_2,\cdots,v_n$。对于由这些顶点组成的顶点表来说，G 的邻接矩阵 $\mathbf{A}$ 是一个 $n\times n$ 阶元素只有 $\{0,1]$ 的矩阵，它满足这样的性质：

当 v_i 和 v_j 相邻时第 (i,j) 项是 1，当 v_i 和 v_j 不相邻时第 (i,j) 项是 0。换句话说，若邻接矩阵是 $\mathbf{A}=[a_{ij}]$，则

$$a_{ij}=\begin{cases}1,\{v_i,v_j\}\text{是}G\text{的一条边}\\0,\text{其他}\end{cases} \tag{3-1}$$

注意，图的邻接矩阵依赖于所选择的顶点的顺序。因此带 n 个顶点的图有 $n!$ 个不同的邻接矩阵，这是因为 n 个顶点有 $n!$ 个不同的顺序。

简单图的邻接矩阵是对称矩阵，即$\mathbf{A}^{\mathrm{T}}=\mathbf{A}$，这是因为当 v_i 和 v_j 相邻时有 $a_{ij}=a_{ji}=1$，否则都是 0。另外，因为简单图无环，所以每一项 a_{ii} 都是 0，$i=1,2,\cdots,n$。

当图里的边相对少时，邻接矩阵是稀疏矩阵（sparse matrix），即只有很少的非零项的矩阵。可以用特殊的方法来表示和计算这样的矩阵。另外，当表示和处理这样的图时，用图中的边构成的边表有时更有效。

有向图的边具有方向性，因此若有向图 $G=(V,E)$ 从 v_j 到 v_i 有边，则它的矩阵在 (i,j) 位置上为 1，其中 $v_1,v_2,\cdots,v_n$ 是有向图任意的顶点序列。换句话说，若 $\mathbf{A}=[a_{ij}]$ 是相对于这个顶点表的邻接矩阵，则

$$a_{ij}=\begin{cases}1,\{v_j\rightarrow v_i\}\text{是}G\text{的一条边}\\0,\text{其他}\end{cases} \tag{3-2}$$

这与顶点入度的定义类似。

也可以定义有向图从 v_i 到 v_j 有边时的矩阵在 (i,j) 位置上为 1，则

$$a_{ij}=\begin{cases}1,\{v_i\rightarrow v_j\}\text{是}G\text{的一条边}\\0,\text{其他}\end{cases} \tag{3-3}$$

这类似于顶点出度的定义。

有向图的邻接矩阵不必是对称的，因为当从 v_i 到 v_j 有边时，从 v_j 到 v_i 可以没有边。

定义 3.9［邻接矩阵（adjacency matrix）］ 表示顶点之间相邻关系的矩阵，称为图的邻接矩阵。

【例题 3.3】 请分别写出图 3-4 中无向图和有向图的邻接矩阵。

解： 图 3-4(a) 为无向图，因此其邻接矩阵为

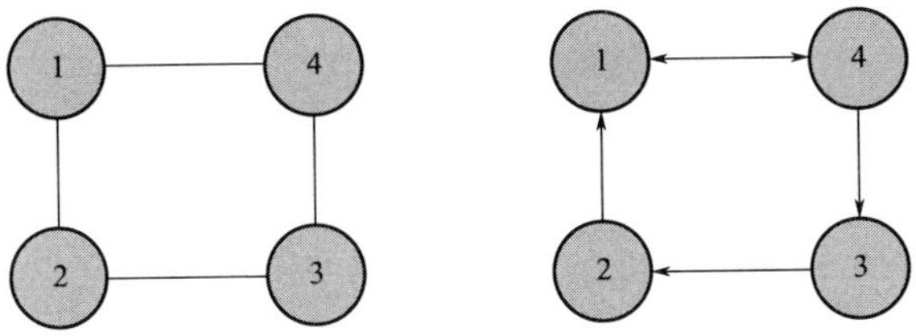

(a) 无向图G_1　　(b) 有向图G_2

图 3-4　邻接矩阵示意图

$$\boldsymbol{A}_1=\begin{bmatrix}0&1&0&1\\1&0&1&0\\0&1&0&1\\1&0&1&0\end{bmatrix}$$

图 3-4(b) 为有向图，邻接矩阵可以为

$$\boldsymbol{A}_2=\begin{bmatrix}0&1&0&1\\0&0&1&0\\0&0&0&1\\1&0&0&0\end{bmatrix}\quad [根据式(3-2)]$$

或

$$\boldsymbol{A}_2=\begin{bmatrix}0&0&0&1\\1&0&0&0\\0&1&0&0\\1&0&1&0\end{bmatrix}\quad [根据式(3-3)]$$

表示图的另一种常用方式是**关联矩阵**。设 $G=(V, E)$ 是无向图，v_1，$v_2,\cdots,v_n$ 是顶点，$e_1,e_2,\cdots,e_m$ 是边，则相对于 V 和 E 这个顺序的关联矩阵是 $n\times m$ 维矩阵 $\boldsymbol{M}=[m_{ij}]$，其中

$$m_{ij}=\begin{cases}1,\{e_j\}关联\ v_i\ 时\\0,其他\end{cases}\tag{3-4}$$

【例题 3.4】 请写出图 3-5 的关联矩阵。

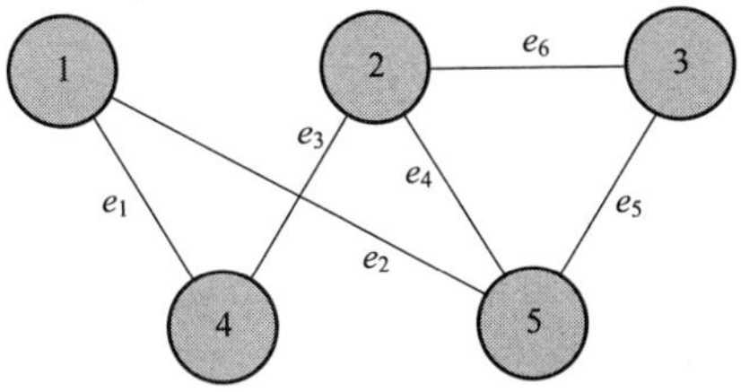

图 3-5　关联矩阵示意图

解：图 3-5 的关联矩阵为

$$
\boldsymbol{M}=\begin{bmatrix} & e_1 & e_2 & e_3 & e_4 & e_5 & e_6 \\ v_1 & 1 & 1 & 0 & 0 & 0 & 0 \\ v_2 & 0 & 0 & 1 & 1 & 0 & 1 \\ v_3 & 0 & 0 & 0 & 0 & 1 & 1 \\ v_4 & 1 & 0 & 1 & 0 & 0 & 0 \\ v_5 & 0 & 1 & 0 & 1 & 1 & 0 \end{bmatrix}
$$

在前面的 3.1.1 节中已经介绍了顶点的度。这里我们使用邻接矩阵 **A** 的元素 a_{ij} 来表示顶点的度。由于有向图的方向性（采用顶点的入度或出度）已经在邻接矩阵中做过区分，因此这里可以统一定义顶点的度为

$$
d_i=\sum_{j=1}^{n} a_{ij} \tag{3-5}
$$

图的度矩阵 $\boldsymbol{D}$ 定义为以顶点的度为对角元素的对角矩阵，即

$$
\boldsymbol{D}=\operatorname{diag}(d_1, d_2, \cdots, d_n) \tag{3-6}
$$

定义 3.10［度矩阵（degree matrix)］ 由顶点的度组成的对角矩阵，称为图的度矩阵。

由于更常用的表示矩阵为邻接矩阵，因此下文将基于度矩阵并结合邻接矩阵来描述多智能体系统的通信拓扑图，同时介绍拉普拉斯矩阵（Laplacian）的定义。

用一个加权有向图 $G=(V,E,A)$ 来表示多智能体系统，图中的节点集 $V=\{v_1, v_2, \cdots, v_n\}$ 表示系统中的智能体，边 $E=\{e_1, e_2, \cdots, e_m\}$ 表示智能体间是否存在信息交换，$\boldsymbol{A}=[a_{ij}]$ 为邻接矩阵，表示智能体间的通信权重。

为了简化计算，令 $a_{ij} \in \{0,1\}$。邻居节点（neighbor）的集合 $N_i=\{v_j \mid v_j \in V, e_{ij} \in E\}$ 表示所有与智能体 v_i 有信息交换的智能体组成的集合。

定义 3.11［拉普拉斯矩阵（Laplacian matrix)］ 由顶点的度矩阵和邻接矩阵相减组成的矩阵，称为图的拉普拉斯矩阵。

所以由图 G 表示的多智能体系统的拉普拉斯矩阵 $\boldsymbol{L}$ 定义为

$$
\boldsymbol{L}=\boldsymbol{D}-\boldsymbol{A} \tag{3-7}
$$

针对有向图中度矩阵采用入度（或出度）时，对应的 $\boldsymbol{L}$ 矩阵具有行之和为零（或列之和为零）的性质。

【例题 3.5】 请分别写出图 3-6 中无向图和有向图的邻接矩阵和度矩阵，

并根据式(3-7) 计算拉普拉斯矩阵。

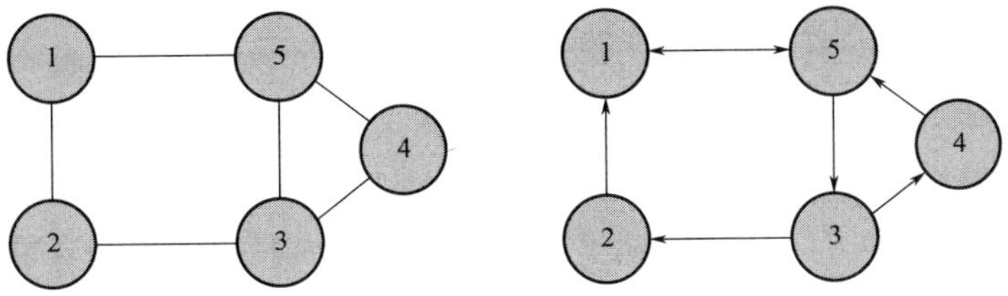

(a) 无向图G_1　　(b) 有向图G_2

图 3-6　拉普拉斯矩阵示意图

解： 图 3-6(a) 的各矩阵及运算过程为

$$\boldsymbol{D}_1=\begin{bmatrix}2&0&0&0&0\\0&2&0&0&0\\0&0&3&0&0\\0&0&0&2&0\\0&0&0&0&3\end{bmatrix},\boldsymbol{A}_1=\begin{bmatrix}0&1&0&0&1\\1&0&1&0&0\\0&1&0&1&1\\0&0&1&0&1\\1&0&1&1&0\end{bmatrix}$$

$$\boldsymbol{L}_1=\boldsymbol{D}_1-\boldsymbol{A}_1=\begin{bmatrix}2&-1&0&0&-1\\-1&2&-1&0&0\\0&-1&3&-1&-1\\0&0&-1&2&-1\\-1&0&-1&-1&3\end{bmatrix}$$

有向图 3-6(b) 使用其入度来计算，对应的各矩阵及运算过程为

$$\boldsymbol{D}_2=\begin{bmatrix}2&0&0&0&0\\0&1&0&0&0\\0&0&1&0&0\\0&0&0&1&0\\0&0&0&0&2\end{bmatrix},\boldsymbol{A}_2=\begin{bmatrix}0&1&0&0&1\\0&0&1&0&0\\0&0&0&0&1\\0&0&1&0&0\\1&0&0&1&0\end{bmatrix}$$

$$\boldsymbol{L}_2=\boldsymbol{D}_2-\boldsymbol{A}_2=\begin{bmatrix}2&-1&0&0&-1\\0&1&-1&0&0\\0&0&1&0&-1\\0&0&-1&1&0\\-1&0&0&-1&2\end{bmatrix}$$

引理 3.1[52] 针对一个有 N 个节点的无向图 G，对应的拉普拉斯矩阵 $\boldsymbol{L}$ 满足如下条件：

① $\boldsymbol{L}$ 含有至少一个 0 特征值，并且 1 是对应的特征向量，即 $\boldsymbol{L}\boldsymbol{1}_n=0$；

② 如果 G 是连通的，那么 0 是拉氏矩阵 $-\boldsymbol{L}$ 的一个特征值，且 $-\boldsymbol{L}$ 的其余 $N-1$ 个特征值均有负实部。

引理 3.2[80] 针对一个有 N 个节点的有向图 G，对应的拉普拉斯矩阵 $\boldsymbol{L}$ 满足如下条件：

① $\boldsymbol{L}$ 含有至少一个 0 特征值，并且 1 是对应的特征向量，即 $\boldsymbol{L}\boldsymbol{1}_n=0$；

② 如果 G 有一个生成树，那么 0 是拉氏矩阵 $-\boldsymbol{L}$ 的一个特征值，且 $-\boldsymbol{L}$ 的其他 $N-1$ 个特征值均有负实部；

③ 如果 G 不含有生成树，那么 $\boldsymbol{L}$ 含有至少两个 0 特征值，且其几何重数不小于 2。

引理 3.3[81,82] 针对一个 $n\times n$ 阶的拉普拉斯矩阵 $\boldsymbol{L}$，存在 $\mathrm{e}^{-\boldsymbol{L}t}$，$\forall t>0$ 是一个具有正对角元素的随机矩阵。如果 $\boldsymbol{L}$ 有唯一的 0 特征值且 $\mathrm{Rank}(\boldsymbol{L})=n-1$，那么它的左特征向量 $\boldsymbol{w}_l=[w_{l1} \quad w_{l2} \quad \cdots \quad w_{ln}]^{\mathrm{T}}\geqslant 0$ 且 $\boldsymbol{1}_n^{\mathrm{T}}\boldsymbol{w}_l=1$，$\boldsymbol{L}^{\mathrm{T}}\boldsymbol{w}_l=0$。当时间 $t\to\infty$ 时，$\mathrm{e}^{-\boldsymbol{L}t}\to\boldsymbol{1}_n\boldsymbol{w}_l^{\mathrm{T}}$。

3.2 多智能体相关的矩阵分析

简单来说，矩阵就是“由数字纵横排列的一个数学符号”[83]。随着科学技术的发展，矩阵的应用无处不在并且越来越深入。矩阵已经成为一门独立的理论和工具，在各个领域发挥着越来越重要的作用。在控制系统理论中，同样有大量基于矩阵论的应用。

3.2.1 矩阵基础

定义 3.12［迹（trace）］ 一个 $n\times n$ 方阵 $\boldsymbol{A}$ 的主对角线（从左上方至右下方的对角线）上各个元素的总和称为矩阵 $\boldsymbol{A}$ 的迹，记作 $\mathrm{tr}(\boldsymbol{A})$。

$$\mathrm{tr}(\boldsymbol{A})=\sum_{i=1}^{n}a_{ii} \tag{3-8}$$

定义 3.13［特征值（eigenvalue），特征向量（eigenvector）］ 设 $\boldsymbol{A}$ 是 n 阶方阵，如果数 λ 和 n 维非零列向量 $\boldsymbol{w}_r$ 满足关系式

$$\boldsymbol{A}\boldsymbol{w}_r=\lambda\boldsymbol{w}_r \tag{3-9}$$

那么，这样的数 λ 称为矩阵 $\boldsymbol{A}$ 的特征值，非零向量 $\boldsymbol{w}_r$ 称为 $\boldsymbol{A}$ 的对应于特征值 λ 的特征向量。

工程技术中的一些问题，如振动问题和稳定性问题，常可归结为求一个方阵的特征值和特征向量。数学中诸如方阵的对角化及微分方程组求解等问题，也都要用到特征值的理论。

定义 3.14［特征方程（characteristic equation），特征多项式（characteristic polynomial）］ 关于特征值和特征方程的定义式(3-9) 还可以改写为

$$(\lambda \boldsymbol{I}-\boldsymbol{A})\boldsymbol{w}_r=0 \tag{3-10}$$

这是有 n 个未知数和 n 个方程的齐次线性方程组，它有非零解的充要条件是系数行列式

$$|\lambda \boldsymbol{I}-\boldsymbol{A}|=0 \tag{3-11}$$

即

$$\begin{vmatrix} \lambda-a_{11} & -a_{12} & \cdots & -a_{1n} \\ -a_{21} & \lambda-a_{22} & \cdots & -a_{2n} \\ \vdots & \vdots & \ddots & \vdots \\ -a_{n1} & -a_{n2} & \cdots & \lambda-a_{nn} \end{vmatrix}=0 \tag{3-12}$$

上式是以 λ 为未知数的一元 n 次方程，称为矩阵 $\boldsymbol{A}$ 的特征方程。其左端 $|\lambda \boldsymbol{I}-\boldsymbol{A}|$ 是 λ 的 n 次多项式，记作 $f(\lambda)$，称为矩阵 $\boldsymbol{A}$ 的特征多项式。

定义 3.15［左特征向量（left eigenvector）］ 设 $\boldsymbol{A}$ 是 n 阶方阵，如果数 λ 和 n 维非零列向量 $\boldsymbol{w}_l$ 满足关系式

$$\boldsymbol{w}_l^{\mathrm{T}}\boldsymbol{A}=\boldsymbol{w}_l^{\mathrm{T}}\lambda \tag{3-13}$$

那么，数 λ 称为矩阵 $\boldsymbol{A}$ 的特征值，非零向量 $\boldsymbol{w}_l^{\mathrm{T}}$ 称为 $\boldsymbol{A}$ 的对应于特征值 λ 的左特征向量。

定义 3.16［相似矩阵（similar matrix）］ 如果 $\boldsymbol{A}$ 与 $\boldsymbol{B}$ 是数域 $\mathbb{R}$ 上的两个 n 阶矩阵，且可找到 $\mathbb{R}$ 上的 n 阶非奇异矩阵 $\boldsymbol{W}$，使得

$$\boldsymbol{B}=\boldsymbol{W}^{-1}\boldsymbol{A}\boldsymbol{W} \tag{3-14}$$

则称 $\boldsymbol{A}$ 与 $\boldsymbol{B}$ 相似，记为 $\boldsymbol{A}\sim\boldsymbol{B}$。

引理 3.4 若 n 阶矩阵 $\boldsymbol{A}$ 与 $\boldsymbol{B}$ 相似，则 $\boldsymbol{A}$ 与 $\boldsymbol{B}$ 的特征多项式相同，即 $|\lambda \boldsymbol{I}-\boldsymbol{A}|=|\lambda \boldsymbol{I}-\boldsymbol{B}|$，从而 $\boldsymbol{A}$ 与 $\boldsymbol{B}$ 的特征值亦相同，即 $\lambda(\boldsymbol{A})=\lambda(\boldsymbol{B})$。

性质 设有 n 阶方阵 $\boldsymbol{A}$，其特征值为 λ_i，$i=1,2,\cdots,n$，则具有如下性质：

① 所有特征值之和等于矩阵的迹，$\sum_{i=1}^{n}\lambda_i=\mathrm{tr}(\boldsymbol{A})$；

② 所有特征值之积等于矩阵对应行列式值，$\prod_{i=1}^{n}\lambda_i=\det(\boldsymbol{A})$；

③ 若 $\boldsymbol{A}$ 的行之和恒为常数 a，则必有特征值为 $\lambda_1=a$，对应的特征向量

一定为$\boldsymbol{x}_1=[1\quad 1\quad \cdots\quad 1]^{\mathrm{T}}$；

④ 若$\boldsymbol{A}$的列之和恒为常数a，则必有特征值为$\lambda_1=a$，对应的特征向量不一定为$\boldsymbol{x}_1=[1\quad 1\quad \cdots\quad 1]^{\mathrm{T}}$；

⑤ 相似变换的特征值不变。

【例题 3.6】 求下列方程

$$\begin{cases}\dfrac{\mathrm{d}x}{\mathrm{d}t}=Ax(t)\\ x(0)=[1\quad 1\quad 1]^{\mathrm{T}}\end{cases},\boldsymbol{A}=\begin{bmatrix}3 & -1 & 1\\ 2 & 0 & -1\\ 1 & -1 & 2\end{bmatrix}$$

的解。

解：

$$|\lambda\boldsymbol{I}-\boldsymbol{A}|=\begin{vmatrix}\lambda-3 & 1 & -1\\ -2 & \lambda & 1\\ -1 & 1 & \lambda-2\end{vmatrix}=\lambda(\lambda-2)(\lambda-3)$$

故$\boldsymbol{A}$有 3 个不同的特征值，从而$\boldsymbol{A}$可与对角形矩阵相似。与特征值$\lambda_1=0$，$\lambda_2=2$，$\lambda_3=3$相应的 3 个线性无关的特征向量分别为

$$\boldsymbol{w}_{r1}=\begin{bmatrix}1\\5\\2\end{bmatrix},\boldsymbol{w}_{r2}=\begin{bmatrix}1\\1\\0\end{bmatrix},\boldsymbol{w}_{r3}=\begin{bmatrix}2\\1\\1\end{bmatrix}$$

故得

$$\boldsymbol{W}=\begin{bmatrix}1 & 1 & 2\\ 5 & 1 & 1\\ 2 & 0 & 2\end{bmatrix},\boldsymbol{W}^{-1}=-\frac{1}{6}\begin{bmatrix}1 & -1 & -1\\ -3 & -3 & 9\\ -2 & 2 & -4\end{bmatrix},\boldsymbol{\Lambda}=\boldsymbol{W}^{-1}\boldsymbol{A}\boldsymbol{W}=\begin{bmatrix}0 & & \\ & 2 & \\ & & 3\end{bmatrix}$$

所求的解为

$$\begin{aligned}x(t)&=\mathrm{e}^{\boldsymbol{A}t}x(0)=\boldsymbol{W}\mathrm{e}^{\boldsymbol{\Lambda}t}\boldsymbol{W}^{-1}x(0)\\ &=\begin{bmatrix}1 & 1 & 2\\ 5 & 1 & 1\\ 2 & 0 & 2\end{bmatrix}\begin{bmatrix}1 & & \\ & \mathrm{e}^{2t} & \\ & & \mathrm{e}^{3t}\end{bmatrix}\left(-\frac{1}{6}\begin{bmatrix}1 & -1 & -1\\ -3 & -3 & 9\\ -2 & 2 & -4\end{bmatrix}\right)\begin{bmatrix}1\\1\\1\end{bmatrix}\\ &=-\frac{1}{6}\begin{bmatrix}-1+3\mathrm{e}^{2t}-8\mathrm{e}^{3t}\\ -5+3\mathrm{e}^{2t}-4\mathrm{e}^{3t}\\ -2-4\mathrm{e}^{3t}\end{bmatrix}\end{aligned}$$

定义 3.17［对角化（diagonal）］ 对矩阵$\boldsymbol{A}\in\mathbb{R}^{n\times n}$，如果存在$n$阶可逆方阵$\boldsymbol{W}$，使得

$$W^{-1}AW=\Lambda=\begin{bmatrix}\lambda_1 & & & \\ & \lambda_2 & & \\ & & \ddots & \\ & & & \lambda_n\end{bmatrix}=\mathrm{diag}(\lambda_1,\lambda_2,\cdots,\lambda_n) \tag{3-15}$$

则称矩阵 **A** 是可对角化的。

引理 3.5　n 阶方阵 **A** 与对角矩阵相似（即 **A** 可对角化）的充要条件是 **A** 有 n 个线性无关的特征向量。换句话说，如果 **A** 的 n 个特征值互不相等，即 $\lambda_1\neq\lambda_2\neq\cdots\neq\lambda_n$，则 **A** 与对角矩阵相似。

定义 3.18（非亏损矩阵与亏损矩阵）　如果一个 n 阶矩阵 **A** 具有 n 个线性无关的特征向量，则称 **A** 有完备的特征向量系，或称 **A** 是非亏损矩阵。如果 **A** 的线性无关的特征向量的个数小于 n，则称 **A** 为亏损矩阵。

由上述定义可知，非亏损矩阵必相似于对角矩阵，亏损矩阵一定不能相似于对角矩阵。虽然亏损矩阵不能相似于对角阵，但它能相似于一个形式上比对角阵稍复杂的约当（Jordan，或译作若尔当）标准型 $\boldsymbol{J}$。

定义 3.19（约当块与约当标准型）　形如

$$\boldsymbol{J}_i=\begin{bmatrix}\lambda_i & 1 & & & \\ & \lambda_i & 1 & & \\ & & \ddots & \ddots & \\ & & & \lambda_i & 1 \\ & & & & \lambda_i\end{bmatrix}_{m_i\times m_i} \tag{3-16}$$

的 $m_i\times m_i$ 阶方阵 $\boldsymbol{J}_i$ 称为 m_i 阶约当块。其中 λ_i 可以是实数也可以是复数。由若干个约当块组成的分块对角阵

$$\boldsymbol{J}=\begin{bmatrix}J_1 & & & \\ & J_2 & & \\ & & \ddots & \\ & & & J_t\end{bmatrix} \tag{3-17}$$

当 $\sum_{i=1}^{t}m_i=n$ 时，称矩阵 $\boldsymbol{J}$ 为 n 阶约当标准型。

【例题 3.7】　形如

$$\begin{bmatrix}3 & 1\\ & 3\end{bmatrix},\begin{bmatrix}i & 1 & \\ & i & 1\\ & & i\end{bmatrix},\begin{bmatrix}0 & 1 & & \\ & 0 & 1 & \\ & & 0 & 1\\ & & & 0\end{bmatrix}$$

都是约当块。特别的，一阶方阵是一阶约当块。而

$$\begin{bmatrix} 3 & 1 & & & & & & & \\ 0 & 3 & & & & & & & \\ & & i & 1 & 0 & & & & \\ & & 0 & i & 1 & & & & \\ & & 0 & 0 & i & & & & \\ & & & & & 0 & 1 & 0 & 0 \\ & & & & & 0 & 0 & 1 & 0 \\ & & & & & 0 & 0 & 0 & 1 \\ & & & & & 0 & 0 & 0 & 0 \end{bmatrix}$$

是 9 阶约当标准型。

【例题 3.8】 求常系数齐次线性微分方程组

$$\begin{cases} \dfrac{\mathrm{d}x_1(t)}{\mathrm{d}t}=2x_1+2x_2-x_3 \\ \dfrac{\mathrm{d}x_2(t)}{\mathrm{d}t}=-x_1-x_2+x_3 \\ \dfrac{\mathrm{d}x_3(t)}{\mathrm{d}t}=-x_1-2x_2+2x_3 \end{cases}$$

在初始条件

$$\boldsymbol{x}(0)=\begin{bmatrix} x_1(0) \\ x_2(0) \\ x_3(0) \end{bmatrix}=\begin{bmatrix} 1 \\ 1 \\ 3 \end{bmatrix}$$

下的解。

解： 根据题意可知系数矩阵为

$$\boldsymbol{A}=\begin{bmatrix} 2 & 2 & -1 \\ -1 & -1 & 1 \\ -1 & -2 & 2 \end{bmatrix}$$

从而定解问题的解为

$$\boldsymbol{x}(t)=\mathrm{e}^{\boldsymbol{A}t}\boldsymbol{x}(0)$$

由于 $\boldsymbol{A}$ 的特征值 $\lambda=1$ 为 3 重根，此时无 3 个线性无关的特征向量。所以 $\boldsymbol{A}$ 为亏损矩阵，不能对角化。但可求出 $\boldsymbol{A}$ 的约当标准型及相似变化矩阵分别为

$$\boldsymbol{J}=\begin{bmatrix} 1 & 1 & 0 \\ 0 & 1 & 0 \\ 0 & 0 & 1 \end{bmatrix},\boldsymbol{W}=\begin{bmatrix} 1 & 1 & 1 \\ -1 & 0 & 0 \\ -1 & 0 & 1 \end{bmatrix}$$

从而有

$$e^{\boldsymbol{A}t}=\boldsymbol{W}e^{\boldsymbol{J}t}\boldsymbol{W}^{-1}=\boldsymbol{W}\begin{bmatrix}e^t & te^t & 0\\0 & e^t & 0\\0 & 0 & e^t\end{bmatrix}\boldsymbol{W}^{-1}$$

故定解问题的解为

$$x(t)=e^{\boldsymbol{A}t}x(0)=\begin{bmatrix}e^t\\e^t\\3e^t\end{bmatrix}$$

定义 3.20（相抵矩阵） 如果 $\boldsymbol{A}$ 与 $\boldsymbol{B}$ 都是 $m\times n$ 阶矩阵，并且存在非奇异的 m 阶方阵 $\boldsymbol{D}$ 和 n 阶方阵 $\boldsymbol{C}$，使得

$$\boldsymbol{B}=\boldsymbol{DAC} \tag{3-18}$$

则称 $\boldsymbol{A}$ 与 $\boldsymbol{B}$ 相抵，记为 $\boldsymbol{A}\simeq\boldsymbol{B}$。

两个数字矩阵 $\boldsymbol{A}$ 与 $\boldsymbol{J}$ 相似（$\boldsymbol{A}\sim\boldsymbol{J}$）的充要条件是它们的特征矩阵（即特殊的 λ 矩阵 $\lambda\boldsymbol{I}-\boldsymbol{A}$ 与 $\lambda\boldsymbol{I}-\boldsymbol{J}$）相抵，即 $\lambda\boldsymbol{I}-\boldsymbol{A}\simeq\lambda\boldsymbol{I}-\boldsymbol{J}$。

定义 3.21（合同矩阵） 如果 $\boldsymbol{A}$ 与 $\boldsymbol{B}$ 是两个 n 阶方阵，并且存在非奇异的 n 阶方阵 $\boldsymbol{C}$，使得

$$\boldsymbol{B}=\boldsymbol{C}^{\mathrm{T}}\boldsymbol{AC} \tag{3-19}$$

则称 $\boldsymbol{A}$ 与 $\boldsymbol{B}$ 合同（或相合）。

定义 3.22［对称矩阵（symmetric matrix）］ 以主对角线为对称轴，对应位置的各元素分别相等的矩阵称为对称矩阵。对称矩阵的转置等于其本身，即 $\boldsymbol{A}^{\mathrm{T}}=\boldsymbol{A}$，并且对称矩阵的特征值为实数。

如果 n 阶矩阵 $\boldsymbol{A}$ 的各个元素都为实数，且矩阵 $\boldsymbol{A}$ 的转置等于其本身（$a_{ij}=a_{ji}$），（i，j 为元素的脚标），则称 $\boldsymbol{A}$ 为实对称矩阵。

推论 3.1 设 $\boldsymbol{A}$ 为 n 阶对称矩阵，$\boldsymbol{A}^{\mathrm{T}}=\boldsymbol{A}$，$\lambda$ 是 $\boldsymbol{A}$ 的特征方程的 k 重根，则矩阵 $\lambda\boldsymbol{I}-\boldsymbol{A}$ 的秩 $\mathrm{Rank}(\lambda\boldsymbol{I}-\boldsymbol{A})=n-k$，从而对应特征值 λ 恰有 k 个线性无关的特征向量。

在矩阵运算中，若矩阵有特征值是重根，则该特征值对应的特征向量所构成空间［即特征子空间，也是方程组（$\boldsymbol{I}-\boldsymbol{A})x=0$］的维数，称为几何重数(geometric multiplicity)。

定义 3.23［代数重数（algebraic multiplicity）］ 假设矩阵 $\boldsymbol{A}\in\mathbb{C}^{n\times n}$，矩阵 $\boldsymbol{A}$ 的相异特征值为 $\lambda_1,\lambda_2,\cdots,\lambda_r$，其重数分别为 $m_1,m_2,\cdots,m_r$，则称 m_i 为 λ_i 的代数重复度或代数重数。显然有 $\sum_{i=1}^{r}m_i=n$。

引理 3.6 矩阵 $\boldsymbol{A}$ 的任意特征值的几何重数不大于它的代数重数。

接下来介绍埃尔米特矩阵，在此之前首先介绍埃尔米特共轭。将一复数矩阵 $\boldsymbol{A}$ 的行与列互换，并取各矩阵元素的共轭复数，得到的新矩阵为埃尔米特共轭，用$\boldsymbol{A}^{\mathrm{H}}$ 表示。埃尔米特共轭具有性质 $(\boldsymbol{AB})^{\mathrm{H}}=\boldsymbol{B}^{\mathrm{H}}\boldsymbol{A}^{\mathrm{H}}$。

定义 3.24（埃尔米特矩阵 Hermitian matrix） 若一 n 阶复数方阵 $\boldsymbol{A}$ 的埃尔米特共轭矩阵$\boldsymbol{A}^{\mathrm{H}}$ 等于其本身，即

$$\boldsymbol{A}^{\mathrm{H}}=\boldsymbol{A} \tag{3-20}$$

则称 $\boldsymbol{A}$ 为埃尔米特矩阵。

由定义可知，埃尔米特矩阵指其自共轭矩阵。矩阵中每一个第 i 行第 j 列的元素都与第 j 行第 i 列的元素共轭。埃尔米特矩阵主对角线上的元素都是实数，其特征值也是实数。对于只包含实数元素的矩阵（实矩阵），如果它是对称阵，即所有元素关于主对角线对称，那么它也是埃尔米特矩阵。也就是说，实对称矩阵是埃尔米特矩阵的特例。

定义 3.25［酉矩阵（unitary matrix）］ 若一 n 阶复数方阵 $\boldsymbol{U}$ 满足

$$\boldsymbol{U}^{\mathrm{H}}\boldsymbol{U}=\boldsymbol{U}\boldsymbol{U}^{\mathrm{H}}=\boldsymbol{I}_n \tag{3-21}$$

式中，$\boldsymbol{I}_n$ 为 n 阶单位矩阵，$\boldsymbol{U}^{\mathrm{H}}$ 为 $\boldsymbol{U}$ 的共轭转置，则称 $\boldsymbol{U}$ 为酉矩阵。

定理 3.1（舒尔（Schur）定理） 任何 n 阶矩阵都酉相似于一个上三角阵，即存在一个 n 阶酉矩阵 $\boldsymbol{U}$ 和一个上三角阵 $\boldsymbol{R}$，使得

$$\boldsymbol{U}^{\mathrm{H}}\boldsymbol{A}\boldsymbol{U}=\boldsymbol{T} \text{ 或 } \boldsymbol{A}=\boldsymbol{U}\boldsymbol{T}\boldsymbol{U}^{\mathrm{H}} \tag{3-22}$$

式中，$\boldsymbol{T}$ 的主对角元素是 $\boldsymbol{A}$ 的特征值，它们可以按所要求的次序排列。

定义矩阵 $\boldsymbol{A}$ 和 $\boldsymbol{B}$ 的克罗尼克积（Kronecker）为[84,85]

$$\boldsymbol{A}\otimes\boldsymbol{B}=\begin{bmatrix} a_{11}\boldsymbol{B} & a_{12}\boldsymbol{B} & \cdots & a_{1n}\boldsymbol{B} \\ a_{21}\boldsymbol{B} & a_{22}\boldsymbol{B} & \cdots & a_{2n}\boldsymbol{B} \\ \vdots & \vdots & \ddots & \vdots \\ a_{n1}\boldsymbol{B} & a_{n2}\boldsymbol{B} & \cdots & a_{nn}\boldsymbol{B} \end{bmatrix} \tag{3-23}$$

性质 矩阵的 Kronecker 积具有下述性质：

① $[\mu\boldsymbol{A}]\otimes\boldsymbol{B}=\boldsymbol{A}\otimes[\mu\boldsymbol{B}]=\mu[\boldsymbol{A}\otimes\boldsymbol{B}]$；

② $\boldsymbol{A}\otimes[\boldsymbol{B}\otimes\boldsymbol{C}]=[\boldsymbol{A}\otimes\boldsymbol{B}]\otimes\boldsymbol{C}=\boldsymbol{A}\otimes\boldsymbol{B}\otimes\boldsymbol{C}$；

③ $[\boldsymbol{A}\otimes\boldsymbol{B}]^{\mathrm{T}}=\boldsymbol{A}^{\mathrm{T}}\otimes\boldsymbol{B}^{\mathrm{T}}$，$[\boldsymbol{A}\otimes\boldsymbol{B}]^{\mathrm{H}}=\boldsymbol{A}^{\mathrm{H}}\otimes\boldsymbol{B}^{\mathrm{H}}$。

3.2.2 矩阵分析

接下来讨论针对矩阵二次型函数的正定、半正定、负定、半负定和不定。

定义 3.26 [正定矩阵 (positive definite matrix)] 设二次型 $f(x)=\boldsymbol{x}^{\mathrm{T}}\boldsymbol{A}\boldsymbol{x}$，如果对任何 $x\neq0$，都有 $f(x)>0$，则称对称矩阵 $\boldsymbol{A}$ 是正定的。

引理 3.7 对称矩阵 $\boldsymbol{A}$ 为正定的充要条件是：$\boldsymbol{A}$ 的特征值全为正。

性质 正定矩阵具有如下性质：

① 正定矩阵的行列式恒为正；

② 实对称矩阵 $\boldsymbol{A}$ 正定当且仅当 $\boldsymbol{A}$ 与单位矩阵合同；

③ 若 $\boldsymbol{A}$ 是正定矩阵，则 $\boldsymbol{A}$ 的逆矩阵也是正定矩阵；

④ 两个正定矩阵的和是正定矩阵；

⑤ 正实数与正定矩阵的乘积是正定矩阵。

定义 3.27 [半正定矩阵 (positive semi-definite matrix)] 设二次型 $f(x)=\boldsymbol{x}^{\mathrm{T}}\boldsymbol{A}\boldsymbol{x}$，如果对任何 $x\neq0$，都有 $f(x)\geqslant0$，则称对称矩阵 $\boldsymbol{A}$ 是半正定的。

性质 半正定矩阵具有如下性质：

① 半正定矩阵的行列式是非负的；

② 两个半正定矩阵的和是半正定的；

③ 如果 $\boldsymbol{A}$ 是一个半正定矩阵，且 k 为正整数，那么 $\boldsymbol{A}^k$ 也为半正定矩阵。

④ 非负实数与半正定矩阵的数乘矩阵是半正定的。

定义 3.28 [负定矩阵 (negative definite matrix)] 设二次型 $f(x)=\boldsymbol{x}^{\mathrm{T}}\boldsymbol{A}\boldsymbol{x}$，如果对任何 $x\neq0$，都有 $f(x)<0$，则称对称矩阵 $\boldsymbol{A}$ 是负定的。

矩阵负定的充分必要条件是它的特征值都小于零。负定矩阵是矩阵类中的一种特殊矩阵，它在矩阵理论中占有重要地位。负定矩阵可以看成是与正定矩阵对应的概念，负定矩阵与正定矩阵有着许多相似的性质。

定义 3.29 [半负定矩阵 (negative semi-definite matrix)] 设二次型 $f(x)=\boldsymbol{x}^{\mathrm{T}}\boldsymbol{A}\boldsymbol{x}$，如果对任何 $x\neq0$，都有 $f(x)\leqslant0$，则称对称矩阵 $\boldsymbol{A}$ 是半负定的。

引理 3.8 (赫尔维茨定理) 对称矩阵 $\boldsymbol{A}$ 为正定的充要条件是：$\boldsymbol{A}$ 的各阶主子式都为正，即

$$a_{11}>0,\begin{vmatrix}a_{11} & a_{12}\\ a_{21} & a_{22}\end{vmatrix}>0,\cdots,\begin{vmatrix}a_{11} & \cdots & a_{1n}\\ \vdots & \ddots & \vdots\\ a_{n1} & \cdots & a_{nn}\end{vmatrix}>0 \tag{3-24}$$

对称矩阵 $\boldsymbol{A}$ 为负定的充要条件是：奇数阶主子式为负，而偶数阶主子式为正，即

$$(-1)^r\begin{vmatrix}a_{11} & \cdots & a_{1r}\\ \vdots & \ddots & \vdots\\ a_{r1} & \cdots & a_{rr}\end{vmatrix}>0(r=1,2,\cdots,n) \tag{3-25}$$

当 $\boldsymbol{A}$ 是 n 阶复矩阵时，如果对任意 n 维（复）列向量 $\boldsymbol{x}$ 都有

$$\mathrm{Re}(\boldsymbol{x}^{\mathrm{H}}\boldsymbol{A}\boldsymbol{x})\geqslant 0 \tag{3-26}$$

则称 $\boldsymbol{A}$ 为半正定矩阵，其中 Re(·) 表示复数的实部。

此外还有对称正定矩阵和 Hermite 正定矩阵。设 $\boldsymbol{A}\in\mathbb{R}^{n\times n}$，若 $\boldsymbol{A}=\boldsymbol{A}^{\mathrm{T}}$，对任意的 $\boldsymbol{x}\in\mathbb{R}^{n}\neq 0$，都有 $\boldsymbol{x}^{\mathrm{T}}\boldsymbol{A}\boldsymbol{x}>0$，则称 $\boldsymbol{A}$ 为对称正定矩阵。设 $\boldsymbol{A}\in\mathbb{C}^{n\times n}$，若 $\boldsymbol{A}=\boldsymbol{A}^{\mathrm{H}}$，对任意的 $\boldsymbol{x}\in\mathbb{C}^{n}\neq 0$，都有 $\boldsymbol{x}^{\mathrm{H}}\boldsymbol{A}\boldsymbol{x}>0$，则称 $\boldsymbol{A}$ 为 Hermite 对称正定矩阵。

定义 3.30［谱半径（spectral radius）］ 设 $\boldsymbol{A}\in\mathbb{C}^{n\times n}$，$\lambda_1,\lambda_2,\cdots,\lambda_n$ 为 $\boldsymbol{A}$ 的特征值，矩阵特征值的集合 $\{\lambda_1,\lambda_2,\cdots,\lambda_n\}$ 称为矩阵的谱。矩阵特征值绝对值集合的上确界 $\rho(\boldsymbol{A})=\sup|\lambda_i|$ 为矩阵的谱半径。谱半径在几何上可以解释为：以原点为圆心、能包含 $\boldsymbol{A}$ 的全部特征值的圆的半径中最小的一个。

定义 3.31［费德勒特征值（Fiedler eigenvalue）］ 费德勒特征值是指矩阵的倒数第二小特征值。

在多智能体系统的拓扑关系图中，Laplacian 矩阵的费德勒特征值常常被用来表示系统的收敛速度。费德勒特征值越大则多智能体收敛到一致的速度越快，反之亦然。

定义 3.32［随机矩阵（stochastic matrix）］ 设 $\boldsymbol{A}=(a_{ij})\in\mathbb{R}^{n\times n}$ 是非负矩阵，如果 $\boldsymbol{A}$ 的每一行上的元素之和都等于 1，即

$$\sum_{j=1}^{n}a_{ij}=1,\ i=1,2,\cdots,n \tag{3-27}$$

则称 $\boldsymbol{A}$ 为随机矩阵。

如果 $\boldsymbol{A}$ 还满足

$$\sum_{i=1}^{n}a_{ij}=1,\ j=1,2,\cdots,n \tag{3-28}$$

则称 $\boldsymbol{A}$ 为双随机矩阵。

随机矩阵具有一个性质，就是其所有特征值的绝对值小于等于 1，且其最大特征值为 1。

定义 3.33［M 矩阵（M-matrix）］ 设 $\boldsymbol{A}\in\mathbb{R}^{n\times n}$，且可以表示为

$$\boldsymbol{A}=s\boldsymbol{I}-\boldsymbol{B},\ s>0,\ \boldsymbol{B}\geqslant 0 \tag{3-29}$$

若 $s\geqslant\rho(\boldsymbol{B})$，则称 $\boldsymbol{A}$ 为 M 矩阵。$\rho(\boldsymbol{B})$ 为矩阵 $\boldsymbol{B}$ 的谱半径。

若 $s>\rho(\boldsymbol{B})$，则称 $\boldsymbol{A}$ 为非奇异 M 矩阵。

定义 3.34［可约矩阵（reducible matrix）与不可约矩阵（irreducible matrix）］ 设 $\boldsymbol{A}\in\mathbb{R}^{n\times n}(n\geqslant 2)$，若存在 n 阶置换矩阵（permutation matrix）$\boldsymbol{P}$，使

$$\boldsymbol{PAP}^{\mathrm{T}}=\begin{bmatrix}\boldsymbol{A}_{11} & \boldsymbol{A}_{12}\\ 0 & \boldsymbol{A}_{22}\end{bmatrix} \tag{3-30}$$

式中，$\boldsymbol{A}_{11}$ 为 r 阶方阵，$\boldsymbol{A}_{22}$ 为 $n-r$ 阶方阵（$1\leqslant r<n$），则称 $\boldsymbol{A}$ 为可约（可分）矩阵，否则称 $\boldsymbol{A}$ 为不可约矩阵。

定理 3.2［佩龙-弗罗贝尼乌斯定理（Perron-Frobenius）］ 设 $\boldsymbol{A}\in\mathbb{R}^{n\times n}$ 是不可约非负矩阵，则：

① $\boldsymbol{A}$ 有一正实特征值恰等于它的谱半径 $\rho(\boldsymbol{A})$，并且存在正向量 $\boldsymbol{x}\in\mathbb{R}^{n}$，使得 $\boldsymbol{Ax}=\rho(\boldsymbol{A})\boldsymbol{x}$；

② $\rho(\boldsymbol{A})$ 是 $\boldsymbol{A}$ 的单特征值；

③ 当 $\boldsymbol{A}$ 的任意元素（一个或多个）增加时，$\rho(\boldsymbol{A})$ 也增加。

定理 3.3（盖尔圆盘定理）

① $\boldsymbol{A}$ 的特征值都在 n 个圆盘 $G_i(\boldsymbol{A})$ 的并集内（换句话说，$\boldsymbol{A}$ 的每个特征值都落在 $\boldsymbol{A}$ 的某个圆盘之内），即

$$\lambda(\boldsymbol{A})\subseteq\bigcup_{i}^{n}G_i(\boldsymbol{A})$$

② 矩阵 $\boldsymbol{A}$ 的任一个由 m 个圆盘组成的连通区域中，有且只有 $\boldsymbol{A}$ 的 m 个特征值（当 $\boldsymbol{A}$ 的主对角线上有相同元素时，则按重复次数计算，有相同特征值时也需按重复次数计算）。

3.3　机器人的坐标转换

现在分析不同的两点位置在坐标空间中的线性关系，这在机器人的控制上是基础的也是重要的。我们知道，空间内的任意一点均可以使用一个向量来表示，如在二维空间中的点坐标可表示为 $[x \quad y]^{\mathrm{T}}$，三维空间中的点坐标为 $[x \quad y \quad z]^{\mathrm{T}}$。

仿射变换，又称仿射映射，是指在几何中对一个向量空间进行一次线性变换并进行一个平移，将之变换为另一个向量空间的过程，是最常用的线性变化。基本的仿射变换类型包括平移、旋转和缩放。

空间中的两点均可以通过一次或多次的仿射变换来相互转化。由于我们研究的是机器人本体坐标系到地面坐标系的转换，因此只需要考虑平移和旋转即可。

3.3.1　二维空间转换

建立机器人的机体坐标系 $S_b=\{X_b,Y_b\}$ 和地面坐标系 $S_g=\{X_g,Y_g\}$ 如

图 3-7 所示，图中的 $S_b'=\{X_b', Y_b'\}$ 为过渡坐标系。通过一次平移和一次旋转操作，即可完成从机体坐标系 S_b 到地面坐标系 S_g 的转换。具体步骤如下：

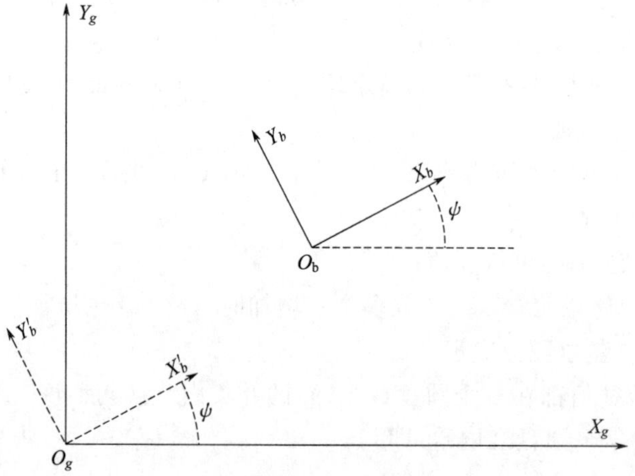

图 3-7　二维空间转换示意图

(1) 平移

首先经过平移变换，使坐标系 S_b 的坐标原点与坐标系 S_g 重合。即通过式(3-31) 从坐标系 S_b 变换到过渡坐标系 $S_b'=\{X_b', Y_b'\}$。

$$\begin{bmatrix} X_b' \\ Y_b' \end{bmatrix}=\begin{bmatrix} X_0+X_b \\ Y_0+Y_b \end{bmatrix}=\begin{bmatrix} X_0 \\ Y_0 \end{bmatrix}+\begin{bmatrix} X_b \\ Y_b \end{bmatrix} \tag{3-31}$$

(2) 旋转

通过式(3-32) 的旋转操作从过渡坐标系 S_b' 变换到 S_g。

$$\begin{bmatrix} X_g \\ Y_g \end{bmatrix}=\begin{bmatrix} X_b'\cos\psi-Y_b'\sin\psi \\ X_b'\sin\psi+Y_b'\cos\psi \end{bmatrix}=\begin{bmatrix} \cos\psi & -\sin\psi \\ \sin\psi & \cos\psi \end{bmatrix}\begin{bmatrix} X_b' \\ Y_b' \end{bmatrix} \tag{3-32}$$

综上所述，从机体坐标系 S_b 到地面坐标系 S_g 的转换关系可以整理成

$$\begin{bmatrix} X_g \\ Y_g \end{bmatrix}=\begin{bmatrix} \cos\psi & -\sin\psi \\ \sin\psi & \cos\psi \end{bmatrix}\left(\begin{bmatrix} X_0 \\ Y_0 \end{bmatrix}+\begin{bmatrix} X_b \\ Y_b \end{bmatrix}\right) \tag{3-33}$$

注意，平移和旋转的顺序并不需要严格限制，即二者的先后顺序可以自由选择。

3.3.2　三维空间转换

关于三维空间的转换，首先借助地球模型建立地面坐标系（ground coordinate system）。在图 3-8 中，原点 O 是地球的地心。地面坐标系 $S_g=$

$\{X_g, Y_g, Z_g\}$ 是相对于地面不动的坐标系，地面坐标系的原点 O_g 是固定在地面的某点，X_g 轴在水平面内并指向某一方向，Y_g 轴也在水平面内并垂直于 X_g 轴的方向，Z_g 轴则垂直于地面并指向逃离地心的方向。一般在建立无人机的运动方程时将忽略地球的旋转和曲率，而把地面坐标系看成惯性坐标系。

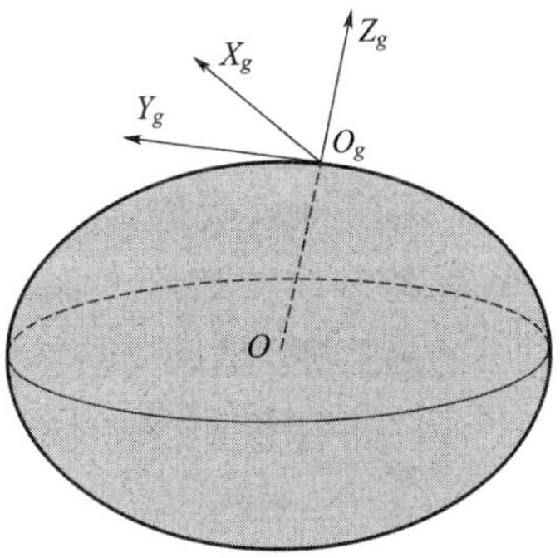

图 3-8　地面坐标系示意图

我们知道，任何一组直角坐标系相对于另一组直角坐标系的方位，都可以由欧拉角来确定。通过坐标变换可以在地面坐标系和机体坐标系下进行相互转换。在三维空间中，将机体坐标系转换到地面坐标系同样需要经过平移和旋转操作。但是与二维空间不同的是，在三维空间需要进行三次旋转操作。

假设存在如图 3-9 所示的地面坐标系 $S_g=\{X_g, Y_g, Z_g\}$ 和机体坐标系 $S_b=\{X_b, Y_b, Z_b\}$，接下来分析三维空间中坐标系之间的转换。

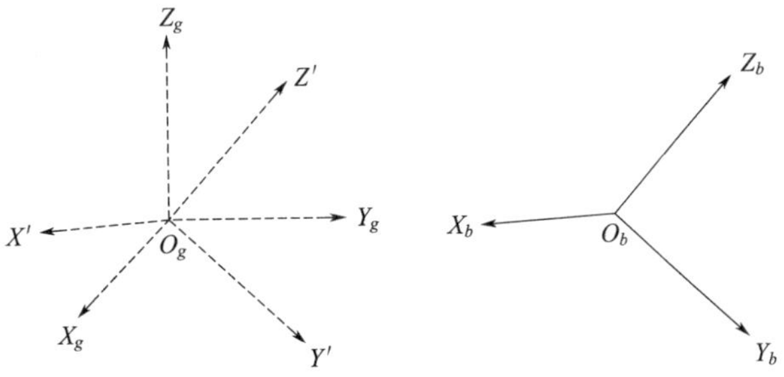

图 3-9　三维空间平移示意图

（1）平移

首先是平移操作。如图 3-9 所示，将机体坐标系 S_b 平移到过渡坐标系 $S'=\{X', Y', Z'\}$。此时，机体坐标系的原点 O_b 将移动到地面坐标系的原点 O_g，转换关系为式(3-34)。

$$\begin{bmatrix} X' \\ Y' \\ Z' \end{bmatrix}=\begin{bmatrix} X_0+X_b \\ Y_0+Y_b \\ Z_0+Z_b \end{bmatrix}=\begin{bmatrix} X_0 \\ Y_0 \\ Z_0 \end{bmatrix}+\begin{bmatrix} X_b \\ Y_b \\ Z_b \end{bmatrix} \tag{3-34}$$

（2）沿 X' 轴旋转横滚角度 ϕ

然后如图 3-10 所示，通过式(3-35) 沿 X' 轴从过渡坐标系 S' 转动横滚角 ϕ 到过渡坐标系 $S''=\{X'', Y'', Z''\}$。

$$\begin{bmatrix} X'' \\ Y'' \\ Z'' \end{bmatrix} = \begin{bmatrix} X' \\ Y'\cos\phi + Z'\sin\phi \\ -Y'\sin\phi + Z'\cos\phi \end{bmatrix} = \begin{bmatrix} 1 & 0 & 0 \\ 0 & \cos\phi & \sin\phi \\ 0 & -\sin\phi & \cos\phi \end{bmatrix} \begin{bmatrix} X' \\ Y' \\ Z' \end{bmatrix} \tag{3-35}$$

（3）沿 Y'' 轴旋转俯仰角度 θ

接着如图 3-11 所示，通过式(3-36) 沿 Y'' 轴从过渡坐标系 S'' 转动俯仰角 θ 到过渡坐标系 $S'''=\{X''',Y''',Z'''\}$。

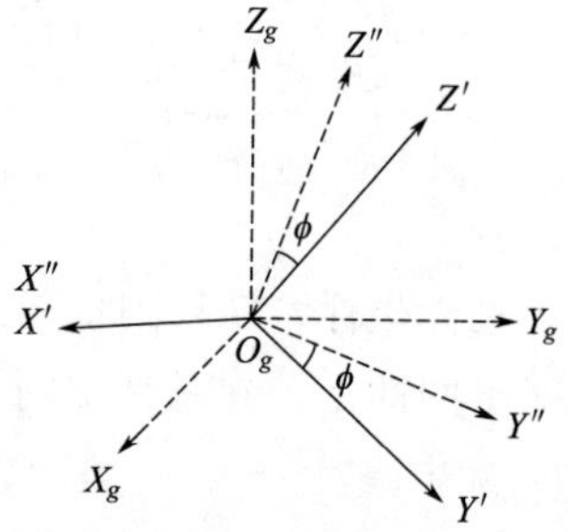

图 3-10　三维空间沿 X' 轴旋转示意图

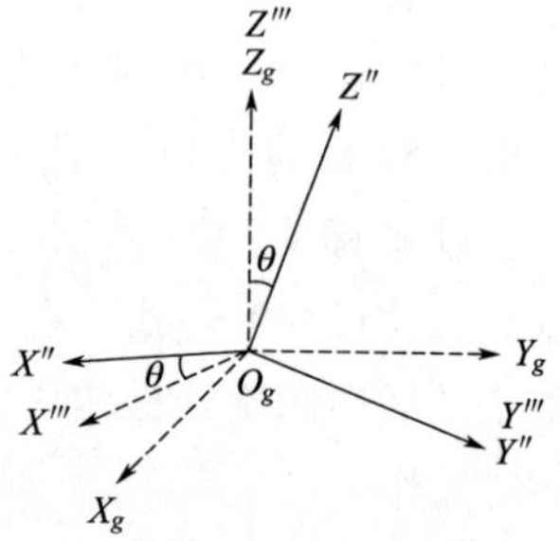

图 3-11　三维空间沿 Y'' 轴旋转示意图

$$\begin{bmatrix} X''' \\ Y''' \\ Z''' \end{bmatrix} = \begin{bmatrix} X''\cos\theta - Z''\sin\theta \\ Y'' \\ X''\sin\theta + Z''\cos\theta \end{bmatrix} = \begin{bmatrix} \cos\theta & 0 & -\sin\theta \\ 0 & 1 & 0 \\ \sin\theta & 0 & \cos\theta \end{bmatrix} \begin{bmatrix} X'' \\ Y'' \\ Z'' \end{bmatrix} \tag{3-36}$$

（4）沿 Z_g 轴旋转偏航角度 ψ

最后如图 3-12 所示，通过式(3-37) 沿 Z_g 轴从过渡坐标系 S''' 转动偏航角 ψ 到地面坐标系 S_g。

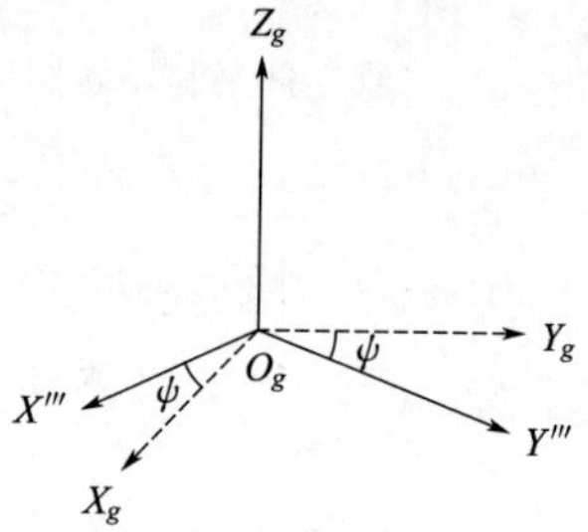

图 3-12　三维空间沿 Z_g 轴旋转示意图

$$\begin{bmatrix} X_g \\ Y_g \\ Z_g \end{bmatrix} = \begin{bmatrix} X'''\cos\psi + Z'''\sin\psi \\ -X'''\sin\psi + Z'''\cos\psi \\ Z''' \end{bmatrix} = \begin{bmatrix} \cos\psi & \sin\psi & 0 \\ -\sin\psi & \cos\psi & 0 \\ 0 & 0 & 1 \end{bmatrix} \begin{bmatrix} X''' \\ Y''' \\ Z''' \end{bmatrix} \tag{3-37}$$

综合上面的步骤，得到三维空间中由机体坐标系 S_b 到地面坐标系 S_g 的转换矩阵$\boldsymbol{R}_{b2g}$为式(3-38)。

$$\boldsymbol{R}_{b2g}=\begin{bmatrix}\cos\theta\cos\psi & \sin\phi\sin\theta\cos\psi-\cos\phi\sin\psi & \cos\phi\sin\theta\cos\psi+\sin\phi\sin\psi\\ \cos\theta\sin\psi & \sin\phi\sin\theta\sin\psi+\cos\phi\cos\psi & \cos\phi\sin\theta\sin\psi-\sin\phi\cos\psi\\ -\sin\theta & \sin\phi\cos\theta & \cos\phi\cos\theta\end{bmatrix} \tag{3-38}$$

地面坐标系与机体坐标系之间的转换满足如下关系：

$$S_g=\boldsymbol{R}_{b2g}S_b \text{ 或 } S_b=\boldsymbol{R}_{b2g}^{-1}S_g=\boldsymbol{R}_{b2g}^{\mathrm{T}}S_g \tag{3-39}$$

注 1：由于$\boldsymbol{R}_{b2g}$是正交矩阵，因此满足$\boldsymbol{R}_{b2g}^{\mathrm{T}}=\boldsymbol{R}_{b2g}^{-1}$。

注 2：变换矩阵相乘的顺序非常重要，因为矩阵乘法不满足交换律。但其结合方式并不重要，因为结合律适用于矩阵乘法。

值得注意的是，二维空间坐标转换式(3-33)与三维空间坐标转换式(3-38)有一部分是相同的。其实当三维空间坐标转换矩阵$\boldsymbol{R}_{b2g}$中的横滚角ϕ和俯仰角θ等于0，同时忽略Z轴坐标时便可得到二维坐标下的坐标转换矩阵：

$$\begin{aligned}&\boldsymbol{R}_{b2g}(\phi=0,\theta=0)\\&=\begin{bmatrix}\cos\theta\cos\psi & \sin\phi\sin\theta\cos\psi-\cos\phi\sin\psi & \cos\phi\sin\theta\cos\psi+\sin\phi\sin\psi\\ \cos\theta\sin\psi & \sin\phi\sin\theta\sin\psi+\cos\phi\cos\psi & \cos\phi\sin\theta\sin\psi-\sin\phi\cos\psi\\ -\sin\theta & \sin\phi\cos\theta & \cos\phi\cos\theta\end{bmatrix}\\&=\begin{bmatrix}\cos\theta\cos\psi & \sin\phi\sin\theta\cos\psi-\cos\phi\sin\psi\\ \cos\theta\sin\psi & \sin\phi\sin\theta\sin\psi+\cos\phi\cos\psi\end{bmatrix}\\&=\begin{bmatrix}\cos\psi & -\sin\psi\\ \sin\psi & \cos\psi\end{bmatrix}\end{aligned} \tag{3-40}$$

其中的ψ与式(3-32)中的ψ表示同样的含义。

本章小结

本章总结了在多智能体机器人系统控制中所用到的数理基础知识，并从代数图论、矩阵分析和坐标转换三个角度进行了详细介绍。通过对基础知识的梳理，更有助于理解和掌握后面将要涉及的多智能体机器人系统控制。

青年强，则国家强。当代中国青年生逢其时，施展才干的舞台无比广阔，实现梦想的前景无比光明。因此，必须做好知识储备，随时为更深入的研究打好基础。

思考与练习题

1. 图的概念是什么？
2. 图的类型有哪些？
3. 图的矩阵有哪些类型？
4. 矩阵的二次型函数的性质包括哪几种？
5. 什么是仿射变换？基本类型有哪些？
6. 常用的机器人的坐标转换包括哪两种？

第2篇

多智能体机器人系统的控制

第 4 章
一阶多智能体机器人系统

本章假设智能体均为较简单的一阶积分器模型，分析多智能体系统在多种条件下实现协同控制时的控制器。主要内容包括：

① 针对单个智能体，研究连续时间系统一致性、离散时间系统一致性和含有时延的连续时间系统一致性。

② 当智能体之间的通信关系发生变换时，分析切换拓扑的系统一致性。

③ 当智能体系统中含有领航者时，介绍领航跟随系统的一致性。

4.1 一阶机器人系统模型

在多智能体机器人系统控制中，一致性问题是至关重要的。为了直观解释多智能体系统在控制上的一致性问题，引入图 4-1。假设有 3 辆具备相同模型的无人车，其运动模型满足 $\dot{p}_i(t)=v_i(t)$，其中 $p_i(t),v_i(t)$ 分别表示无人车的位置和速度。这里仅考虑无人车的直线移动，其运动方向如图 4-1 中的虚线所示。

假设 3 辆无人车的初始位置及初始速度均不同，即 $p_1(0)\neq p_2(0)\neq p_3(0)$，$v_1(0)\neq v_2(0)\neq v_3(0)$。如果不施加任何控制作用，那么随着时间的推移，3 辆无人车之间的位置会相距越来越远，即 $\lim\limits_{t\to\infty}\|p_i(t)-p_j(t)\|=\infty$。此时无人车的运动效果如图 4-1(a) 所示。

当加入一致性控制 $u_i=\sum\limits_{j=1}^{n}(p_j-p_i)$ 后，运动效果如图 4-1(b) 所示。可见，一致性控制的目标就是在经过一段时间后，系统内的各个智能体能够达到一致的状态或队形。

由于已经假设无人车的运动模型为一阶积分器结构，可以通过控制其速度来改变位置。因此，一致性协议的控制输入即无人车的速度。根据一致性协议

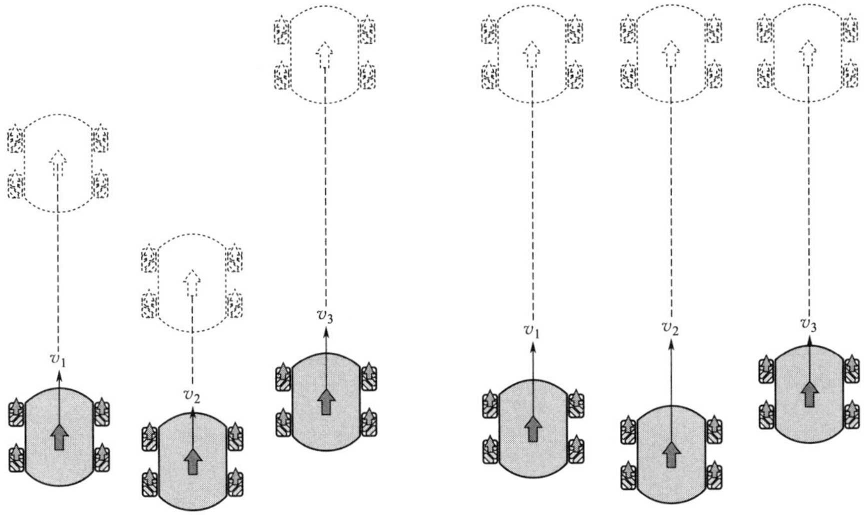

(a) 无一致性控制　　(b) 有一致性控制

图 4-1　一致性控制示意图

$u_i=\sum_{j=1}^{n}(p_j-p_i)$，得到

$$
\begin{aligned}
u_1&=(p_2-p_1)+(p_3-p_1)=v_1\\
u_2&=(p_1-p_2)+(p_3-p_2)=v_2\\
u_3&=(p_1-p_3)+(p_2-p_3)=v_3
\end{aligned}
\tag{4-1}
$$

由式(4-1) 可以看到，一致性协议是通过计算无人车之间的相对位置而得出无人车的运行速度。从具体的运行效果来看，就是让位置落后的无人车速度快一些，而位置靠前的无人车速度慢一些。

那么随着时间的推移，通过一致性协议所得出的无人车速度将会驱使无人车的位置达到一致。当位置达到一致后，由于所有无人车之间的相对位置误差为零，因此所有无人车的控制输入也均为零，即 $u_1=u_2=u_3=0$。由此，无人车系统实现了关于位置的一致性控制，即 $\lim_{t\to\infty}\|p_i(t)-p_j(t)\|=0$。

由于上例并不失一般性，一阶多智能体系统中单个智能体的状态应满足一阶微分方程。一阶微分方程的基本形式为

$$\dot{x}_i=u_i \tag{4-2}$$

式中，$x_i\in\mathbb{R}^1$ 表示智能体 i 的状态，等价于图 4-1 中无人车的位置 p_i，而 $u_i\in\mathbb{R}^1$ 表示智能体 i 的控制输入，等价于图 4-1 中无人车的速度 v_i。

为了便于与线性系统理论中的知识相结合，我们将模型转换成状态空间表达式的形式。对于式(4-2) 描述的单个智能体模型，其状态空间表达式为

$$\dot{x}_i = ax_i + bu_i \tag{4-3}$$

式中，$a=0$，$b=1$。

假设多智能体系统中智能体的数量为 n，令 $\boldsymbol{x}=[x_1 \quad x_2 \quad \cdots \quad x_n]^{\mathrm{T}}$，$\boldsymbol{u}=[u_1 \quad u_2 \quad \cdots \quad u_n]^{\mathrm{T}}$，那么基于式(4-3）的一阶多智能体系统可以表示为

$$\begin{bmatrix} \dot{x}_1 \\ \dot{x}_2 \\ \vdots \\ \dot{x}_n \end{bmatrix} = \begin{bmatrix} 0 & 0 & \cdots & 0 \\ 0 & 0 & \cdots & 0 \\ \vdots & \vdots & \ddots & \vdots \\ 0 & 0 & \cdots & 0 \end{bmatrix} \begin{bmatrix} x_1 \\ x_2 \\ \vdots \\ x_n \end{bmatrix} + \begin{bmatrix} 1 & 0 & \cdots & 0 \\ 0 & 1 & \cdots & 0 \\ \vdots & \vdots & \ddots & \vdots \\ 0 & 0 & \cdots & 1 \end{bmatrix} \begin{bmatrix} u_1 \\ u_2 \\ \vdots \\ u_n \end{bmatrix} \tag{4-4}$$

即

$$\dot{\boldsymbol{x}} = \boldsymbol{A}\boldsymbol{x} + \boldsymbol{B}\boldsymbol{u}$$

式中，$\boldsymbol{A}=a\otimes\boldsymbol{I}_n$，$\boldsymbol{B}=b\otimes\boldsymbol{I}_n$，$\boldsymbol{I}_n$ 表示维度为 n 的单位矩阵。$\otimes$表示克罗尼克积运算［请参式(3-23)］。

智能体机器人状态的维度也存在不为 1 的情况。例如智能船在水平面运动时，状态$\boldsymbol{x}_i$ 就要包括船体在 X 轴的位置 p_i^x 和在 Y 轴的位置 p_i^y。此时$\boldsymbol{x}_i=[x_i^{(1)} \quad x_i^{(2)}]^{\mathrm{T}}=[p_i^x \quad p_i^y]^{\mathrm{T}}\in\mathbb{R}^2$，$\boldsymbol{u}_i=[u_i^{(1)} \quad u_i^{(2)}]^{\mathrm{T}}\in\mathbb{R}^2$。那么，智能体的模型可以描述为

$$\begin{aligned} \dot{x}_i^{(1)} &= u_i^{(1)} \\ \dot{x}_i^{(2)} &= u_i^{(2)} \end{aligned} \tag{4-5}$$

其状态空间表达式可以表示为

$$\begin{bmatrix} \dot{x}_i^{(1)} \\ \dot{x}_i^{(2)} \end{bmatrix} = \begin{bmatrix} 0 & 0 \\ 0 & 0 \end{bmatrix} \begin{bmatrix} x_i^{(1)} \\ x_i^{(2)} \end{bmatrix} + \begin{bmatrix} 1 & 0 \\ 0 & 1 \end{bmatrix} \begin{bmatrix} u_i^{(1)} \\ u_i^{(2)} \end{bmatrix} \tag{4-6}$$

即

$$\dot{\boldsymbol{x}}_i = a\boldsymbol{x}_i + b\boldsymbol{u}_i$$

式中，$a=0\otimes\boldsymbol{I}_2$，$b=1\otimes\boldsymbol{I}_2$。

同理，当系统中含有 n 个智能体时，令 $\boldsymbol{x}=[\boldsymbol{x}_1^{\mathrm{T}} \quad \boldsymbol{x}_2^{\mathrm{T}} \quad \cdots \quad \boldsymbol{x}_n^{\mathrm{T}}]^{\mathrm{T}}$，$\boldsymbol{x}_i=[x_i^{(1)} \quad x_2^{(2)}]^{\mathrm{T}}$，$\boldsymbol{u}=[\boldsymbol{u}_1^{\mathrm{T}} \quad \boldsymbol{u}_2^{\mathrm{T}} \quad \cdots \quad \boldsymbol{u}_n^{\mathrm{T}}]^{\mathrm{T}}$，$\boldsymbol{u}_i=[u_i^{(1)} \quad u_2^{(2)}]^{\mathrm{T}}$，$i=1,2,\cdots,n$，那么基于式(4-6)，维度为 2 并且数量为 n 的多智能体系统可以表示为

$$\begin{bmatrix} \dot{\boldsymbol{x}}_1 \\ \dot{\boldsymbol{x}}_2 \\ \vdots \\ \dot{\boldsymbol{x}}_n \end{bmatrix} = \begin{bmatrix} \boldsymbol{0}_{2\times2} & \boldsymbol{0}_{2\times2} & \cdots & \boldsymbol{0}_{2\times2} \\ \boldsymbol{0}_{2\times2} & \boldsymbol{0}_{2\times2} & \cdots & \boldsymbol{0}_{2\times2} \\ \vdots & \vdots & \ddots & \vdots \\ \boldsymbol{0}_{2\times2} & \boldsymbol{0}_{2\times2} & \cdots & \boldsymbol{0}_{2\times2} \end{bmatrix}_{2n\times2n} \begin{bmatrix} \boldsymbol{x}_1 \\ \boldsymbol{x}_2 \\ \vdots \\ \boldsymbol{x}_n \end{bmatrix} + \begin{bmatrix} \boldsymbol{I}_2 & \boldsymbol{0}_{2\times2} & \cdots & \boldsymbol{0}_{2\times2} \\ \boldsymbol{0}_{2\times2} & \boldsymbol{I}_2 & \cdots & \boldsymbol{0}_{2\times2} \\ \vdots & \vdots & \ddots & \vdots \\ \boldsymbol{0}_{2\times2} & \boldsymbol{0}_{2\times2} & \cdots & \boldsymbol{I}_2 \end{bmatrix}_{2n\times2n} \begin{bmatrix} \boldsymbol{u}_1 \\ \boldsymbol{u}_2 \\ \vdots \\ \boldsymbol{u}_n \end{bmatrix} \tag{4-7}$$

即
$$\dot{\boldsymbol{x}}=\boldsymbol{A}\boldsymbol{x}+\boldsymbol{B}\boldsymbol{u}$$

式中，$\boldsymbol{A}=a\otimes\boldsymbol{I}_n$，$\boldsymbol{B}=b\otimes\boldsymbol{I}_n$。

基于上述分析，我们可以得到当智能体状态含有 d 个维度时，单个智能体模型可以表示为

$$\begin{aligned}\dot{x}_i^{(1)}&=u_i^{(1)}\\\dot{x}_i^{(2)}&=u_i^{(2)}\\&\vdots\\\dot{x}_i^{(d)}&=u_i^{(d)}\end{aligned}\tag{4-8}$$

令 $\boldsymbol{x}_i=\begin{bmatrix}x_i^{(1)} & x_i^{(2)} & \cdots & x_i^{(d)}\end{bmatrix}^{\mathrm{T}}$，$\boldsymbol{u}_i=\begin{bmatrix}u_i^{(1)} & u_i^{(2)} & \cdots & u_i^{(d)}\end{bmatrix}^{\mathrm{T}}$，第 i 个智能体的状态空间表达式为

$$\begin{bmatrix}\dot{x}_i^{(1)}\\\dot{x}_i^{(2)}\\\vdots\\\dot{x}_i^{(d)}\end{bmatrix}=\begin{bmatrix}0 & 0 & \cdots & 0\\0 & 0 & \cdots & 0\\\vdots & \vdots & \ddots & \vdots\\0 & 0 & \cdots & 0\end{bmatrix}_{d\times d}\begin{bmatrix}x_i^{(1)}\\x_i^{(2)}\\\vdots\\x_i^{(d)}\end{bmatrix}+\begin{bmatrix}1 & 0 & \cdots & 0\\0 & 1 & \cdots & 0\\\vdots & \vdots & \ddots & \vdots\\0 & 0 & \cdots & 1\end{bmatrix}\begin{bmatrix}u_i^{(1)}\\u_i^{(2)}\\\vdots\\u_i^{(d)}\end{bmatrix}\tag{4-9}$$

即
$$\dot{\boldsymbol{x}}_i=a\boldsymbol{x}_i+b\boldsymbol{u}_i$$

式中，$a=0\otimes\boldsymbol{I}_d$，$b=1\otimes\boldsymbol{I}_d$。

基于式(4-9)，令 $\boldsymbol{x}=\begin{bmatrix}\boldsymbol{x}_1^{\mathrm{T}} & \boldsymbol{x}_2^{\mathrm{T}} & \cdots & \boldsymbol{x}_n^{\mathrm{T}}\end{bmatrix}^{\mathrm{T}}$，$\boldsymbol{u}=\begin{bmatrix}\boldsymbol{u}_1^{\mathrm{T}} & \boldsymbol{u}_2^{\mathrm{T}} & \cdots & \boldsymbol{u}_n^{\mathrm{T}}\end{bmatrix}^{\mathrm{T}}$，可以得到 n 个 d 维多智能体系统的状态空间表达式为

$$\begin{bmatrix}\dot{\boldsymbol{x}}_1\\\dot{\boldsymbol{x}}_2\\\vdots\\\dot{\boldsymbol{x}}_n\end{bmatrix}=\begin{bmatrix}\boldsymbol{0}_{d\times d} & \boldsymbol{0}_{d\times d} & \cdots & \boldsymbol{0}_{d\times d}\\\boldsymbol{0}_{d\times d} & \boldsymbol{0}_{d\times d} & \cdots & \boldsymbol{0}_{d\times d}\\\vdots & \vdots & \ddots & \vdots\\\boldsymbol{0}_{d\times d} & \boldsymbol{0}_{d\times d} & \cdots & \boldsymbol{0}_{d\times d}\end{bmatrix}_{dn\times dn}\begin{bmatrix}\boldsymbol{x}_1\\\boldsymbol{x}_2\\\vdots\\\boldsymbol{x}_n\end{bmatrix}+\begin{bmatrix}\boldsymbol{I}_d & \boldsymbol{0}_{d\times d} & \cdots & \boldsymbol{0}_{d\times d}\\\boldsymbol{0}_{d\times d} & \boldsymbol{I}_d & \cdots & \boldsymbol{0}_{d\times d}\\\vdots & \vdots & \ddots & \vdots\\\boldsymbol{0}_{d\times d} & \boldsymbol{0}_{d\times d} & \cdots & \boldsymbol{I}_d\end{bmatrix}_{dn\times dn}\begin{bmatrix}\boldsymbol{u}_1\\\boldsymbol{u}_2\\\vdots\\\boldsymbol{u}_n\end{bmatrix}$$

即
$$\dot{\boldsymbol{x}}=\boldsymbol{A}\boldsymbol{x}+\boldsymbol{B}\boldsymbol{u}\tag{4-10}$$

式中，$\boldsymbol{A}=a\otimes\boldsymbol{I}_n$，$\boldsymbol{B}=b\otimes\boldsymbol{I}_n$。

在上述过程中有多次针对参数 a，b 的求克罗尼克积的运算，这是为了维度扩张的变化需要。充分理解这种数学思维，在今后研究具体的控制对象时是很有帮助的。

综上所述，在一阶智能体模型中当状态含有多个维度时，由于各个维度之间没有耦合关系，所以状态变换互不影响。因此在接下来的分析中，将主要研究由式(4-2) 和式(4-3) 组成的多智能体系统的控制器。至于更高维度的单智

能体，可使用同样的方法进行论证。

在讨论一致性控制器之前，先给出多智能体系统一致性的概念。本章讨论的为一阶智能体系统一致性，因此给出如下一阶系统一致性定义。

定义 4.1（一阶系统一致性） 当所有智能体的状态满足以下关系时，多智能体系统达到一致。即

$$\lim_{t \to \infty} \| x_i - x_j \| = 0,\ i,j = 1,2,\cdots,n \tag{4-11}$$

4.2 连续时间下的机器人一致性控制

4.2.1 问题描述

在连续时间条件下，系统中单个智能体的一阶动力学模型[20,66] 可表示为

$$\dot{x}_i(t) = u_i(t) \tag{4-12}$$

式中，$x_i(t)$，$u_i(t)$ 分别表示智能体 i 的状态和控制输入。

令 $\boldsymbol{x}(t) = [x_1(t) \quad x_2(t) \quad \cdots \quad x_n(t)]^{\mathrm{T}}$，$\boldsymbol{u}(t) = [u_1(t) \quad u_2(t) \quad \cdots \quad u_n(t)]^{\mathrm{T}}$，$n$ 表示系统中智能体的数量。由前文的分析可知，系统的状态空间表达式为

$$\dot{\boldsymbol{x}}(t) = \boldsymbol{A}\boldsymbol{x}(t) + \boldsymbol{B}\boldsymbol{u}(t) \tag{4-13}$$

式中，$\boldsymbol{A} = 0 \otimes \boldsymbol{I}_n$，$\boldsymbol{B} = 1 \otimes \boldsymbol{I}_n$。

控制目标为基于一阶连续时间下的模型，为多智能体系统设计分布式控制器，实现智能体状态的一致性控制，同时分析保持系统稳定的条件。

4.2.2 设计控制器

针对如式(4-12) 所构成的多智能体系统，为实现定义 4.1 描述的一致性，设计每个智能体的控制输入为

$$u_i(t) = \sum_{j \in N_i} a_{ij}(x_j(t) - x_i(t)) \tag{4-14}$$

式中，N_i 为智能体 i 的邻居节点，a_{ij} 为邻接矩阵中的元素。

因为多智能体系统中智能体的数量为 n，那么有

$$\begin{bmatrix}\dot{x}_1\\ \dot{x}_2\\ \vdots\\ \dot{x}_n\end{bmatrix}=\begin{bmatrix}a_{12}(x_2-x_1)+a_{13}(x_3-x_1)+\cdots+a_{1n}(x_n-x_1)\\ a_{21}(x_1-x_2)+a_{23}(x_3-x_2)+\cdots+a_{2n}(x_n-x_2)\\ \vdots\\ a_{n1}(x_1-x_n)+a_{n2}(x_2-x_n)+\cdots+a_{n(n-1)}(x_{n-1}-x_n)\end{bmatrix}$$

$$=\begin{bmatrix}-(a_{12}+a_{13}+\cdots+a_{1n}) & a_{12} & \cdots & a_{1n}\\ a_{21} & -(a_{21}+a_{23}+\cdots+a_{2n}) & \cdots & a_{2n}\\ \vdots & \vdots & \ddots & \vdots\\ a_{n1} & a_{n2} & \cdots & -(a_{n1}+a_{n2}+\cdots+a_{n(n-1)})\end{bmatrix}\begin{bmatrix}x_1\\ x_2\\ \vdots\\ x_n\end{bmatrix} \tag{4-15}$$

结合拉普拉斯矩阵 $\boldsymbol{L}$ 的定义，可以将协议式(4-14) 转换为如下矩阵形式：

$$\boldsymbol{u}(t)=-\boldsymbol{L}\cdot\boldsymbol{x}(t) \tag{4-16}$$

【例题 4.1】 假设有数量为 $n=4$ 的多智能体系统，其中单个智能体的模型为式(4-12)，通信关系如图 4-2 所示。结合一致性控制协议式(4-14) 和拉普拉斯矩阵，将系统的一致性协议改写成矩阵的形式。然后代入系统模型中求解所得到的矩阵微分方程。

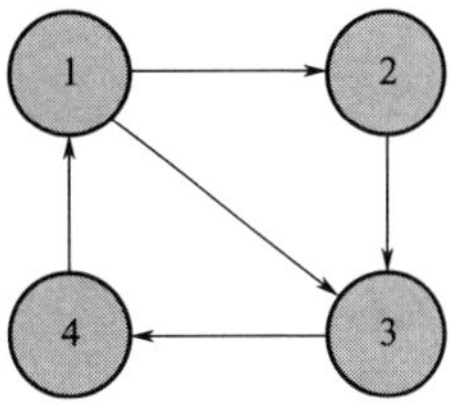

图 4-2　系统拓扑结构

解： 由前文定义可知，系统的拉普拉斯矩阵为

$$\boldsymbol{L}=\begin{bmatrix}1 & 0 & 0 & -1\\ -1 & 1 & 0 & 0\\ -1 & -1 & 2 & 0\\ 0 & 0 & -1 & 1\end{bmatrix}$$

将控制协议式(4-14) 排列成矩阵的形式有

$$\begin{bmatrix}u_1\\ u_2\\ u_3\\ u_4\end{bmatrix}=\begin{bmatrix}x_4-x_1\\ x_1-x_2\\ x_2-x_3+x_1-x_3\\ u_4\end{bmatrix}=-\begin{bmatrix}1 & 0 & 0 & -1\\ -1 & 1 & 0 & 0\\ -1 & -1 & 2 & 0\\ 0 & 0 & -1 & 1\end{bmatrix}\begin{bmatrix}x_1\\ x_2\\ x_3\\ x_4\end{bmatrix}$$

代入一阶模型方程式(4-12) 中，可得到如下矩阵微分方程：

$$\begin{bmatrix}\dot{x}_1\\ \dot{x}_2\\ \dot{x}_3\\ \dot{x}_4\end{bmatrix}=-\begin{bmatrix}1 & 0 & 0 & -1\\ -1 & 1 & 0 & 0\\ -1 & -1 & 2 & 0\\ 0 & 0 & -1 & 1\end{bmatrix}\begin{bmatrix}x_1\\ x_2\\ x_3\\ x_4\end{bmatrix}$$

$$\dot{\boldsymbol{x}}(t)=-\boldsymbol{L}\boldsymbol{x}(t)$$

求解此矩阵微分方程为

$$\boldsymbol{x}(t)=\mathrm{e}^{-\boldsymbol{L}t}\boldsymbol{x}(0)$$

引理 4.1（spectral localization[20]） 令 $G=(V,E,A)$ 是有拉普拉斯矩阵 $\boldsymbol{L}$ 的有向图。定义图 G 中所有节点的最大入度为 $d_{\max}(G)=\max\{\deg_{\text{in}}(v_i)\}$。那么，矩阵 $\boldsymbol{L}$ 的所有特征值都位于下述圆盘中：

$$D(G)=\{z\in\mathbb{C}:|z-d_{\max}(G)|\leqslant d_{\max}(G)\} \tag{4-17}$$

圆盘的圆心位于复平面（complex plane）的 $z=d_{\max}(G)+j0$ 点。证明如下，请参考图 4-3。

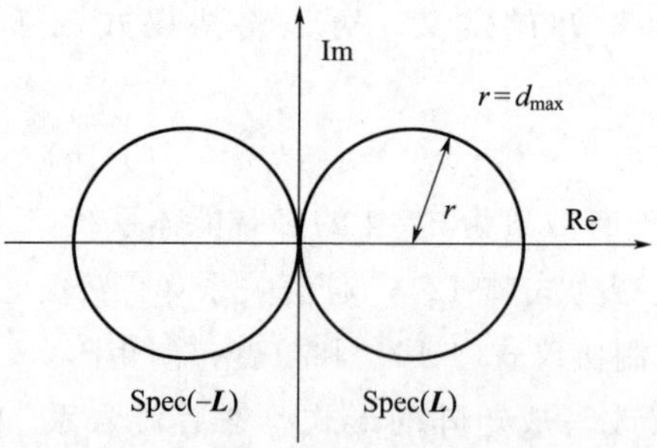

图 4-3　一个盖尔圆盘定理应用到图拉普拉斯矩阵

证明：基于盖尔圆盘定理 3.3，矩阵 $\boldsymbol{L}=[l_{ij}]$ 的所有特征值都位于下列 n 个圆盘的并集中

$$D_i=\left\{z\in\mathbb{C}:|z-l_{ii}|\leqslant\sum_{j\in I,j\neq i}|l_{ij}|\right\} \tag{4-18}$$

并且

$$\sum_{j\in I,j\neq i}|l_{ij}|=\deg_{\text{in}}(v_i)=l_{ii} \tag{4-19}$$

因此，$D_i=\{z\in\mathbb{C}:|z-l_{ii}|\leqslant l_{ii}\}$。另一方面，这 n 个圆盘都被包含在最大半径 $d_{\max}(G)$ 的圆盘 $D(G)$ 中。显而易见，矩阵 $-\boldsymbol{L}$ 的所有特征值都位于圆盘 $D'(G)=\{z\in\mathbb{C}:|z+d_{\max}|\leqslant d_{\max}(G)\}$ 中，圆盘 $D'(G)$ 是 $D(G)$ 关于虚轴（imaginary axis）的镜像。

【证毕】

定理 4.1　针对由式(4-12)所构成的多智能体系统，假设系统的通信拓扑图是无向连通图或含有生成树的有向图，那么在使用式(4-14)的控制器时系统可以实现定义 4.1 所描述的一致。系统状态的最终一致性值为

$$x^{*}=\mathbf{1}\sum_{i=1}^{n}w_{l1i}x(0) \tag{4-20}$$

式中，$\boldsymbol{w}_{l1}^{\mathrm{T}}$ 为系统拉普拉斯矩阵关于特征值 λ_1 的归一化左特征向量，$x(0)$ 为系统状态的初始值。

证明： 将控制器式(4-16)代入系统模型式(4-13)中，有如下矩阵微分方程

$$\begin{aligned}\dot{\boldsymbol{x}}(t)&=\boldsymbol{A}\boldsymbol{x}(t)+\boldsymbol{B}\boldsymbol{u}(t)\\&=-\boldsymbol{L}\boldsymbol{x}(t)\end{aligned} \tag{4-21}$$

由于图 G 是无向连通图或含有生成树的有向图，根据引理 3.1 和引理 3.2 可知对应的拉普拉斯矩阵 $\boldsymbol{L}$ 的秩为 $\mathrm{rank}(\boldsymbol{L})=n-1$，且 $-\boldsymbol{L}$ 有一个零特征值 $\lambda_1=0$。

结合引理 4.1，$-\boldsymbol{L}$ 的其他特征值均具有负实部（negative real-parts）。线性系统稳定的充分必要条件是闭环系统特征方程的所有根均具有负实部，即闭环传递函数的极点位于 s 左半平面。因此系统（4-21）是稳定的。

另一方面，系统（4-21）的任何平衡状态 x^{*} 都是 $-\boldsymbol{L}$ 关于特征值 $\lambda=0$ 的右特征向量。由于关于 0 特征值的特征空间是一维的，所以存在一个实数 $\alpha\in\mathbb{R}$ 使得 $x^{*}=\alpha\mathbf{1}$，即针对所有的 i 都有 $x_i^{*}=\alpha$。因此系统中所有智能体的状态达到一致[86]。

接下来讨论系统最终的一致性值，即系统稳态值。当系统达到稳定状态时，有

$$0=-\boldsymbol{L}\boldsymbol{x}(t) \tag{4-22}$$

因此，系统的稳态在 $\boldsymbol{L}$ 的零空间中。基于上述条件下的 $\boldsymbol{L}$ 矩阵在进行约当分解时所有约当块的阶数都为 1。利用模态分解，可以得到

$$\begin{aligned}\boldsymbol{x}(t)&=\mathrm{e}^{-\boldsymbol{L}t}\boldsymbol{x}(0)\\&=\boldsymbol{W}\mathrm{e}^{-\boldsymbol{J}t}\boldsymbol{W}^{-1}\boldsymbol{x}(0)\\&=\sum_{i=1}^{n}\boldsymbol{w}_{ri}\mathrm{e}^{-\lambda_i t}\boldsymbol{w}_{li}^{\mathrm{T}}\boldsymbol{x}(0)\\&=\sum_{i=1}^{n}(\boldsymbol{w}_{li}^{\mathrm{T}}\boldsymbol{x}(0))\mathrm{e}^{-\lambda_i t}\boldsymbol{w}_{ri}\end{aligned} \tag{4-23}$$

式中，λ_i 是 $\boldsymbol{L}$ 的特征值，对应的左右特征向量分别为$\boldsymbol{w}_{li}^{\mathrm{T}}$ 和$\boldsymbol{w}_{ri}$。

注意这里使用的左右特征向量是归一化后的，满足条件$\boldsymbol{w}_{li}^{\mathrm{T}}\boldsymbol{w}_{ri}=1$。当时

间趋于无穷即 $t\to\infty$ 时，有

$$\boldsymbol{x}(t)=\boldsymbol{w}_{r2}\mathrm{e}^{-\lambda_2 t}\boldsymbol{w}_{l2}^{\mathrm{T}}\boldsymbol{x}(0)+\boldsymbol{w}_{r1}\mathrm{e}^{-\lambda_1 t}\boldsymbol{w}_{l1}^{\mathrm{T}}\boldsymbol{x}(0) \tag{4-24}$$

式中，λ_2 是 $\boldsymbol{L}$ 的第二小特征值，又称为费德勒（Fielder）特征值。

我们有 $\lambda_1=0$，取$\boldsymbol{w}_{r1}=\boldsymbol{1}$，则左特征向量满足 $\sum_{i=1}^{n}w_{l1i}=1$。那么

$$\boldsymbol{x}(t)\to\boldsymbol{w}_{r2}\mathrm{e}^{-\lambda_2 t}\boldsymbol{w}_{l2}^{\mathrm{T}}\boldsymbol{x}(0)+\boldsymbol{1}\sum_{i=1}^{n}w_{l1i}\boldsymbol{x}(0) \tag{4-25}$$

方程的最后一项是稳态项 $x_{ss}=x^{*}=\boldsymbol{1}\sum_{i=1}^{n}w_{l1i}\boldsymbol{x}(0)$，而第一项验证了在时间常数 $\tau=\dfrac{1}{\lambda_2}$下系统达到了一致。

【证毕】

关于时间常数我们在后面的时延部分进行详细讨论。

4.2.3 实验验证

假设一个多智能体系统含有 4 个智能体机器人，系统中各智能体间的通信关系如图 4-2 所示，单个智能体的动力学模型为式(4-12)，各智能体的初始状态为 $\boldsymbol{x}(0)=[20\quad 10\quad 40\quad 0]^{\mathrm{T}}$。

在如式(4-14) 的控制输入作用下，系统中各智能体位置状态的变化如图 4-4 所示。显然，多智能体系统的状态值能达到一致，且最终的一致性值为 15。

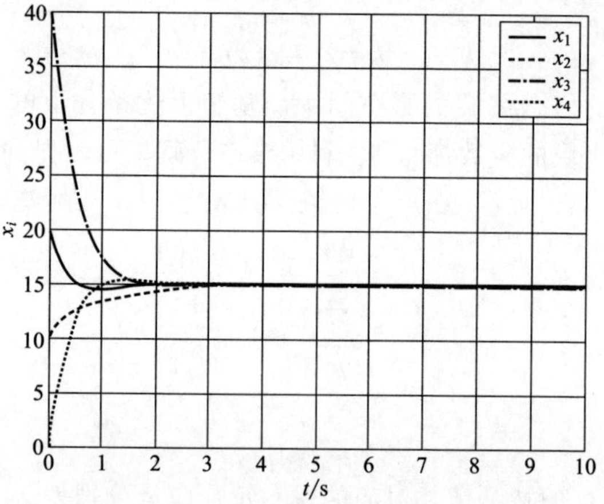

图 4-4　连续时间多智能体系统一致性

根据定理 4.1 中的结论，我们知道系统最终的一致性值为

$$\boldsymbol{x}^{*}=\mathbf{1}\sum_{i=1}^{n}w_{l1i}\boldsymbol{x}(0)$$

代入本实验参数，有拉普拉斯矩阵的特征值为 $\lambda_1=0$，$\lambda_2=1.5+0.866\mathrm{j}$，$\lambda_3=1.5-0.866\mathrm{j}$，$\lambda_4=2$。

对应的右特征向量为

$\boldsymbol{w}_{r1}=[0.5\quad 0.5\quad 0.5\quad 0.5]^{\mathrm{T}}$

$\boldsymbol{w}_{r2}=[-0.25+0.433\mathrm{j}\quad -0.25-0.433\mathrm{j}\quad -0.25-0.433\mathrm{j}\quad 0.5]^{\mathrm{T}}$

$\boldsymbol{w}_{r3}=[-0.25-0.433\mathrm{j}\quad -0.25+0.433\mathrm{j}\quad -0.25+0.433\mathrm{j}\quad 0.5]^{\mathrm{T}}$

$\boldsymbol{w}_{r4}=[0.5\quad -0.5\quad 0.5\quad -0.5]^{\mathrm{T}}$

左特征向量为

$\boldsymbol{w}_{l1}^{\mathrm{T}}=[0.6325\quad 0.3162\quad 0.3162\quad 0.6325]$

$\boldsymbol{w}_{l2}^{\mathrm{T}}=[-0.5\quad -0.25-0.433\mathrm{j}\quad 0.5\quad 0.25+0.433\mathrm{j}]$

$\boldsymbol{w}_{l3}^{\mathrm{T}}=[-0.5\quad -0.25+0.433\mathrm{j}\quad 0.5\quad 0.25-0.433\mathrm{j}]$

$\boldsymbol{w}_{l4}^{\mathrm{T}}=[0\quad -0.7071\quad 0.7071\quad 0]$

归一化矩阵 $\boldsymbol{L}$ 关于特征值 λ_1 的左右特征向量为 $\boldsymbol{w}_{l1}^{\mathrm{T}}$，$\boldsymbol{w}_{r1}$，需要满足的条件是 $\boldsymbol{w}_{l1}^{\mathrm{T}}\boldsymbol{w}_{r1}=1$，$\boldsymbol{w}_{r1}=\mathbf{1}$，得到 $\boldsymbol{w}_{l1}^{\mathrm{T}}=[0.3333\quad 0.1667\quad 0.1667\quad 0.3333]$。

最终的一致性值为

$$\boldsymbol{x}^{*}=\mathbf{1}\sum_{i=1}^{n}w_{l1i}\boldsymbol{x}(0)$$

$$=\begin{bmatrix}1\\1\\1\\1\end{bmatrix}[0.3333\quad 0.1667\quad 0.1667\quad 0.3333]\begin{bmatrix}20\\10\\40\\0\end{bmatrix}=\begin{bmatrix}15\\15\\15\\15\end{bmatrix}$$

计算结果与实验仿真结果一致，这同时验证了控制器式(4-14) 和定理 4.1 的正确性。

4.3 离散时间下的机器人一致性控制

4.3.1 问题描述

针对离散时间下的多智能体系统[87,88]，单个智能体的动力学方程描述为

式(4-26)。

$$x_i(k+1)=x_i(k)+\in u_i(t) \tag{4-26}$$

式中，k 表示时刻，$\in$ 表示步长。

令 $\boldsymbol{x}(k)=[x_1(k) \quad x_2(k) \quad \cdots \quad x_n(k)]^{\mathrm{T}}$，$\boldsymbol{u}(k)=[u_1(k) \quad u_2(k) \quad \cdots \quad u_n(k)]^{\mathrm{T}}$，$n$ 表示系统中智能体的数量。由前文的分析可知，系统的状态空间表达式为

$$\begin{bmatrix} x_1(k+1) \\ x_2(k+1) \\ \vdots \\ x_n(k+1) \end{bmatrix}=\begin{bmatrix} 1 & 0 & \cdots & 0 \\ 0 & 1 & \cdots & 0 \\ \vdots & \vdots & \ddots & \vdots \\ 0 & 0 & \cdots & 1 \end{bmatrix}\begin{bmatrix} x_1(k) \\ x_2(k) \\ \vdots \\ x_n(k) \end{bmatrix}+\begin{bmatrix} \in & 0 & \cdots & 0 \\ 0 & \in & \cdots & 0 \\ \vdots & \vdots & \ddots & \vdots \\ 0 & 0 & \cdots & \in \end{bmatrix}\begin{bmatrix} u_1(k) \\ u_2(k) \\ \vdots \\ u_n(k) \end{bmatrix} \tag{4-27}$$

即
$$\boldsymbol{x}(k+1)=\boldsymbol{A}\boldsymbol{x}(k)+\boldsymbol{B}\boldsymbol{u}(k)$$

式中，$\mathbf{A}=1\otimes \boldsymbol{I}_n$，$B=\in\otimes \boldsymbol{I}_n$。

定义 4.2（离散系统一致性） 当所有智能体的状态满足以下关系时，证明离散多智能体系统达到了一致：

$$\lim_{t\to\infty}\|x_i(k)-x_j(k)\|=0,\ i,j=1,2,\cdots,n \tag{4-28}$$

4.3.2 设计控制器

借鉴连续时间下的结论，可得离散时间下多智能体系统式(4-26) 的一致性协议为

$$u_i(k)=\sum_{j\in N_i} a_{ij}(x_j(k)-x_i(k)) \tag{4-29}$$

结合系统的拉普拉斯矩阵 $\boldsymbol{L}$，控制协议式(4-29) 可写成如下矩阵形式：

$$\boldsymbol{u}(k)=-\boldsymbol{L}\boldsymbol{x}(k) \tag{4-30}$$

定理 4.2 针对由式(4-26) 所构成的离散时间多智能体系统，假设系统通信拓扑图是无向连通图或含有生成树的有向图，那么当式(4-29) 的控制器满足如下条件时系统可实现定义 4.2 所描述的一致。

$$\in<1/d_{\max} \tag{4-31}$$

式中，$\in$ 表示步长，$d_{\max}$ 表示最大入度。

下面给出该定理的证明，在证明的过程中还得到了系统状态的最终一致性值为式(4-37)。

证明： 将离散系统控制式(4-30) 代入离散时间模型式(4-27) 中，可以得

到如下闭环系统方程：

$$\begin{aligned} \boldsymbol{x}(k+1) &= \boldsymbol{A}\boldsymbol{x}(k)+\boldsymbol{B}\boldsymbol{u}(k) \\ &= \boldsymbol{x}(k)+\in \otimes \boldsymbol{I}_n \boldsymbol{u}(k) \\ &= \boldsymbol{x}(k)-\in \boldsymbol{L}\boldsymbol{x}(k) \\ &= (\boldsymbol{I}-\in \boldsymbol{L})\boldsymbol{x}(k) \end{aligned} \tag{4-32}$$

令 $\boldsymbol{P}=\boldsymbol{I}-\in \boldsymbol{L}$，则 $\boldsymbol{P}$ 是佩龙（Perron）矩阵。之前已经阐述过拉普拉斯矩阵 $\boldsymbol{L}$ 有一个零特征值在 s 平面的 $s=0$ 位置，且其他特征值均在 s 平面的右半平面。因此，$-\boldsymbol{L}$ 的特征值全在开环左半平面，且 $\boldsymbol{P}$ 的特征值全在如图 4-5 所示 z 平面的阴影部分[86]。

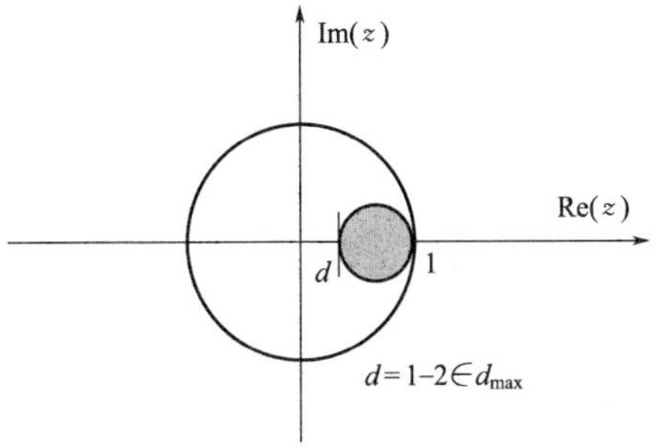

图 4-5　佩龙矩阵 $\boldsymbol{P}$ 特征值的分布区域

如果∈足够小，那么 $\boldsymbol{P}$ 的所有特征值都在单位圆内。如果图是连通无向图或是含有一个生成树的有向图，那它也有一个特征值 $\lambda_1=1$ 在 z 平面的 $z=1$ 的位置，其余特征值均严格限制在单位圆内。那么，式(4-32）是临界稳定（marginally stable）的，可以达到某个稳定状态。

使得 $\boldsymbol{P}$ 的所有特征值都在单位圆内的一个充分条件是

$$\in < 1/d_{\max} \tag{4-33}$$

注意：系统式(4-32）稳定的条件是其中每一个智能体都满足 $\in < 1/d_i$。

由于 $\boldsymbol{L}$ 具有行和为 0 的性质，那么 $\boldsymbol{P}$ 就是行和为 1 的矩阵，因此 $\boldsymbol{P}$ 是一个行随机矩阵。即

$$\begin{gathered} \boldsymbol{P}\mathbf{1}=\mathbf{1} \\ (\boldsymbol{I}-\boldsymbol{P})\mathbf{1}=\mathbf{0} \end{gathered} \tag{4-34}$$

并且 **1** 向量是矩阵 $\boldsymbol{P}$ 关于特征值 $\lambda_1=1$ 的右特征向量。

令 $\boldsymbol{w}_{l1}^{\mathrm{T}}$ 是 $\boldsymbol{L}$ 关于特征值 $\lambda_1=0$ 的左特征向量，那么由 $\boldsymbol{w}_{l1}^{\mathrm{T}}\boldsymbol{P}=\boldsymbol{w}_{l1}^{\mathrm{T}}(\boldsymbol{I}-\in \boldsymbol{L})=\boldsymbol{w}_{l1}^{\mathrm{T}}$ 可知，$\boldsymbol{w}_{l1}^{\mathrm{T}}$ 是 $\boldsymbol{P}$ 关于特征值 $\lambda_1=1$ 的一个左特征向量。如果系统式(4-32）达到了稳定状态，有

$$x_{ss}=\boldsymbol{P}x_{ss} \tag{4-35}$$

如果图是连通无向图或是含有一个生成树的有向图，那么唯一的解为 $x_{ss}=c\mathbf{1}$，其中 $c>0$。也就是说，系统达到了一致，即 $x_i=x_j=c$，$\forall i, j$。

令 $\boldsymbol{w}_{l1}=[w_{l11} \quad w_{l12} \quad \cdots \quad w_{l1n}]^{\mathrm{T}}$ 是 $\boldsymbol{P}$ 关于特征值 $\lambda_1=1$ 的左特征向量，不一定要规范化，那么

$$\boldsymbol{w}_{l1}^{\mathrm{T}}\boldsymbol{x}(k+1)=\boldsymbol{w}_{l1}^{\mathrm{T}}\boldsymbol{P}\boldsymbol{x}(k)=\boldsymbol{w}_{l1}^{\mathrm{T}}\boldsymbol{x}(k) \tag{4-36}$$

因此

$$\tilde{\boldsymbol{x}} \equiv \boldsymbol{w}_{l1}^{\mathrm{T}}\boldsymbol{x}=[w_{l11} \quad w_{l12} \quad \cdots \quad w_{l1n}]\begin{bmatrix} x_1 \\ \vdots \\ x_n \end{bmatrix}=\sum_{i=1}^{n} w_{l1i}x_i \tag{4-37}$$

是不变的。也就是说 $\tilde{x}=\sum_{i=1}^{n} w_{l1i}x_i$ 是一个运动常数。因此 $\sum_{i=1}^{n} w_{l1i}x_i(0)=\sum_{i=1}^{n} w_{l1i}x_i(k)$，$\forall k$。

综上所述，如果图是连通无向图或是含有一个生成树的有向图，系统在稳定状态时达到一致，其一致性值由式(4-37) 给出，其中与初始状态线性结合的权重 w_{l1i} 来源于矩阵 $\boldsymbol{P}$ 关于特征值 $\lambda_1=1$ 的左特征向量。这个权重主要由图拓扑结构决定，也就是最终一致性值依赖于系统的通信关系。

4.3.3 实验验证

本节仿真实验中初始状态的设置与上节保持一致。根据系统的拉普拉斯矩阵 $\boldsymbol{L}$ 可知，4 个智能体的入度分别为 $d_1=1$，$d_2=1$，$d_3=2$，$d_4=1$。4 个智能体的步长$\in$应分别满足 $\in_1<\frac{1}{d_1}=1$，$\in_2<\frac{1}{d_2}=1$，$\in_3<\frac{1}{d_3}=0.5$，$\in_4<\frac{1}{d_4}=1$。故当 $\in<0.5$ 时系统能够收敛，$\in>1$ 时系统发散，而 $0.5\leqslant\in\leqslant1$ 时系统处于临界稳定状态。

分别选取 $\in=0.45$ 和 $\in=1.05$ 验证上述结果，仿真结果如图 4-6 所示。

观察图 4-6(a) 可知，由于 $\in=0.45<\frac{1}{d_{\max}}$，因此系统是收敛的，这与图中显示的结果一致。而在图 4-6(b) 中，由于 $\in=1.05>\frac{1}{d_{\min}}$，因此系统是发散的，这一点也可以从图中看到。

至于系统在稳定条件下的最终一致性值，由于其与连续时间系统一致，因此这里不再过多讨论。

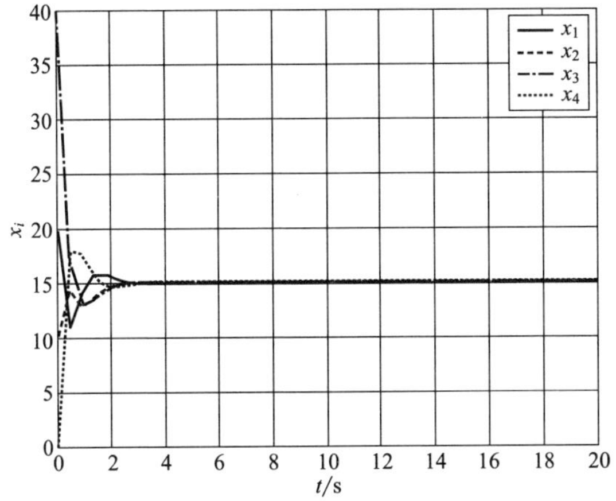

(a) ∈=0.45

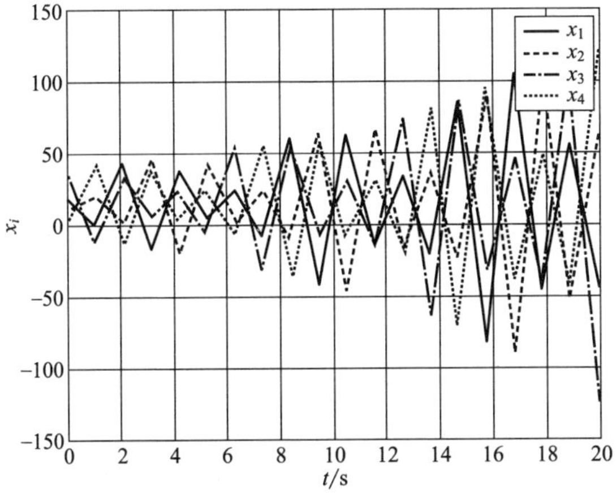

(b) ∈=1.05

图 4-6　离散时间多智能体系统一致性

4.4　切换拓扑系统的一致性控制

4.4.1　问题描述

在前面的讨论中，我们均假设系统的通信拓扑图是固定不变的。但在实际系统中，多智能体系统的拓扑结构可能会因为外部环境的影响而发生变化，例如发生通信故障造成通信链路消失。

我们将具有动态通信拓扑网络的系统称为**切换拓扑系统**[20,50,87]，其一致性与固定拓扑系统类似。

切换拓扑系统的通信拓扑图可以表示为 G_t，其中 t 表示切换时刻。本节将针对一阶连续时间下的多智能体系统，研究在切换拓扑下系统达到一致需要满足的条件。一阶连续系统中节点的动力学描述为

$$\dot{x}_i(t)=u_i(t) \tag{4-38}$$

式中，$x_i(t)$，$u_i(t)$分别表示智能体的状态和控制输入。

令 $\boldsymbol{x}(t)=[x_1(t) \quad x_2(t) \quad \cdots \quad x_n(t)]^{\mathrm{T}}$，$\boldsymbol{u}(t)=[u_1(t) \quad u_2(t) \quad \cdots \quad u_n(t)]^{\mathrm{T}}$，$n$ 表示系统中智能体的数量，则系统的状态空间表达式为

$$\dot{\boldsymbol{x}}(t)=\boldsymbol{A}\boldsymbol{x}(t)+\boldsymbol{B}\boldsymbol{u}(t) \tag{4-39}$$

式中，$\boldsymbol{A}=\boldsymbol{0}\otimes\boldsymbol{I}_n$，$\boldsymbol{B}=\boldsymbol{1}\otimes\boldsymbol{I}_n$。

4.4.2 设计控制器

针对在一阶连续时间条件下的切换拓扑系统式(4-38)，其控制器可以设计为

$$u_i(t)=\sum_{j\in N_i(t)} a_{ij}(x_j(t)-x_i(t)) \tag{4-40}$$

式中，$N_i(t)$ 表示在通信拓扑图 G_t 时智能体 i 的邻居智能体。

控制协议的矩阵形式为

$$\boldsymbol{u}(t)=-\boldsymbol{L}_t\cdot\boldsymbol{x}(t) \tag{4-41}$$

式中，$\boldsymbol{L}_t$ 表示在通信拓扑图 G_t 时系统的拉普拉斯矩阵。

定理 4.3 针对由式(4-38)所构成的多智能体系统，在任意切换时刻 t 下系统的通信拓扑图 G_t 均为无向连通图或含有生成树的有向图时，系统使用式(4-40)的控制器可实现定义 4.1 所描述的一致。

证明： 将控制器式(4-41)代入一阶连续系统式(4-39)中，可以得到在切换拓扑下的多智能体系统闭环反馈方程

$$\dot{\boldsymbol{x}}(t)=-\boldsymbol{L}_t\cdot\boldsymbol{x}(t) \tag{4-42}$$

由于在任意切换时刻 t 下，系统式(4-42)的通信拓扑图 G_t 均满足无向连通图或含有生成树的有向图的条件，因此有 $\mathrm{rank}(\boldsymbol{L}_t)=n-1$，并且 $-\boldsymbol{L}_t$ 有一个零特征值且其他特征值均有负实部，即系统式(4-42)是稳定的。

另一方面，系统式(4-42)的任何平衡状态 $\boldsymbol{x}^*$ 都是 $\boldsymbol{L}_t$ 关于特征值 $\lambda=0$ 的右特征向量。由于关于 0 特征值的特征空间是一维的，存在一个实数 $\alpha\in\mathbb{R}$ 使得 $\boldsymbol{x}^*=\alpha\boldsymbol{1}$，即针对所有的智能体 i 都有 $x_i^*=\alpha$。系统中所有智能体的状态达到一致。

【证毕】

由于系统最终的稳态值不仅与系统的初始状态有关，还与系统的通信拓扑

图有关，因此在切换拓扑下，系统的最终稳态值需要考虑切换时刻 t。更多关于切换时刻与系统关系的知识可参考文献 [89，90]。

4.4.3 实验验证

为了验证系统在切换拓扑条件下的一致性，假设有如图 4-7 所示的 4 种不同的拓扑图。

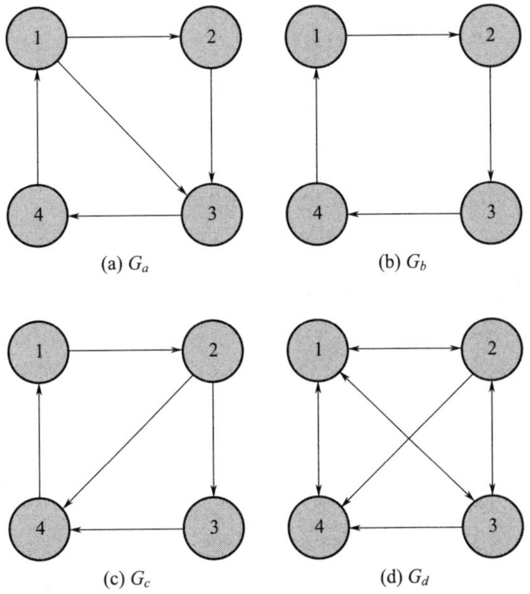

图 4-7　系统切换拓扑结构图

假设切换时刻 t 从 0 时刻开始每隔 0.5s 改变一次拓扑图，拓扑图的切换顺序为 $G_a \to G_b \to G_c \to G_d \to G_a \to \cdots$，即

$$G_t=\begin{cases} G_a, & t\in[2k,2k+0.5) \\ G_b, & t\in[2k+0.5,2k+1.0) \\ G_c, & t\in[2k+1.0,2k+1.5) \\ G_d, & t\in[2k+1.5,2k+2.0) \end{cases},\ k=0,1,2,\cdots$$

为了便于与之前的实验做对比，假设智能体的初始状态与本章前面的实验保持一致。那么系统式(4-38) 在上述切换拓扑下，使用式(4-40) 的控制器所表现出来的状态如图 4-8 所示。

通过观察图 4-8 可知，在切换拓扑条件下，只要系统的通信拓扑图仍然满足收敛性要求，系统仍能实现一致性控制。

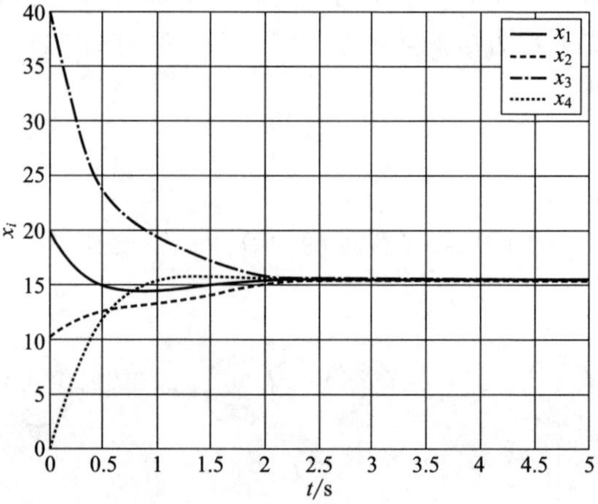

图 4-8　切换拓扑多智能体系统一致性

4.5　连续时间含时延系统的一致性控制

4.5.1　问题描述

在实际通信中，受网络传送带宽有限等因素限制会出现通信信道堵塞、信息传递不对称以及信息传递的有限性等问题，这些都有可能导致各种各样时延的产生[91]。因此，由于通信链、设备差异、信道带宽、设备物理特性等方面的影响，通信网络必然产生输入时延和通信时延。

总的来说，多智能体系统的时延主要包含两类：

① 智能体获取自身状态的时延，即输入时延 τ_i。输入时延是指节点自身处理数据时受计算时间、反应速度以及信号转化等因素的影响所产生的时延[92]。

② 智能体获得其他智能体状态的时延，即通信时延 τ_{ij}。通信时延是指数据信息在通信链路上传输时受传输速度、距离、带宽等因素的影响所产生的时延。

针对式(4-43) 所示的连续时间系统，时延的影响主要体现在智能体的控制器上。

$$\dot{x}_i(t)=u_i(t) \tag{4-43}$$

式中，$x_i(t)$ 和 $u_i(t)$ 分别表示智能体 i 的状态和控制输入。

令 $\boldsymbol{x}(t)=[x_1(t)\quad x_2(t)\quad \cdots\quad x_n(t)]^{\mathrm{T}}$，$\boldsymbol{u}(t)=[u_1(t)\quad u_2(t)\quad \cdots\quad u_n(t)]^{\mathrm{T}}$，$n$ 表示系统中智能体的数量，则系统式(4-43) 的状态空间表达式为

$$\dot{\boldsymbol{x}}(t)=\boldsymbol{A}\boldsymbol{x}(t)+\boldsymbol{B}\boldsymbol{u}(t) \tag{4-44}$$

式中，$\boldsymbol{A}=0\otimes\boldsymbol{I}_n$，$\boldsymbol{B}=1\otimes\boldsymbol{I}_n$。

4.5.2 设计控制器

假设输入时延 τ_i 和通信时延 τ_{ij} 相等，为了简洁，统一使用符号 τ 来表示。针对式(4-43) 所示的连续时间系统，基于时延 τ 的一致性控制器为

$$u_i(t)=\sum_{j\in N_i}a_{ij}(x_j(t-\tau)-x_i(t-\tau)) \tag{4-45}$$

控制器式(4-45) 结合拉普拉斯矩阵 $\boldsymbol{L}$ 的矩阵形式为

$$\boldsymbol{u}(t)=-\boldsymbol{L}\boldsymbol{x}(t-\tau) \tag{4-46}$$

定理 4.4 针对由式(4-43) 构成的多智能体系统，假设系统通信拓扑图是无向连通图或含有生成树的有向图，那么针对式(4-45) 的含有时延 τ 的控制器，在时延满足如下条件时系统可实现定义 4.1 所描述的一致。

$$\tau\in[0,\tau_{\max}),\tau_{\max}=\frac{\pi}{2\lambda_n} \tag{4-47}$$

式中，λ_n 为系统拉普拉斯矩阵的最大特征值，即 $\lambda_n=\max(\lambda_i)$，$i=1,2,\cdots,n$。

证明： 将含时延控制器式(4-45) 代入系统模型式(4-43) 中，可得到如下系统含时延微分方程：

$$\dot{x}_i(t)=\sum_{j\in N_i}a_{ij}(x_j(t-\tau)-x_i(t-\tau)) \tag{4-48}$$

对其进行拉氏变换，有

$$\begin{aligned} sx_i(s)-x_i(0)&=\sum_{j\in N_i}a_{ij}(\mathrm{e}^{-\tau s}x_j(s)-\mathrm{e}^{-\tau s}x_i(s)) \\ &=\sum_{j\in N_i}a_{ij}\mathrm{e}^{-\tau s}(x_j(s)-x_i(s)) \end{aligned} \tag{4-49}$$

结合系统拉普拉斯矩阵，有

$$\begin{gathered} s\boldsymbol{x}(s)-\boldsymbol{x}(0)=-\mathrm{e}^{-\tau s}\boldsymbol{L}\boldsymbol{x}(s) \\ s\boldsymbol{x}(s)+\mathrm{e}^{-\tau s}\boldsymbol{L}\boldsymbol{x}(s)=\boldsymbol{x}(0) \\ (s\boldsymbol{I}_n+\mathrm{e}^{-\tau s}\boldsymbol{L})\boldsymbol{x}(s)=\boldsymbol{x}(0) \\ \boldsymbol{x}(s)=(s\boldsymbol{I}_n+\mathrm{e}^{-\tau s}\boldsymbol{L})^{-1}\boldsymbol{x}(0) \end{gathered} \tag{4-50}$$

式中，$\boldsymbol{x}(0)$ 为系统初态（看作状态方程输入），$\boldsymbol{x}(s)$ 为末态（看作状态方程输出）。

那么根据传递函数定义，它们的比值就是系统的传递函数

$$G_\tau(s)=\boldsymbol{x}(s)/\boldsymbol{x}(0)=(s\boldsymbol{I}_n+\mathrm{e}^{-\tau s}\boldsymbol{L})^{-1} \tag{4-51}$$

因为 $G_\tau(s)=(s\boldsymbol{I}_n+\mathrm{e}^{-\tau s}\boldsymbol{L})^{-1}$，那么有 $\boldsymbol{x}(s)=G_\tau(s)\boldsymbol{x}(0)$。定义 $Z_\tau(s)=G_\tau^{-1}(s)=(s\boldsymbol{I}_n+\mathrm{e}^{-\tau s}\boldsymbol{L})$，求 $G_\tau(s)$ 的极点就等价于求 $Z_\tau(s)$ 的零点。

根据线性系统的稳定性条件，需要找到使 $Z_\tau(s)$ 的所有零点都在开环左半平面的充分条件。

令矩阵 $\boldsymbol{L}$ 的特征值为 λ_k，对应的特征向量为 $\boldsymbol{w}_k$。对一个连通图 G，矩阵 $\boldsymbol{L}$ 的特征值有关系 $0=\lambda_1<\lambda_2\leqslant\cdots\leqslant\lambda_n=\lambda_{\max}$（$\boldsymbol{L}$）。

首先当 $s=0$ 时，$Z_\tau(s=0)\boldsymbol{w}_1=\boldsymbol{L}\boldsymbol{w}_1=\lambda_1\boldsymbol{w}_1=0$。因此在 $\boldsymbol{w}_1$ 方向的 $s=0$ 是多输入多输出系统传递函数 $Z_\tau(s)$ 的一个零点。

接下来分析 $s\neq0$ 时的其他零点。假设其他零点为 s_k，$k>1$，即 $Z_\tau(s_k)=0$。为了便于分析，借助矩阵 $\boldsymbol{L}$ 的特征向量 $\boldsymbol{w}_k$，$k>1$，零点此时满足 $Z_\tau(s_k)\boldsymbol{w}_k=0$。

$$\begin{aligned}Z_\tau(s_k)\boldsymbol{w}_k&=(s_k\boldsymbol{I}_n+\mathrm{e}^{-\tau s_k}\boldsymbol{L})\boldsymbol{w}_k\\&=s_k\boldsymbol{w}_k+\mathrm{e}^{-\tau s_k}\boldsymbol{L}\boldsymbol{w}_k\\&=s_k\boldsymbol{w}_k+\mathrm{e}^{-\tau s_k}\lambda_k\boldsymbol{w}_k\\&=(s_k+\mathrm{e}^{-\tau s_k}\lambda_k)\boldsymbol{w}_k=0\end{aligned} \tag{4-52}$$

由于 $\boldsymbol{w}_k\neq0$，因此需要 s_k 满足 $s_k+\mathrm{e}^{-\tau s_k}\lambda_k=0$。为了便于使用奈奎斯特（Nyquist）稳定判据，做如下变换：

$$\begin{gathered}s_k+\mathrm{e}^{-\tau s_k}\lambda_k=0\\\frac{1}{\lambda_k}+\frac{\mathrm{e}^{-\tau s_k}}{s_k}=0\end{gathered} \tag{4-53}$$

如果 $k>1$ 时，关于 $\Gamma(s)=\mathrm{e}^{-\tau s_k}/s_k$ 的奈奎斯特图在 $-1/\lambda_k$ 附近包围圈数为零，那么 $Z_\tau(s)$ 除 $s=0$ 以外的所有零点都是稳定的。对于 $\boldsymbol{L}$ 是对称的特殊情况，所有的特征值都是实数，奈奎斯特稳定性准则降低到 $\Gamma(s)$ 在 $-1/\lambda_n$，$\lambda_n=\lambda_{\max}(\boldsymbol{L})$ 附近的奈奎斯特图的零包围。这是因为 $\Gamma(\mathrm{j}\omega)$ 在 s 平面的曲线仍然在 $-\tau$ 的右边。

结合欧拉公式 $\mathrm{e}^{\mathrm{j}x}=\cos(x)+\mathrm{j}\sin(x)$，有如下转换：

$$\Gamma(\mathrm{j}\omega)=\frac{\mathrm{e}^{-\mathrm{j}\omega\tau}}{\mathrm{j}\omega}=\frac{\cos(-\omega\tau)+\mathrm{j}\sin(-\omega\tau)}{\mathrm{j}\omega}=\frac{-\mathrm{j}\cos(\omega\tau)-\sin(\omega\tau)}{\omega} \tag{4-54}$$

通过上式可清晰地看到 $\mathrm{Re}[\Gamma(\mathrm{j}\omega)]$ 是一个 sin 函数，满足 $\mathrm{Re}[\Gamma(\mathrm{j}\omega)]\leqslant -\tau$。根据 $\Gamma(s)$ 的奈奎斯特图的性质 $\mathrm{Re}[\Gamma(\mathrm{j}\omega)]\leqslant -\tau$，通过设置 $-1/\lambda_n > -\tau$，可以得到 τ 的保守上界，从而得到收敛条件 $\tau<1/\lambda_n$。作为一个附带产生的结果，针对 $\tau=0$，无论 λ_k，$k>1$ 的值如何，协议总是收敛的。

关于时延 τ 的一个更好的上界可以通过以下方法获得。首先找到大于零的最小时延 $\tau>0$ 使得 $Z_\tau(s)$ 在虚轴有一个零点。令 $s_k=\mathrm{j}\omega$，有

$$\begin{aligned} s_k+\mathrm{e}^{-\tau s_k}\lambda_k&=0\\ \mathrm{j}\omega+\mathrm{e}^{-\tau \mathrm{j}\omega}\lambda_k&=0\\ -\mathrm{j}\omega+\mathrm{e}^{\tau \mathrm{j}\omega}\lambda_k&=0 \end{aligned} \tag{4-55}$$

将公式左右分别相乘，可得到如下矩阵微分方程：

$$\begin{aligned} (\mathrm{j}\omega+\mathrm{e}^{-\tau \mathrm{j}\omega}\lambda_k)(-\mathrm{j}\omega+\mathrm{e}^{\tau \mathrm{j}\omega}\lambda_k)&=0\\ \omega^2+\lambda_k^2+\mathrm{j}\omega\lambda_k(\mathrm{e}^{\mathrm{j}\omega\tau}-\mathrm{e}^{-\mathrm{j}\omega\tau})&=0 \end{aligned} \tag{4-56}$$

根据欧拉公式 $\mathrm{e}^{\mathrm{j}x}=\cos(x)+\mathrm{j}\sin(x)$，上式还可以写成如下形式：

$$\begin{aligned} \omega^2+\lambda_k^2+\mathrm{j}\omega\lambda_k(\mathrm{e}^{\mathrm{j}\omega\tau}-\mathrm{e}^{-\mathrm{j}\omega\tau})&=0\\ \omega^2+\lambda_k^2+\mathrm{j}\omega\lambda_k[\cos(\omega\tau)+\mathrm{j}\sin(\omega\tau)-\cos(-\omega\tau)-\mathrm{j}\sin(-\omega\tau)]&=0\\ \omega^2+\lambda_k^2-2\omega\lambda_k\sin(\omega\tau)&=0 \end{aligned} \tag{4-57}$$

假设 $\omega>0$（由于 $s\neq 0$），上式可转换为

$$(\omega-\lambda_k)^2+2\omega\lambda_k[1-\sin(\omega\tau)]=0 \tag{4-58}$$

由于方程式左边的两项都是半正定，当且仅当两项都是零时等式才成立，即

$$\begin{aligned} \omega&=\lambda_k\\ \sin(\omega\tau)&=1 \end{aligned} \tag{4-59}$$

这表明 $\tau\lambda_k=2l\pi+\frac{\pi}{2}$，$l=0,1,2,\cdots$。因此最小时延 $\tau>0$ 应满足 $\tau\lambda_k=\frac{\pi}{2}$。我们有

$$\tau^*=\min_{\tau\lambda_k=\pi/2,k>1}\{\tau\}=\min_{k>1}\frac{\pi}{2\lambda_k}=\frac{\pi}{2\lambda_k} \tag{4-60}$$

由于方程式(4-53) 的根在 τ 中的连续依赖性，以及除了 $\tau=0$ 时的 $s=0$ 之外，该方程的所有零点都位于开环的左半平面上，同时对于所有 $\tau\in(0,\tau^*)$ 方程式(4-53) 的根都在开环的左半平面上，因此 $G_\tau(s)$ 的极点（除了 $s=0$）都是稳定的。

对于 $\omega<0$ 的假设，可以重复类似的论证，得到方程

$$(\omega+\lambda_k)^2-2\omega\lambda_k[1+\sin(\omega\tau)]=0 \tag{4-61}$$

这将得到 $\omega=-\lambda_k$ 和 $\tau\lambda_k=2l\pi+\frac{\pi}{2}$。

针对 $\tau=\tau^*$，$G_\tau(s)$ 有三个极点在虚轴上，分别是

$$s=0, s=\pm \mathrm{j}\lambda_n \tag{4-62}$$

$G_\tau(s)$ 的所有其他极点都是稳定的，并且在稳定状态时每个节点的值都有如下形式：

$$x_i^{ss}(t)=a_i+b_i\sin(\lambda_n t+\varphi_i) \tag{4-63}$$

式中，a_i，b_i，φ_i 是依赖于初始状态的常数。

【证毕】

4.5.3 实验验证

为了验证控制器式(4-45) 的有效性，假设由式(4-43) 所描述的多智能体系统中含有 4 个智能体，其通信关系如图 4-9 所示。

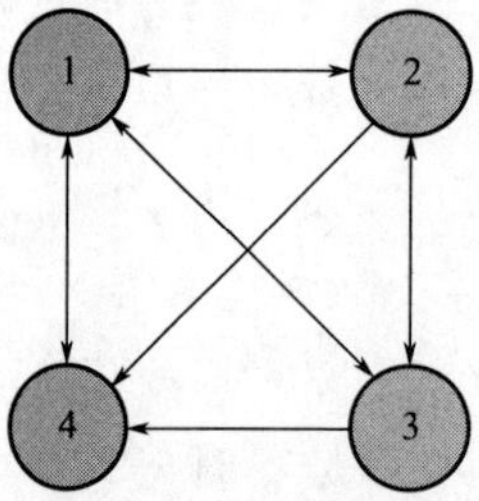

图 4-9 系统含时延拓扑结构图

图 4-9 所表示系统的拉普拉斯矩阵为

$$\boldsymbol{L}=\begin{bmatrix}3 & -1 & -1 & -1\\ -1 & 2 & -1 & 0\\ -1 & -1 & 2 & 0\\ -1 & -1 & -1 & 3\end{bmatrix}$$

计算 $\boldsymbol{L}$ 的特征值为 $\lambda_1=0$，$\lambda_2=\lambda_3=3$，$\lambda_4=4$。根据式(4-47) 可以求得时延的最大值为 $\tau_{\max}=\frac{\pi}{2\lambda_4}=\frac{\pi}{8}=0.3927$。

为了便于与之前的实验做对比，令智能体的初始状态与本章前面的实验一致。如图 4-10 所示，分别展示了在 4 种时延情况，即 $\tau=0$，$\tau=0.8\tau_{\max}$，$\tau=\tau_{\max}$，$\tau=1.2\tau_{\max}$ 下系统状态的收敛情况。

当时延 $\tau=0$ 时，这与连续时间系统一致性的情况是一样的，系统的最终稳态值可参考连续时间系统一致性那一节的论述。

当时延 $\tau=0.8\tau_{\max}$ 时，系统收敛速度会变慢，但最终仍然会收敛到一致。

当时延 $\tau=\tau_{\max}$ 位于临界值时，系统处于临界稳定状态，无法做到有效收敛。

当时延 $\tau=1.2\tau_{\max}$（大于临界值）时，系统则处于发散状态。

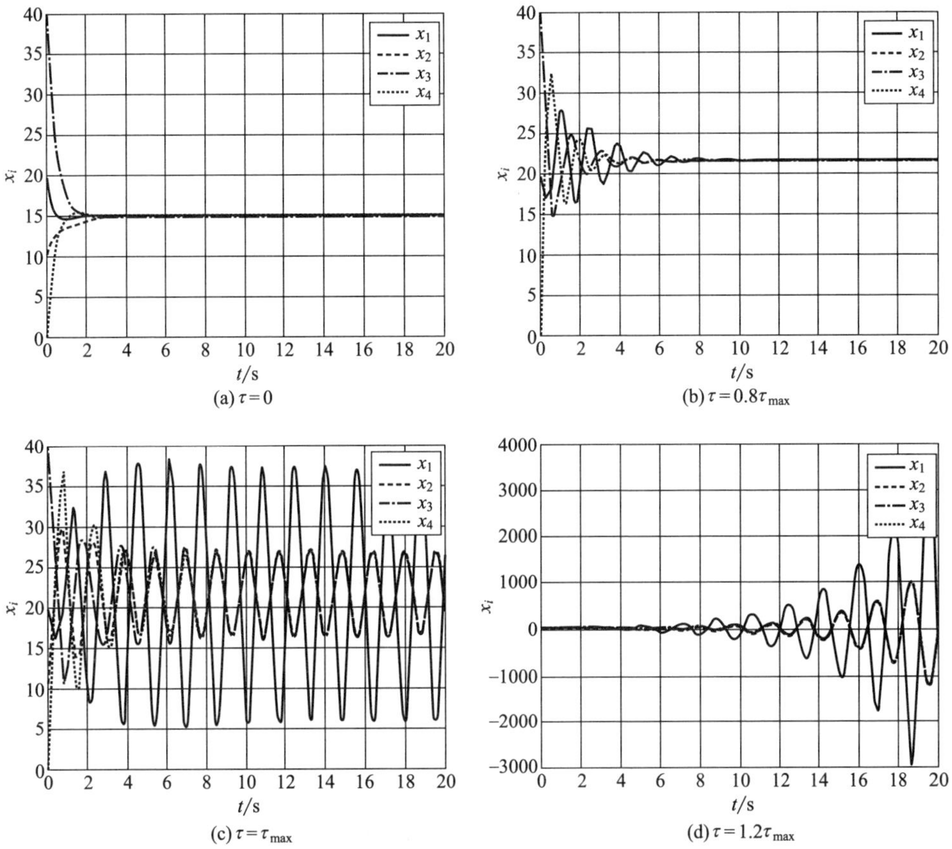

图 4-10　连续时间含时延多智能体系统一致性

4.6　领航跟随系统的一致性控制

4.6.1　问题描述

在很多实际应用中会要求多智能体跟随某个指定的领航智能体或某个参考信号，即在系统中存在一个领航者（leader）。领航者的运动不受其他智能体的影响，而其他智能体要跟随领航者运动，因此被称为跟随者（follower）。此类问题被称作领航跟随控制或跟踪控制问题[93]。

同时含有跟随者和领航者的多智能体系统又称为领航跟随系统。跟随者的

模型可以表示为

$$\dot{x}_i(t)=u_i(t) \tag{4-64}$$

领航者常用下标 0 表示，其模型表示为

$$\dot{x}_0(t)=v_0(t) \tag{4-65}$$

式中，v_0 是领航者的（速度）控制输入。

令 $\boldsymbol{x}(t)=[x_1(t) \quad x_2(t) \quad \cdots \quad x_n(t)]^{\mathrm{T}}$，$\boldsymbol{u}(t)=[u_1(t) \quad u_2(t) \quad \cdots \quad u_n(t)]^{\mathrm{T}}$，$n$ 表示系统中跟随者的数量，则跟随者的状态空间表达式为

$$\dot{\boldsymbol{x}}(t)=\boldsymbol{A}\boldsymbol{x}(t)+\boldsymbol{B}\boldsymbol{u}(t) \tag{4-66}$$

式中，$\boldsymbol{A}=0\otimes\boldsymbol{I}_n$，$\boldsymbol{B}=1\otimes\boldsymbol{I}_n$。

定义 4.3（领航跟随） 当所有智能体的状态满足以下关系时，证明跟随者实现了对领航者的跟踪：

$$\lim_{t\to\infty}\|x_i(t)-x_0(t)\|=0,\ i,j=1,2,\cdots,n \tag{4-67}$$

定义 4.4（牵制矩阵） 在领航跟随系统中，定义第 i 个跟随者与领航者之间的关系为 l_{il}。当领航者对跟随者有牵制作用时 $l_{il}=1$，没有牵制作用时 $l_{il}=0$。领航者对跟随者的牵制矩阵$\boldsymbol{L}_l$ 为对角矩阵，有

$$\boldsymbol{L}_l=\begin{bmatrix} l_{1l} & & & \\ & l_{2l} & & \\ & & \ddots & \\ & & & l_{nl} \end{bmatrix} \tag{4-68}$$

【例题 4.2】 假设存在含有领航者和跟随者的多智能体系统，其通信关系如图 4-11 所示，其中 0 为领航者，其他为跟随者。请分别写出跟随者之间的拉普拉斯矩阵 $\boldsymbol{L}$ 和跟随者与领航者之间的牵制矩阵$\boldsymbol{L}_l$。

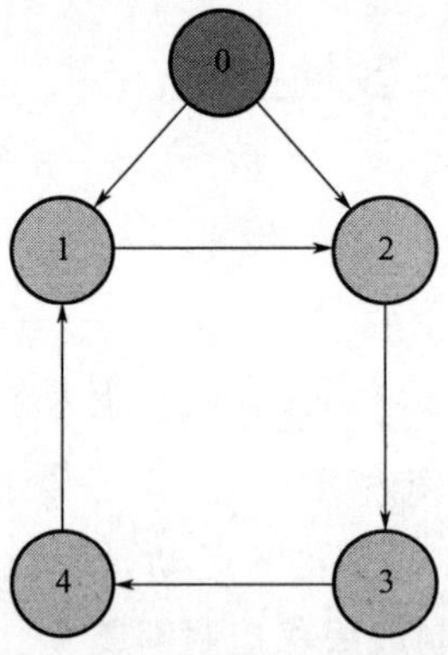

图 4-11 领航跟随系统拓扑结构图

解： 观察图 4-11 可知，矩阵 $\boldsymbol{L}$ 和 $\boldsymbol{L}_l$ 分别为

$$\boldsymbol{L}=\begin{bmatrix}1 & 0 & 0 & -1\\ -1 & 1 & 0 & 0\\ 0 & -1 & 1 & 0\\ 0 & 0 & -1 & 1\end{bmatrix},\boldsymbol{L}_l=\begin{bmatrix}1 & & & \\ & 1 & & \\ & & 0 & \\ & & & 0\end{bmatrix}$$

4.6.2 设计控制器

针对定义 4.3 所述的控制目标，设计跟随者的控制器为

$$u_i=\sum_{j\in N_i}a_{ij}(x_j-x_i)+l_{il}(x_0-x_i)+v_0 \tag{4-69}$$

式中，l_{il} 表示领航者对跟随者智能体的牵制，v_0 表示领航者的速度。

结合拉普拉斯矩阵 $\boldsymbol{L}$ 和牵制矩阵 $\boldsymbol{L}_l$ 的控制器矩阵形式为

$$\begin{aligned}\boldsymbol{u}&=-\boldsymbol{L}\boldsymbol{x}+\boldsymbol{L}_l(\boldsymbol{1}x_0-\boldsymbol{x})+\boldsymbol{1}v_0\\&=-\boldsymbol{L}\boldsymbol{x}-\boldsymbol{L}_l\boldsymbol{x}+\boldsymbol{L}_l\boldsymbol{1}x_0+\boldsymbol{1}v_0\end{aligned} \tag{4-70}$$

根据拉普拉斯矩阵定义可知，$\boldsymbol{L}$ 的行和为零，因此有 $\boldsymbol{L}\boldsymbol{1}x_0=0$，故上式可写为

$$\begin{aligned}\boldsymbol{u}&=-\boldsymbol{L}\boldsymbol{x}-\boldsymbol{L}_l\boldsymbol{x}+\boldsymbol{L}_l\boldsymbol{1}\,x_0+\boldsymbol{1}v_0+\boldsymbol{L}\boldsymbol{1}x_0\\&=-(\boldsymbol{L}+\boldsymbol{L}_l)\boldsymbol{x}+(\boldsymbol{L}+\boldsymbol{L}_l)\boldsymbol{1}x_0+\boldsymbol{1}v_0\\&=(\boldsymbol{L}+\boldsymbol{L}_l)(\boldsymbol{1}x_0-\boldsymbol{x})+\boldsymbol{1}v_0\end{aligned} \tag{4-71}$$

引理 4.2[35,94] 如果图 G 是连通的，那么对称矩阵 $\boldsymbol{L}+\boldsymbol{L}_l$ 是正定的。

证明： 令 λ_i，$\boldsymbol{w}_i$ 分别为 $\boldsymbol{L}$ 的特征值和特征向量。根据引理 3.1 和引理 3.2，有 $\lambda_1=0$，$\boldsymbol{w}_1=1$，$\lambda_i>0$，$i\geqslant 2$。那么任何非零向量 $\boldsymbol{z}\in\mathbb{R}^n$ 可以用 $\boldsymbol{z}=\sum_{i=1}^{n}c_i\boldsymbol{w}_i$ 来表示，其中 c_i，$i=1,2,\cdots,n$ 是一些常数。

此外，由于至少存在一个或多个跟随者与领航者相连，因此有 $\boldsymbol{L}_l\neq 0$。不失一般性，假设跟随者 j 与领航者相连，那么有 $b_j>0$，$\boldsymbol{w}_1^{\mathrm{T}}\boldsymbol{L}_l\boldsymbol{w}_1\geqslant b_j$。

因此，在 $c_1\neq 0$，$c_2=\cdots=c_n=0$ 或 $c_i\neq 0$（$i\geqslant 2$）的情况下，总是有

$$\begin{aligned}\boldsymbol{z}^{\mathrm{T}}(\boldsymbol{L}+\boldsymbol{L}_l)\boldsymbol{z}&=\boldsymbol{z}^{\mathrm{T}}\boldsymbol{L}\boldsymbol{z}+\boldsymbol{z}^{\mathrm{T}}\boldsymbol{L}_l\boldsymbol{z}\\&\geqslant\sum_{i=2}^{n}\lambda_i c_i^2\boldsymbol{w}_i^{\mathrm{T}}\boldsymbol{w}_i+\boldsymbol{z}^{\mathrm{T}}\boldsymbol{L}_l\boldsymbol{z}>0\end{aligned} \tag{4-72}$$

式中，$\boldsymbol{z}\neq 0$。

【证毕】

定理 4.5 针对由式(4-64)和式(4-65)构成的领航与跟随多智能体系统，假设系统的通信拓扑图是无向连通图（至少存在一个智能体与领航者相连）或含有生成树的有向图（领航者节点至少是其中一个生成树的根节点），那么使用如式(4-69)的控制器时系统可实现定义 4.3 所描述的领航跟随效果。

证明： 将控制协议式(4-71)代入模型式(4-66)中，可以得到

$$\dot{\boldsymbol{x}}=(\boldsymbol{L}+\boldsymbol{L}_l)(\boldsymbol{1}x_0-\boldsymbol{x})+\boldsymbol{1}v_0 \tag{4-73}$$

令跟踪误差为$\tilde{\boldsymbol{x}}=\boldsymbol{x}-\boldsymbol{1}\,\boldsymbol{x}_0$，则[95]

$$\begin{aligned}\dot{\tilde{\boldsymbol{x}}}&=\dot{\boldsymbol{x}}-\boldsymbol{1}\dot{x}_0\\&=\dot{\boldsymbol{x}}-\boldsymbol{1}v_0\\&=(\boldsymbol{L}+\boldsymbol{L}_l)(\boldsymbol{1}x_0-\boldsymbol{x})+\boldsymbol{1}v_0-\boldsymbol{1}v_0\\&=(\boldsymbol{L}+\boldsymbol{L}_l)(\boldsymbol{1}x_0-\boldsymbol{x})\end{aligned} \tag{4-74}$$

基于跟踪误差$\tilde{\boldsymbol{x}}$定义系统的李雅普诺夫函数为

$$\boldsymbol{V}=\frac{1}{2}\tilde{\boldsymbol{x}}^{\mathrm{T}}\tilde{\boldsymbol{x}} \tag{4-75}$$

求关于时间的导数为

$$\begin{aligned}\dot{\boldsymbol{V}}&=\tilde{\boldsymbol{x}}^{\mathrm{T}}\dot{\tilde{\boldsymbol{x}}}\\&=\tilde{\boldsymbol{x}}^{\mathrm{T}}(\boldsymbol{L}+\boldsymbol{L}_l)(\boldsymbol{1}x_0-\boldsymbol{x})\\&=-\tilde{\boldsymbol{x}}^{\mathrm{T}}(\boldsymbol{L}+\boldsymbol{L}_l)\tilde{\boldsymbol{x}}\end{aligned} \tag{4-76}$$

根据引理 4.2，有矩阵$\boldsymbol{L}+\boldsymbol{L}_l$正定，即$\tilde{\boldsymbol{x}}^{\mathrm{T}}(\boldsymbol{L}+\boldsymbol{L}_l)\tilde{\boldsymbol{x}}>0$。因此$\dot{\boldsymbol{V}}=-\tilde{\boldsymbol{x}}^{\mathrm{T}}(\boldsymbol{L}+\boldsymbol{L}_l)\tilde{\boldsymbol{x}}<0$，根据李雅普诺夫稳定性定理 2.6 可知系统是渐进稳定的。

【证毕】

4.6.3 实验验证

为了验证所设计控制器式(4-69)的有效性，假设存在如图 4-11 所示的领航跟随系统。跟随者智能体的初始状态与本章前面的实验保持一致，领航者的状态为 $x_0(0)=20$。

为了充分验证控制器的跟随效果，分别假设存在静态领航跟随多智能体系统和动态领航跟随多智能体系统。在静态领航跟随系统中，领航者是处于静止状态的，即 $v_0(t)=0$。在动态领航跟随系统中，领航者是处于运动状态，设 $v_0(t)=3\neq 0$。系统的运行效果如图 4-12 所示。

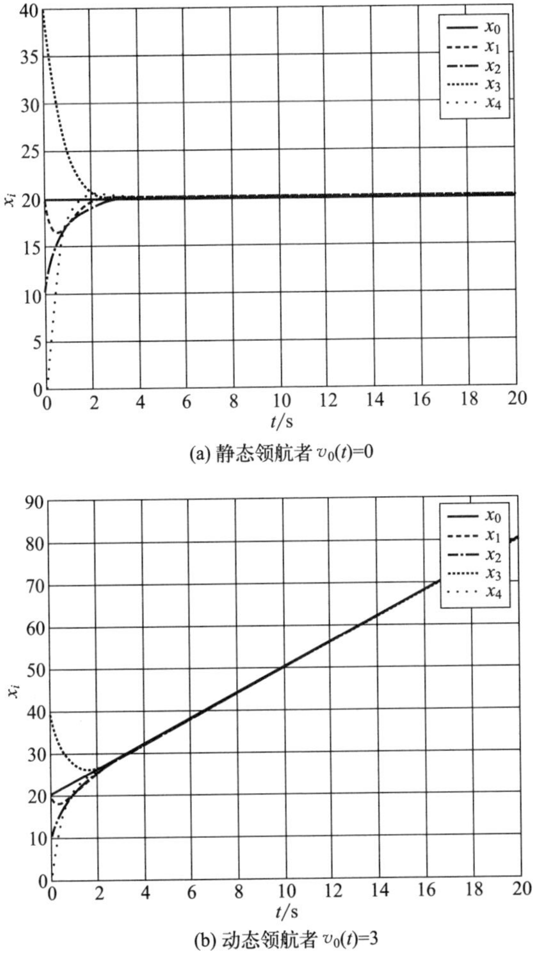

图 4-12　领航跟随多智能体系统一致性

图 4-12(a) 展示了当 $v_0(t)=0$ 时跟随者与动态领航者的状态变化，可以看到跟随者成功实现了对领航者的跟随。

图 4.12(b) 展示了当 $v_0(t)=3$ 时跟随者与静态领航者的状态变化，跟随者同样可以实现对领航者的跟随。

本章小结

加强教材建设和管理，这是坚持教育优先发展、科技自立自强、人才引领驱动，加快建设教育强国、科技强国、人才强国的基础和保障。

本章以一阶智能体模型为基础，分别对连续时间系统和离散时间系统的一致性控制设计了相应的控制器，并通过稳定性分析证明了协议的有效性，给出了系统最终的稳态值。在此基础上又分析了系统拓扑发生改变时的切换拓扑系统，并给出了系统可以实现一致的条件。接着对含有时延的连续时间系统设计了一致性控制器，分析了时延对系统的影响，给出了时延的临界条件。最后，当系统中含有领航者时，阐述了领航跟随系统的一致性控制，设计了领航跟随控制器，可以实现跟随者对领航者的跟随控制。

思考与练习题

1. 简述一致性协议在无人车系统中的作用。

2. 在一阶智能体模型中，当状态含有多个维度时彼此之间的状态变化是否会互相影响?

3. 一阶系统的一致性定义是什么?

4. 连续时间下的机器人系统达到一致性的控制器是什么?

5. 离散系统的一致性定义是什么?

6. 离散时间下的机器人系统达到一致性的控制器是什么?

7. 切换拓扑系统的一致性控制器是什么?

8. 分别简述何为通信时延与输入时延。

9. 连续时间含时延系统的一致性控制器是什么。

10. 简述领航者与跟随者的定义。

11. 领航与跟随是如何定义的?

12. 领航跟随系统的一致性控制器是什么?

第 5 章 二阶多智能体机器人系统

本章基于二阶智能体模型，分别介绍在连续时间条件下和离散时间条件下的协同控制协议，并对设计的协议进行了分析和论证。然后针对稍显复杂的连续时间含时延，以及系统中含有领航者时的情况，设计了相应的一致性控制器。最后，基于一致性协议给出了系统的编队控制协议，更符合对移动类智能体机器人的控制需求。

5.1 二阶机器人系统模型

针对二阶多智能体系统，单个智能体的状态应满足二阶微分方程。二阶微分方程的基本形式为

$$\begin{aligned}\dot{p}_i &= v_i \\ \dot{v}_i &= u_i\end{aligned} \tag{5-1}$$

式中，p_i 表示智能体 i 的位置，v_i 表示智能体 i 的速度，u_i 表示对智能体 i 的控制输入。

令 $\boldsymbol{x}_i = [p_i \quad v_i]^{\mathrm{T}}$，则式(5-1) 可转换成状态空间表达式

$$\begin{gathered}\begin{bmatrix}\dot{p}_i \\ \dot{v}_i\end{bmatrix} = \begin{bmatrix}0 & 1 \\ 0 & 0\end{bmatrix}\begin{bmatrix}p_i \\ v_i\end{bmatrix} + \begin{bmatrix}0 \\ 1\end{bmatrix}u_i \\ \dot{\boldsymbol{x}}_i = \boldsymbol{a}\boldsymbol{x}_i + \boldsymbol{b}u_i\end{gathered} \tag{5-2}$$

式中，$\boldsymbol{a} = \begin{bmatrix}0 & 1 \\ 0 & 0\end{bmatrix}$，$\boldsymbol{b} = \begin{bmatrix}0 \\ 1\end{bmatrix}$。

接下来构建由二阶智能体（5-2）组成的多智能体系统。假设多智能体系

统由 n 个智能体组成，令 $\boldsymbol{x}=[\boldsymbol{p}^{\mathrm{T}} \quad \boldsymbol{v}^{\mathrm{T}}]^{\mathrm{T}}$，$\boldsymbol{p}=[p_1 \quad p_2 \quad \cdots \quad p_n]^{\mathrm{T}}$，$\boldsymbol{v}=[v_1 \quad v_2 \quad \cdots \quad v_n]^{\mathrm{T}}$，$\boldsymbol{u}=[u_1 \quad u_2 \quad \cdots \quad u_n]^{\mathrm{T}}$，那么

$$\begin{bmatrix}\dot{p}_1\\\dot{p}_2\\\vdots\\\dot{p}_n\\\\\dot{v}_1\\\dot{v}_2\\\vdots\\\dot{v}_n\end{bmatrix}=\begin{bmatrix}0&0&\cdots&0&1&0&\cdots&0\\0&0&\cdots&0&0&1&\cdots&0\\\vdots&\vdots&\ddots&\vdots&\vdots&\vdots&\ddots&\vdots\\0&0&\cdots&0&0&0&\cdots&1\\\\0&0&\cdots&0&0&0&\cdots&0\\0&0&\cdots&0&0&0&\cdots&0\\\vdots&\vdots&\ddots&\vdots&\vdots&\vdots&\ddots&\vdots\\0&0&\cdots&0&0&0&\cdots&0\end{bmatrix}_{2n\times 2n}\begin{bmatrix}p_1\\p_2\\\vdots\\p_n\\\\v_1\\v_2\\\vdots\\v_n\end{bmatrix}+$$

$$\begin{bmatrix}0&0&\cdots&0\\0&0&\cdots&0\\\vdots&\vdots&\ddots&\vdots\\0&0&\cdots&0\\\\1&0&\cdots&0\\0&1&\cdots&0\\\vdots&\vdots&\ddots&\vdots\\0&0&\cdots&1\end{bmatrix}_{2n\times n}\begin{bmatrix}u_1\\u_2\\\vdots\\u_n\end{bmatrix}$$

$$\begin{bmatrix}\dot{\boldsymbol{p}}\\\dot{\boldsymbol{v}}\end{bmatrix}=\begin{bmatrix}\boldsymbol{0}_{n\times n}&\boldsymbol{I}_n\\\boldsymbol{0}_{n\times n}&\boldsymbol{0}_{n\times n}\end{bmatrix}\begin{bmatrix}\boldsymbol{p}\\\boldsymbol{v}\end{bmatrix}+\begin{bmatrix}\boldsymbol{0}_{n\times n}\\\boldsymbol{I}_n\end{bmatrix}\boldsymbol{u}$$

即

$$\dot{\boldsymbol{x}}=\boldsymbol{A}\boldsymbol{x}+\boldsymbol{B}\boldsymbol{u} \tag{5-3}$$

式中，$\boldsymbol{A}=\boldsymbol{a}\otimes\boldsymbol{I}_n$，$\boldsymbol{B}=\boldsymbol{b}\otimes\boldsymbol{I}_n$。

在实际应用中，存在许多智能体维度不为 1 的情况。与上一章分析一阶多智能体机器人系统类似，无人船在水面上运动时的维度为 2，此时有

$$\begin{aligned}\dot{p}_i^x&=v_i^x\\\dot{p}_i^y&=v_i^y\\\dot{v}_i^x&=u_i^x\\\dot{v}_i^y&=u_i^y\end{aligned} \tag{5-4}$$

令$\boldsymbol{x}_i=\begin{bmatrix}\boldsymbol{p}_i^{\mathrm{T}} & \boldsymbol{v}_i^{\mathrm{T}}\end{bmatrix}^{\mathrm{T}}$，$\boldsymbol{p}_i=\begin{bmatrix}p_i^x & p_i^y\end{bmatrix}^{\mathrm{T}}$，$\boldsymbol{v}_i=\begin{bmatrix}v_i^x & v_i^y\end{bmatrix}^{\mathrm{T}}$，$\boldsymbol{u}_i=\begin{bmatrix}u_i^x & u_i^y\end{bmatrix}^{\mathrm{T}}$，则可转换为状态空间表达式

$$\begin{bmatrix}\dot{p}_i^x\\ \dot{p}_i^y\\ \dot{v}_i^x\\ \dot{v}_i^y\end{bmatrix}=\begin{bmatrix}0&0&1&0\\0&0&0&1\\0&0&0&0\\0&0&0&0\end{bmatrix}\begin{bmatrix}p_i^x\\ p_i^y\\ v_i^x\\ v_i^y\end{bmatrix}+\begin{bmatrix}0&0\\0&0\\1&0\\0&1\end{bmatrix}\begin{bmatrix}u_i^x\\ u_i^y\end{bmatrix}$$

$$\begin{bmatrix}\dot{\boldsymbol{p}}_i\\ \dot{\boldsymbol{v}}_i\end{bmatrix}=\begin{bmatrix}\boldsymbol{0}_{2\times2} & \boldsymbol{I}_2\\ \boldsymbol{0}_{2\times2} & \boldsymbol{0}_{2\times2}\end{bmatrix}\begin{bmatrix}\boldsymbol{p}_i\\ \boldsymbol{v}_i\end{bmatrix}+\begin{bmatrix}\boldsymbol{0}_{2\times2}\\ \boldsymbol{I}_2\end{bmatrix}\boldsymbol{u}_i$$

即

$$\dot{\boldsymbol{x}}_i=\boldsymbol{a}\boldsymbol{x}_i+\boldsymbol{b}\boldsymbol{u}_i \tag{5-5}$$

式中，$\boldsymbol{a}=\begin{bmatrix}0&1\\0&0\end{bmatrix}\otimes\boldsymbol{I}_2$，$\boldsymbol{b}=\begin{bmatrix}0\\1\end{bmatrix}\otimes\boldsymbol{I}_2$。

接下来构建二维 n 个智能体组成的多智能体系统。令 $\boldsymbol{x}=\begin{bmatrix}\boldsymbol{p}^{\mathrm{T}} & \boldsymbol{v}^{\mathrm{T}}\end{bmatrix}^{\mathrm{T}}$，$\boldsymbol{p}=\begin{bmatrix}\boldsymbol{p}_1^{\mathrm{T}} & \boldsymbol{p}_2^{\mathrm{T}} & \cdots & \boldsymbol{p}_n^{\mathrm{T}}\end{bmatrix}^{\mathrm{T}}$，$\boldsymbol{p}_i=\begin{bmatrix}p_i^x & p_i^y\end{bmatrix}^{\mathrm{T}}$，$\boldsymbol{v}=\begin{bmatrix}\boldsymbol{v}_1^{\mathrm{T}} & \boldsymbol{v}_2^{\mathrm{T}} & \cdots & \boldsymbol{v}_n^{\mathrm{T}}\end{bmatrix}^{\mathrm{T}}$，$\boldsymbol{v}_i=\begin{bmatrix}v_i^x & v_i^y\end{bmatrix}^{\mathrm{T}}$，$\boldsymbol{u}=\begin{bmatrix}\boldsymbol{u}_1^{\mathrm{T}} & \boldsymbol{u}_2^{\mathrm{T}} & \cdots & \boldsymbol{u}_n^{\mathrm{T}}\end{bmatrix}^{\mathrm{T}}$，$\boldsymbol{u}_i=\begin{bmatrix}u_i^x & u_i^y\end{bmatrix}^{\mathrm{T}}$，$i=1,2,\cdots,n$。那么基于式(5-5)，可以得到多智能体系统为

$$\begin{bmatrix}\dot{p}_1^x\\ \dot{p}_1^y\\ \vdots\\ \dot{p}_n^x\\ \dot{p}_n^y\\ \dot{v}_1^x\\ \dot{v}_1^y\\ \vdots\\ \dot{v}_n^x\\ \dot{v}_n^y\end{bmatrix}=\begin{bmatrix}0&0&\cdots&0&0&1&0&\cdots&0&0\\0&0&\cdots&0&0&0&1&\cdots&0&0\\ \vdots&\vdots&\ddots&\vdots&\vdots&\vdots&\vdots&\ddots&\vdots&\vdots\\0&0&\cdots&0&0&0&0&\cdots&1&0\\0&0&\cdots&0&0&0&0&\cdots&0&1\\0&0&\cdots&0&0&0&0&\cdots&0&0\\0&0&\cdots&0&0&0&0&\cdots&0&0\\ \vdots&\vdots&\ddots&\vdots&\vdots&\vdots&\vdots&\ddots&\vdots&\vdots\\0&0&\cdots&0&0&0&0&\cdots&0&0\\0&0&\cdots&0&0&0&0&\cdots&0&0\end{bmatrix}_{4n\times4n}\begin{bmatrix}p_1^x\\ p_1^y\\ \vdots\\ p_n^x\\ p_n^y\\ v_1^x\\ v_1^y\\ \vdots\\ v_n^x\\ v_n^y\end{bmatrix}+$$

$$\begin{bmatrix} 0 & 0 & \cdots & 0 & 0 \\ 0 & 0 & \cdots & 0 & 0 \\ \vdots & \vdots & \ddots & \vdots & \vdots \\ 0 & 0 & \cdots & 0 & 0 \\ 0 & 0 & \cdots & 0 & 0 \\ & & & & \\ 1 & 0 & \cdots & 0 & 0 \\ 0 & 1 & \cdots & 0 & 0 \\ \vdots & \vdots & \ddots & \vdots & \vdots \\ 0 & 0 & \cdots & 1 & 0 \\ 0 & 0 & \cdots & 0 & 1 \end{bmatrix}_{4n\times 2n} \begin{bmatrix} u_1^x \\ u_1^y \\ \vdots \\ u_n^x \\ u_n^y \end{bmatrix} \tag{5-6}$$

$$\begin{bmatrix} \dot{\boldsymbol{p}} \\ \dot{\boldsymbol{v}} \end{bmatrix} = \begin{bmatrix} \mathbf{0}_{2n\times 2n} & \boldsymbol{I}_{2n} \\ \mathbf{0}_{2n\times 2n} & \mathbf{0}_{2n\times 2n} \end{bmatrix} \begin{bmatrix} \boldsymbol{p} \\ \boldsymbol{v} \end{bmatrix} + \begin{bmatrix} \mathbf{0}_{2n\times 2n} \\ \boldsymbol{I}_{2n} \end{bmatrix} \boldsymbol{u}$$

即

$$\dot{\boldsymbol{x}} = \boldsymbol{A}\boldsymbol{x} + \boldsymbol{B}\boldsymbol{u}$$

式中，$\boldsymbol{A}=\boldsymbol{a}\otimes\boldsymbol{I}_n$，$\boldsymbol{B}=\boldsymbol{b}\otimes\boldsymbol{I}_n$。

同理，当智能体的状态维度为 m，智能体数量为 n 时，系统的状态空间表达式为

$$\dot{\boldsymbol{x}} = \boldsymbol{A}\boldsymbol{x} + \boldsymbol{B}\boldsymbol{u} \tag{5-7}$$

式中，$\boldsymbol{A}=\begin{bmatrix} 0 & 1 \\ 0 & 0 \end{bmatrix}\otimes\boldsymbol{I}_m\otimes\boldsymbol{I}_n$，$\boldsymbol{B}=\begin{bmatrix} 0 \\ 1 \end{bmatrix}\otimes\boldsymbol{I}_m\otimes\boldsymbol{I}_n$。

根据系统达到一致时速度状态的不同，可以将一致性分为动态一致（dynamic consensus）和静态一致（static consensus）[96]。

当速度达到一致，并且其状态不为零时为动态一致性，此时位置状态还处于动态变化中。而速度达到一致且为零时为静态一致性，此时位置状态保持不变。

定义 5.1（动态一致性） 当所有智能体的状态满足以下关系时，证明多智能体系统达到动态一致：

$$\begin{aligned} &\lim_{t\to\infty} \|\boldsymbol{p}_i - \boldsymbol{p}_j\| = 0, \\ &\lim_{t\to\infty} \|\boldsymbol{v}_i - \boldsymbol{v}_j\| = 0, \end{aligned} \quad i,j=1,2,\cdots,n \tag{5-8}$$

定义 5.2（静态一致性） 当所有智能体的状态满足以下关系时，证明多智能体系统达到静态一致：

$$\begin{aligned}&\lim_{t\to\infty}\|\boldsymbol{p}_i-\boldsymbol{p}_j\|=0,\\&\lim_{t\to\infty}\|\boldsymbol{v}_i\|=0,\end{aligned}\quad i,j=1,2,\cdots,n \tag{5-9}$$

5.2 连续时间下的机器人一致性控制

5.2.1 问题描述

在连续时间条件下[86,97,98]，多智能体系统中各智能体的状态可以描述为

$$\begin{aligned}\dot{p}_i(t)&=v_i(t)\\\dot{v}_i(t)&=u_i(t)\end{aligned} \tag{5-10}$$

式中，$p_i(t)$，$v_i(t)$ 和 $u_i(t)$ 分别表示智能体 i 的位置、速度和控制输入。

令 $\boldsymbol{x}=[\boldsymbol{p}^{\mathrm{T}}(t)\quad \boldsymbol{v}^{\mathrm{T}}(t)]^{\mathrm{T}}$，$\boldsymbol{p}(t)=[p_1(t)\quad p_2(t)\quad\cdots\quad p_n(t)]^{\mathrm{T}}$，$\boldsymbol{v}(t)=[v_1(t)\quad v_2(t)\quad\cdots\quad v_n(t)]^{\mathrm{T}}$，$\boldsymbol{u}(t)=[u_1(t)\quad u_2(t)\quad\cdots\quad u_n(t)]^{\mathrm{T}}$，其中 n 为系统中智能体的数量。由前文的分析可知，系统的状态空间表达式为

$$\dot{\boldsymbol{x}}(t)=\boldsymbol{A}\boldsymbol{x}(t)+\boldsymbol{B}\boldsymbol{u}(t) \tag{5-11}$$

式中，$\boldsymbol{A}=\begin{bmatrix}0&1\\0&0\end{bmatrix}\otimes\boldsymbol{I}_n$，$\boldsymbol{B}=\begin{bmatrix}0\\1\end{bmatrix}\otimes\boldsymbol{I}_n$。

5.2.2 设计控制器

针对定义 5.1 所描述的动态一致性，设计智能体的动态一致性控制器为

$$u_i(t)=\alpha\sum_{j\in N_i}a_{ij}(p_j(t)-p_i(t))+\beta\sum_{j\in N_i}a_{ij}(v_j(t)-v_i(t)) \tag{5-12}$$

式中，$\alpha>0$，$\beta>0$ 为增益参数。

结合拉普拉斯矩阵 $\boldsymbol{L}$ 可转换为如下矩阵形式：

$$\begin{aligned}\boldsymbol{u}(t)&=-\alpha\boldsymbol{L}\boldsymbol{p}(t)-\beta\boldsymbol{L}\boldsymbol{v}(t)\\&=-[\alpha\boldsymbol{L}\quad\beta\boldsymbol{L}]\boldsymbol{x}(t)\end{aligned} \tag{5-13}$$

定理 5.1　针对由式(5-10) 所构成的多智能体系统，假设系统的通信拓扑图是无向连通图或含有生成树的有向图，那么使用如式(5-12) 所示的控制器时系统可实现定义 5.1 所描述的动态一致性，并且系统状态的最终一致性值

为在下面的证明中给出的式(5-25)。

证明： 将协议的矩阵形式(5-13)代入系统的状态空间表达式(5-11)中，有

$$
\begin{aligned}
\dot{\boldsymbol{x}} &= \boldsymbol{A}\boldsymbol{x}+\boldsymbol{B}\boldsymbol{u} \\
\begin{bmatrix}\dot{\boldsymbol{p}}\\ \dot{\boldsymbol{v}}\end{bmatrix} &= \begin{bmatrix}\boldsymbol{0}_{n\times n} & \boldsymbol{I}_n\\ \boldsymbol{0}_{n\times n} & \boldsymbol{0}_{n\times n}\end{bmatrix}\begin{bmatrix}\boldsymbol{p}\\ \boldsymbol{v}\end{bmatrix}-\begin{bmatrix}\boldsymbol{0}_{n\times n}\\ \boldsymbol{I}_n\end{bmatrix}\begin{bmatrix}\alpha\boldsymbol{L} & \beta\boldsymbol{L}\end{bmatrix}\begin{bmatrix}\boldsymbol{p}\\ \boldsymbol{v}\end{bmatrix} \\
&= \begin{bmatrix}\boldsymbol{0}_{n\times n} & \boldsymbol{I}_n\\ -\alpha\boldsymbol{L} & -\beta\boldsymbol{L}\end{bmatrix}\begin{bmatrix}\boldsymbol{p}\\ \boldsymbol{v}\end{bmatrix}
\end{aligned}
\tag{5-14}
$$

令 $\boldsymbol{\Gamma}=\begin{bmatrix}\boldsymbol{0}_{n\times n} & \boldsymbol{I}_n\\ -\alpha\boldsymbol{L} & -\beta\boldsymbol{L}\end{bmatrix}$，根据线性系统稳定性定理，我们需要选择合适的参数 α，β 使得矩阵 $\boldsymbol{\Gamma}$ 有零特征值，且其他特征值均具有负实部。

在求矩阵 $\boldsymbol{\Gamma}$ 的特征值之前，给出以下预备知识[97]。关于一个分块矩阵

$$
\boldsymbol{M}=\begin{bmatrix}\boldsymbol{A} & \boldsymbol{B}\\ \boldsymbol{C} & \boldsymbol{D}\end{bmatrix}
\tag{5-15}
$$

如果 $\boldsymbol{A}$ 和 $\boldsymbol{C}$ 可互换（commute，即 $\boldsymbol{AC}=\boldsymbol{CA}$），则其行列式为 $\det(\boldsymbol{M})=\det(\boldsymbol{AD}-\boldsymbol{CB})$。

为了找到 $\boldsymbol{\Gamma}$ 的特征值，可以首先求解矩阵 $\boldsymbol{\Gamma}$ 的特征多项式 $\det(s\boldsymbol{I}_{2n}-\boldsymbol{\Gamma})=0$，从而获得特征值。

$$
\begin{aligned}
\det(s\boldsymbol{I}_{2n}-\boldsymbol{\Gamma}) &= \det\left(\begin{bmatrix}s\boldsymbol{I}_n & -\boldsymbol{I}_n\\ \alpha\boldsymbol{L} & s\boldsymbol{I}_n+\beta\boldsymbol{L}\end{bmatrix}\right) \\
&= \det(s\boldsymbol{I}_n(s\boldsymbol{I}_n+\beta\boldsymbol{L})-\alpha\boldsymbol{L}(-\boldsymbol{I}_n)) \\
&= \det(s^2\boldsymbol{I}_n+s\beta\boldsymbol{L}+\alpha\boldsymbol{L}) \\
&= \det(s^2\boldsymbol{I}_n+(s\beta+\alpha)\boldsymbol{L})
\end{aligned}
\tag{5-16}
$$

同时注意到我们可以使用矩阵本身和矩阵的特征值构造如下等式：

$$
\det(s\boldsymbol{I}_n-(-\boldsymbol{L}))=\prod_{i=1}^{n}(s-\lambda_i)=0
\tag{5-17}
$$

式中，λ_i 就是矩阵 $-\boldsymbol{L}$ 的第 i 个特征值。

结合上述分析，我们将式(5-16)转换为式(5-17)的形式，于是有

$$
\det(s^2\boldsymbol{I}_n-(s\beta+\alpha)(-\boldsymbol{L}))=\prod_{i=1}^{n}(s^2-(s\beta+\alpha)\lambda_i)
\tag{5-18}
$$

这意味着方程式(5-16)的根可以通过求解等式 $s^2-(s\beta+\alpha)\lambda_i=0$ 来获得。因此，可以直接通过一元二次方程的求根公式得到 $\boldsymbol{\Gamma}$ 的特征值为

$$s_{i+}=\frac{\beta\lambda_i+\sqrt{\beta^2\lambda_i^2+4\alpha\lambda_i}}{2}$$
$$s_{i-}=\frac{\beta\lambda_i-\sqrt{\beta^2\lambda_i^2+4\alpha\lambda_i}}{2} \tag{5-19}$$

式中，s_{i+}、s_{i-}是矩阵 $\boldsymbol{\Gamma}$ 关于参数 λ_i 的特征值。

从式(5-19) 可以看出，当且仅当 $-\boldsymbol{L}$ 有 n 个零特征值时，$\boldsymbol{\Gamma}$ 有 $2n$ 个零特征值。

根据拉普拉斯矩阵的定义，我们知道 $-\boldsymbol{L}$ 的行和为 0，所以 $-\boldsymbol{L}$ 至少有一个 $s_1=0$ 的特征值。因此，矩阵 $\boldsymbol{\Gamma}$ 至少有两个零特征值，对应特征向量为 $\boldsymbol{w}_{r1}=[1\quad 1\quad \cdots\quad 1]^{\mathrm{T}}$。同时不失一般性，可令 $s_{1+}=s_{1-}=0$。另外，根据盖尔圆盘定理 3.3，可以得到 $-\boldsymbol{L}$ 矩阵的其他非零特征值均具有负实部。

综上，我们需要确定参数 α 和 β，使得确定 $-\boldsymbol{L}$ 矩阵的特征值 λ_i 后，可以让 s 保持含有两个零值且其他所有值均小于 0 即稳定系统。

关于 $\boldsymbol{\Gamma}$ 特征值的稳定性可以通过劳斯（Routh）判据来分析[86]。假设拉普拉斯矩阵 $-\boldsymbol{L}$ 的特征值 λ_i 是实数，那么当 $\beta>0$ 时，劳斯判据显示式(5-16) 是渐进稳定的。如果 λ_i 是复数，那么有

$$\begin{aligned}&(s^2-\beta\lambda_i s-\alpha\lambda_i)(s^2-\beta\lambda_i^* s-\alpha\lambda_i^*)\\&=s^4-2\beta\mathrm{Re}\{\lambda_i\}s^3+(-2\alpha\mathrm{Re}\{\lambda_i\}+\beta^2|\lambda_i|^2)s^2+2\alpha\beta|\lambda_i|^2 s+\alpha^2|\lambda_i|^2\end{aligned} \tag{5-20}$$

式中，λ_i^* 表示 λ_i 的复共轭，$\mathrm{Re}\{\lambda_i\}$ 表示特征值的实部，$|\lambda_i|$ 表示特征值的绝对值。

当 $\alpha=1$ 时，我们可以从劳斯判据中得到稳定性的明确表达，并且当且仅当满足如下条件时，劳斯判据表明上式(5-16) 是渐进稳定的。

$$\beta^2>\frac{\mathrm{Im}^2\{\lambda_i\}-\mathrm{Re}^2\{\lambda_i\}}{-\mathrm{Re}\{\lambda_i\}|\lambda_i|^2} \tag{5-21}$$

式中，$\mathrm{Im}\{\lambda_i\}$ 表示特征值的虚部。

综上，系统渐进稳定的条件为

$$\frac{\beta^2}{\alpha}>\max_i\frac{\mathrm{Im}^2\{\lambda_i\}-\mathrm{Re}^2\{\lambda_i\}}{-\mathrm{Re}\{\lambda_i\}|\lambda_i|^2},\ i=1,2,\cdots,n \tag{5-22}$$

分析完系统稳定时参数应满足的条件后，接下来分析系统最终的稳态值，即系统最终的一致性值。

注意到 $\boldsymbol{\Gamma}$ 有两个确定的零特征值，我们可以验证特征值零的几何重数等于 1。因此可知，$\boldsymbol{\Gamma}$ 可以用约当标准形写为

$$
\begin{aligned}
\boldsymbol{\Gamma} &= \boldsymbol{WJW}^{-1} \\
&= \begin{bmatrix} \boldsymbol{w}_{r1} & \boldsymbol{w}_{r2} & \cdots & \boldsymbol{w}_{r2n} \end{bmatrix} \begin{bmatrix} 0 & 1 & \boldsymbol{0}_{1\times(2n-2)} \\ 0 & 0 & \boldsymbol{0}_{1\times(2n-2)} \\ \boldsymbol{0}_{(2n-2)\times1} & \boldsymbol{0}_{(2n-2)\times1} & \boldsymbol{J}' \end{bmatrix} \begin{bmatrix} \boldsymbol{w}_{l1}^{\mathrm{T}} \\ \boldsymbol{w}_{l2}^{\mathrm{T}} \\ \vdots \\ \boldsymbol{w}_{l2n}^{\mathrm{T}} \end{bmatrix}
\end{aligned} \tag{5-23}
$$

式中，$\boldsymbol{w}_{rj}$，$j=1, 2, \cdots, 2n$ 可以选择为 $\boldsymbol{\Gamma}$ 的右特征向量或广义特征向量，$\boldsymbol{w}_{lj}^{\mathrm{T}}$，$j=1, 2, \cdots, 2n$ 可以选择为 $\boldsymbol{\Gamma}$ 的左特征向量或广义特征向量，$\boldsymbol{J}'$ 是对应于非零特征值 s_{i+}，s_{i-}，$i=2, 3, \cdots, n$ 的约当上对角线块矩阵。

不失一般性，选择 $\boldsymbol{w}_{r1}=\begin{bmatrix}\boldsymbol{1}_n^{\mathrm{T}} & \boldsymbol{0}_n^{\mathrm{T}}\end{bmatrix}^{\mathrm{T}}$ 和 $\boldsymbol{w}_{r2}=\begin{bmatrix}\boldsymbol{0}_n^{\mathrm{T}} & \boldsymbol{1}_n^{\mathrm{T}}\end{bmatrix}^{\mathrm{T}}$，这里可以验证 $\boldsymbol{w}_{r1}$ 和 $\boldsymbol{w}_{r2}$ 分别是与特征值 0 有关的 $\boldsymbol{\Gamma}$ 的一个特征向量和广义特征向量。注意 $\boldsymbol{\Gamma}$ 有两个确定的零特征值，$-\boldsymbol{L}$ 有一个简单零特征值，这表明存在一个非负向量 $\boldsymbol{c}$ 满足 $\boldsymbol{c}^{\mathrm{T}}\boldsymbol{L}=0$，$\boldsymbol{c}^{\mathrm{T}}\boldsymbol{1}_n=1$，这一部分在引理 3.3 有描述。

可以验证 $\boldsymbol{w}_{l1}=\begin{bmatrix}\boldsymbol{c}^{\mathrm{T}} & \boldsymbol{0}_n^{\mathrm{T}}\end{bmatrix}^{\mathrm{T}}$ 和 $\boldsymbol{w}_{l2}=\begin{bmatrix}\boldsymbol{0}_n^{\mathrm{T}} & \boldsymbol{c}^{\mathrm{T}}\end{bmatrix}^{\mathrm{T}}$ 分别是与特征值 0 有关的 $\boldsymbol{\Gamma}$ 的一个广义左特征向量和左特征向量，其中 $\boldsymbol{w}_{l1}^{\mathrm{T}}\boldsymbol{w}_{r1}=1$，$\boldsymbol{w}_{l2}^{\mathrm{T}}\boldsymbol{w}_{r2}=1$。注意特征值 s_{i+}，s_{i-}，$i=2, 3, \cdots, n$ 均有负实部，可以得到

$$
\begin{aligned}
\lim_{t\to\infty}\mathrm{e}^{\boldsymbol{\Gamma}t} &= \lim_{t\to\infty}\boldsymbol{W}\mathrm{e}^{\boldsymbol{J}t}\boldsymbol{W}^{-1} \\
&= \boldsymbol{W}\lim_{t\to\infty}\begin{bmatrix} 0 & 1 & \boldsymbol{0}_{1\times(2n-2)} \\ 0 & 0 & \boldsymbol{0}_{1\times(2n-2)} \\ \boldsymbol{0}_{(2n-2)\times1} & \boldsymbol{0}_{(2n-2)\times1} & \mathrm{e}^{\boldsymbol{J}'t} \end{bmatrix}\boldsymbol{W}^{-1} \\
&= \begin{bmatrix} \boldsymbol{1}_n\boldsymbol{c}^{\mathrm{T}} & t\boldsymbol{1}_n\boldsymbol{c}^{\mathrm{T}} \\ 0 & \boldsymbol{1}_n\boldsymbol{c}^{\mathrm{T}} \end{bmatrix}
\end{aligned} \tag{5-24}
$$

其中我们使用了一个事实 $\lim\limits_{t\to\infty}\mathrm{e}^{\boldsymbol{J}'t}\to 0$。随着时间趋于无穷，即 $t\to\infty$，有

$$
\begin{bmatrix} \boldsymbol{p}(t) \\ \boldsymbol{v}(t) \end{bmatrix} = \begin{bmatrix} \boldsymbol{1}_n\boldsymbol{c}^{\mathrm{T}} & t\boldsymbol{1}_n\boldsymbol{c}^{\mathrm{T}} \\ 0 & \boldsymbol{1}_n\boldsymbol{c}^{\mathrm{T}} \end{bmatrix}\begin{bmatrix} \boldsymbol{p}(0) \\ \boldsymbol{v}(0) \end{bmatrix} \tag{5-25}
$$

由上可以看到随着时间 $t\to\infty$，有 $\boldsymbol{p}(t)\to\boldsymbol{1}_n\boldsymbol{c}^{\mathrm{T}}\boldsymbol{p}(0)+t\boldsymbol{1}_n\boldsymbol{c}^{\mathrm{T}}v(0)$，$\boldsymbol{v}(t)\to\boldsymbol{1}_n\boldsymbol{c}^{\mathrm{T}}\boldsymbol{v}(0)$。结果就是实现了状态的一致，即 $\|\boldsymbol{p}_i(t)-\boldsymbol{p}_j(t)\|\to 0$，$\|\boldsymbol{v}_i(t)-\boldsymbol{v}_j(t)\|\to 0$。也就是说，系统实现了状态的一致性。

【证毕】

同理，针对定义 5.2 所描述的静态一致性，设计智能体的静态一致性控制器为

$$\boldsymbol{u}_i(t)=\alpha\sum_{j\in N_i}a_{ij}(\boldsymbol{p}_j(t)-\boldsymbol{p}_i(t))-\beta\boldsymbol{v}_i(t) \tag{5-26}$$

式中，$\alpha>0$，$\beta>0$ 为增益参数。

结合拉普拉斯矩阵 $\boldsymbol{L}$ 可转换为矩阵形式，有

$$\begin{aligned}\boldsymbol{u}(t)&=-\alpha\boldsymbol{L}\boldsymbol{p}(t)-\beta\boldsymbol{I}_n\boldsymbol{v}(t)\\&=-\begin{bmatrix}\alpha\boldsymbol{L} & \beta\boldsymbol{I}_n\end{bmatrix}\boldsymbol{x}(t)\end{aligned} \tag{5-27}$$

定理 5.2　针对由式(5-10) 所构成的多智能体系统，假设系统的通信拓扑图是无向连通图或含有生成树的有向图，那么使用式(5-26) 所示的控制器时系统可实现如定义 5.2 所描述的静态一致，并且系统状态的最终一致性值为在下面的证明中给出的式(5-29)。

证明： 将协议的矩阵形式(5-27) 代入系统的状态空间表达式(5-11) 中，有

$$\begin{aligned}\dot{\boldsymbol{x}}&=\boldsymbol{A}\boldsymbol{x}+\boldsymbol{B}\boldsymbol{u}\\\begin{bmatrix}\dot{\boldsymbol{p}}\\\dot{\boldsymbol{v}}\end{bmatrix}&=\begin{bmatrix}\boldsymbol{0}_{n\times n} & \boldsymbol{I}_n\\\boldsymbol{0}_{n\times n} & \boldsymbol{0}_{n\times n}\end{bmatrix}\begin{bmatrix}\boldsymbol{p}\\\boldsymbol{v}\end{bmatrix}-\begin{bmatrix}\boldsymbol{0}_{n\times n}\\\boldsymbol{I}_n\end{bmatrix}\begin{bmatrix}\alpha\boldsymbol{L} & \beta\boldsymbol{I}_n\end{bmatrix}\begin{bmatrix}\boldsymbol{p}\\\boldsymbol{v}\end{bmatrix}\\&=\begin{bmatrix}\boldsymbol{0}_{n\times n} & \boldsymbol{I}_n\\-\alpha\boldsymbol{L} & -\beta\boldsymbol{I}_n\end{bmatrix}\begin{bmatrix}\boldsymbol{p}\\\boldsymbol{v}\end{bmatrix}\end{aligned} \tag{5-28}$$

参数 α，β 的选择与定理 5.1 的证明过程类似，这里不再赘述。同时系统最终的稳态值为

$$\begin{bmatrix}\boldsymbol{p}(t)\\\boldsymbol{v}(t)\end{bmatrix}=\begin{bmatrix}\boldsymbol{1}_n\boldsymbol{c}^{\mathrm{T}} & 0\\0 & 0\end{bmatrix}\begin{bmatrix}\boldsymbol{p}(0)\\\boldsymbol{v}(0)\end{bmatrix} \tag{5-29}$$

【证毕】

5.2.3　实验验证

为了验证本节所设计控制器的有效性，假设存在如图 5-1 所示的二阶多智能体系统。

其拉普拉斯矩阵为

$$\boldsymbol{L}=\begin{bmatrix}3 & -1 & -1 & -1\\-1 & 2 & -1 & 0\\-1 & -1 & 3 & -1\\-1 & 0 & -1 & 2\end{bmatrix}$$

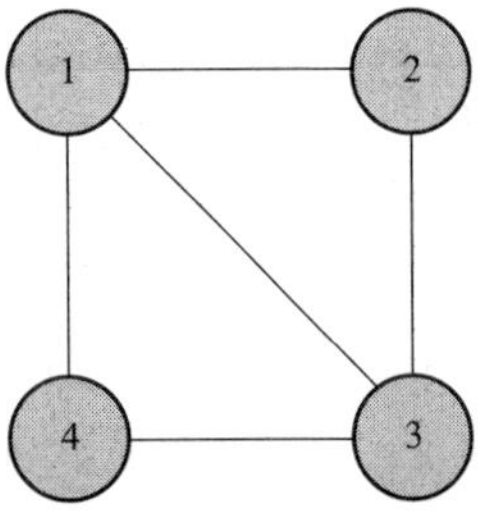

图 5-1　系统拓扑结构图

智能体的模型为式(5-10)，初始位置状态为$\boldsymbol{p}(0)=[20\quad 10\quad 40\quad 0]^{\mathrm{T}}$，初始速度状态为$\boldsymbol{v}(0)=[2\quad 1\quad 4\quad 0]^{\mathrm{T}}$。增益参数为$\alpha=1.5$，$\beta=1.0$。

在动态一致性协议式(5-12)下的位置和速度状态如图 5-2 所示。观察状态图 5-2 可知，位置和速度均实现了一致。但在图 5-2(b) 中可以看到速度的最终一致性值并不为 0，因此在图 5-2(a) 中位置状态虽然达到了一致，但仍然以恒定速度在变化。产生如此现象的原因是协议式(5-12) 中并没有要求速度的终值为 0，这一点在定义 5.1 中也可以看到。

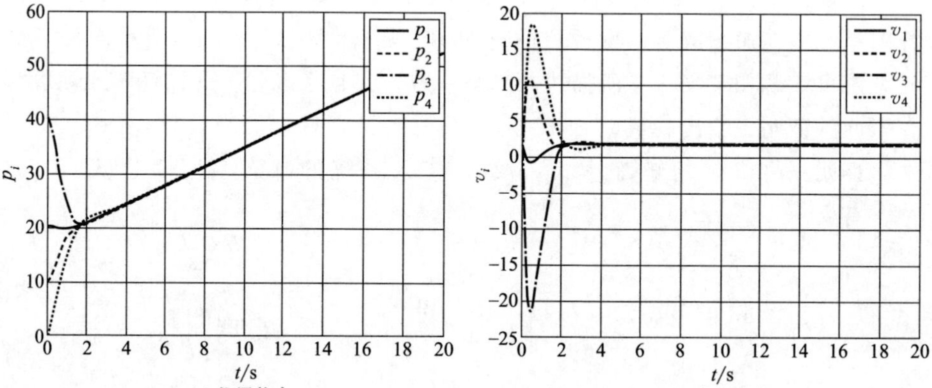

(a) 位置状态　　(b) 速度状态

图 5-2　连续时间系统动态一致性

若需要速度状态的终值为 0，那么就需要使用基于定义 5.2 的静态一致性协议式(5-26)。观察在协议式(5-26) 下的状态图 5-3，可以看到位置和速度均实现了一致。同时在图 5-3(b) 中可以看到速度的最终一致性值为 0，那么从位置状态图 5-2(a) 中可以看到对应的位置数值在达到一致后将不再变化。

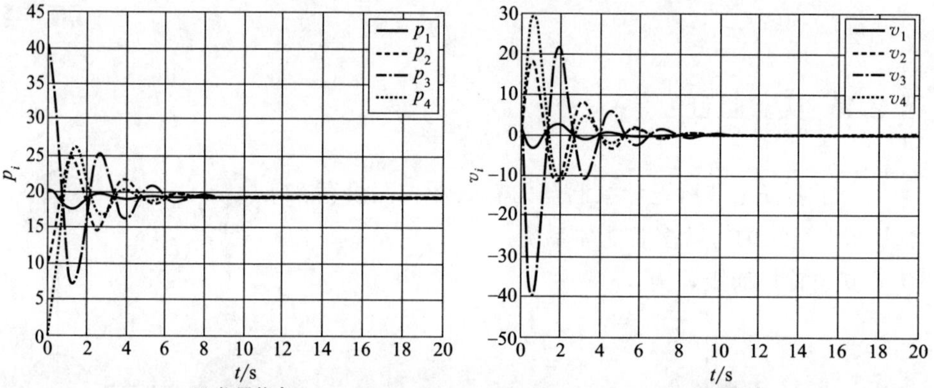

(a) 位置状态　　(b) 速度状态

图 5-3　连续时间系统静态一致性

5.3 离散时间下的机器人一致性控制

5.3.1 问题描述

针对二阶离散时间下的多智能体系统[99,100]，常用如下的差分方程来描述单个智能体的动力学方程：

$$\begin{aligned} p_i(k+1) &= p_i(k) + v_i(k) \\ v_i(k+1) &= v_i(k) + u_i(k) \end{aligned} \tag{5-30}$$

式中，$p_i(k)$，$v_i(k)$ 和 $u_i(k)$ 分别是智能体 i 在时刻 k 的位置、速度和控制输入。

令 $\boldsymbol{x}(k) = [\boldsymbol{p}^{\mathrm{T}}(k) \quad \boldsymbol{v}^{\mathrm{T}}(k)]^{\mathrm{T}}$，$\boldsymbol{p}(k) = [p_1(k) \quad p_2(k) \quad \cdots \quad p_n(k)]^{\mathrm{T}}$，$\boldsymbol{v}(k) = [v_1(k) \quad v_2(k) \quad \cdots \quad v_n(k)]^{\mathrm{T}}$，$\boldsymbol{u}(k) = [u_1(k) \quad u_2(k) \quad \cdots \quad u_n(k)]^{\mathrm{T}}$，其中 n 为系统中智能体的数量。

结合前文的分析可知，系统的状态空间表达式为

$$\boldsymbol{x}(k+1) = \boldsymbol{A}\boldsymbol{x}(k) + \boldsymbol{B}\boldsymbol{u}(k) \tag{5-31}$$

式中，$\boldsymbol{A} = \begin{bmatrix} 1 & 1 \\ 0 & 1 \end{bmatrix} \otimes \boldsymbol{I}_n$，$\boldsymbol{B} = \begin{bmatrix} 0 \\ 1 \end{bmatrix} \otimes \boldsymbol{I}_n$。

定义 5.3（离散系统动态一致性） 当所有智能体的状态满足以下关系时，证明多智能体系统达到动态一致：

$$\left.\begin{aligned} \lim_{k \to +\infty} \| p_i(k) - p_j(k) \| = 0, \\ \lim_{k \to +\infty} \| v_i(k) - v_j(k) \| = 0, \end{aligned}\right. \quad i, j = 1, 2, \cdots, n \tag{5-32}$$

定义 5.4（离散系统静态一致性） 当所有智能体的状态满足以下关系时，证明多智能体系统达到静态一致：

$$\left.\begin{aligned} \lim_{k \to +\infty} \| p_i(k) - p_j(k) \| = 0, \\ \lim_{k \to +\infty} \| v_i(k) \| = 0, \end{aligned}\right. \quad i, j = 1, 2, \cdots, n \tag{5-33}$$

5.3.2 设计控制器

针对定义 5.3 所描述的动态一致性，设计动态一致性的控制器为

$$u_i(t) = \alpha \sum_{j \in N_i} a_{ij} (p_j(k) - p_i(k)) + \beta \sum_{j \in N_i} a_{ij} (v_j(k) - v_i(k)) \tag{5-34}$$

式中，$\alpha>0$，$\beta>0$ 为增益参数。

转换为如下矩阵形式：

$$\begin{aligned}\boldsymbol{u}(k)&=-\alpha\boldsymbol{L}\boldsymbol{p}(k)-\beta\boldsymbol{L}\boldsymbol{v}(k)\\&=-\begin{bmatrix}\alpha\boldsymbol{L} & \beta\boldsymbol{L}\end{bmatrix}\boldsymbol{x}(k)\end{aligned}\tag{5-35}$$

定理 5.3 针对由式(5-30) 所构成的多智能体系统，当且仅当矩阵 $\boldsymbol{\Gamma}$ 有一个重数为 2 的特征值 1，其他特征值均在单位圆内时，使用如式(5-34) 所示的控制器系统可实现定义 5.3 所描述的动态一致。

证明：将控制器式(5-35) 代入系统模型式(5-31)，有[101]

$$\begin{aligned}\boldsymbol{x}(k+1)&=\boldsymbol{A}\boldsymbol{x}(k)+\boldsymbol{B}\boldsymbol{u}(k)\\\begin{bmatrix}\boldsymbol{p}(k+1)\\\boldsymbol{v}(k+1)\end{bmatrix}&=\begin{bmatrix}\boldsymbol{I}_n & \boldsymbol{I}_n\\\boldsymbol{0}_{n\times n} & \boldsymbol{I}_n\end{bmatrix}\begin{bmatrix}\boldsymbol{p}(k)\\\boldsymbol{v}(k)\end{bmatrix}-\begin{bmatrix}\boldsymbol{0}_{n\times n}\\\boldsymbol{I}_n\end{bmatrix}\begin{bmatrix}\alpha\boldsymbol{L} & \beta\boldsymbol{L}\end{bmatrix}\begin{bmatrix}\boldsymbol{p}(k)\\\boldsymbol{v}(k)\end{bmatrix}\\&=\begin{bmatrix}\boldsymbol{I}_n & \boldsymbol{I}_n\\-\alpha\boldsymbol{L} & \boldsymbol{I}_n-\beta\boldsymbol{L}\end{bmatrix}\begin{bmatrix}\boldsymbol{p}(k)\\\boldsymbol{v}(k)\end{bmatrix}\end{aligned}\tag{5-36}$$

令 $\boldsymbol{\Gamma}=\begin{bmatrix}\boldsymbol{I}_n & \boldsymbol{I}_n\\-\alpha\boldsymbol{L} & \boldsymbol{I}_n-\beta\boldsymbol{L}\end{bmatrix}$。注意 1 是矩阵 $\boldsymbol{\Gamma}$ 的一个特征值，其重数是 2。根据等式 $\boldsymbol{\Gamma}\boldsymbol{w}_{r1}=\boldsymbol{w}_{r1}$，可知 $\boldsymbol{w}_{r1}=\begin{bmatrix}\boldsymbol{1}_n^{\mathrm{T}} & \boldsymbol{0}_n^{\mathrm{T}}\end{bmatrix}^{\mathrm{T}}$ 是矩阵 $\boldsymbol{\Gamma}$ 关于特征值 1 的一个右特征向量。由于 $\boldsymbol{w}_{r1}$ 是矩阵 $\boldsymbol{\Gamma}$ 关于特征值 1 的唯一特征向量，因此相应的约当块不能是对角线[102]，存在一个非奇异矩阵 $\boldsymbol{W}\in\mathbb{R}^{2n\times 2n}$，使得 $\boldsymbol{W}^{-1}\boldsymbol{\Gamma}\boldsymbol{W}=\boldsymbol{J}$，其中 $\boldsymbol{J}=\begin{bmatrix}1 & 1 & \boldsymbol{0}_{1\times(2n-2)}\\0 & 1 & \boldsymbol{0}_{1\times(2n-2)}\\\boldsymbol{0}_{(2n-2)\times 1} & \boldsymbol{0}_{(2n-2)\times 1} & \tilde{\boldsymbol{J}}\end{bmatrix}$ 是矩阵 $\boldsymbol{\Gamma}$ 的约当标准型，$\tilde{\boldsymbol{J}}$ 是上对角线的约当块矩阵。

因此可以得到

$$\begin{aligned}\boldsymbol{\Gamma}&=\boldsymbol{W}\boldsymbol{J}\boldsymbol{W}^{-1}=\boldsymbol{w}_r\boldsymbol{J}\boldsymbol{w}_l\\&=\begin{bmatrix}\boldsymbol{w}_{r1} & \boldsymbol{w}_{r2} & \cdots & \boldsymbol{w}_{r2n}\end{bmatrix}\begin{bmatrix}1 & 1 & \boldsymbol{0}_{1\times(2n-2)}\\0 & 1 & \boldsymbol{0}_{1\times(2n-2)}\\\boldsymbol{0}_{(2n-2)\times 1} & \boldsymbol{0}_{(2n-2)\times 1} & \tilde{\boldsymbol{J}}\end{bmatrix}\begin{bmatrix}\boldsymbol{w}_{l1}^{\mathrm{T}}\\\boldsymbol{w}_{l2}^{\mathrm{T}}\\\vdots\\\boldsymbol{w}_{l2n}^{\mathrm{T}}\end{bmatrix}\end{aligned}\tag{5-37}$$

式中，$\boldsymbol{w}_{ri}$，$\boldsymbol{w}_{li}^{\mathrm{T}}$，$i=1, 2, \cdots, 2n$ 分别是 $\boldsymbol{\Gamma}$ 的右（广义）特征向量和左（广义）特征向量。

由于 $\boldsymbol{w}_{r1}=\begin{bmatrix}\boldsymbol{1}_n^{\mathrm{T}} & \boldsymbol{0}_n^{\mathrm{T}}\end{bmatrix}^{\mathrm{T}}$ 是 $\boldsymbol{\Gamma}$ 关于特征值 1 的唯一特征向量，那么根据

$$(\boldsymbol{\Gamma}-\boldsymbol{I}_{2n})\boldsymbol{w}_{r2}=\boldsymbol{w}_{r1} \tag{5-38}$$

也就意味着

$$\begin{bmatrix}\boldsymbol{0}_n & \boldsymbol{I}_n \\ -\alpha\boldsymbol{L} & -\beta\boldsymbol{L}\end{bmatrix}\boldsymbol{w}_{r2}=\begin{bmatrix}\boldsymbol{1}_n \\ \boldsymbol{0}_n\end{bmatrix} \tag{5-39}$$

我们可以得到 $\boldsymbol{w}_{r2}=\begin{bmatrix}\boldsymbol{0}_n^{\mathrm{T}} & \boldsymbol{1}_n^{\mathrm{T}}\end{bmatrix}^{\mathrm{T}}$。因此，$\boldsymbol{w}_{r2}$ 是矩阵 $\boldsymbol{\Gamma}$ 关于特征值 1 的广义右特征向量。同时，我们可以得到 $\boldsymbol{\Gamma}$ 关于特征值 1 的广义左特征向量 $\boldsymbol{w}_{l1}=\begin{bmatrix}\boldsymbol{\xi}^{\mathrm{T}} & \boldsymbol{0}_n^{\mathrm{T}}\end{bmatrix}^{\mathrm{T}}$ 和左特征向量 $\boldsymbol{w}_{l2}=\begin{bmatrix}\boldsymbol{0}_n^{\mathrm{T}} & \boldsymbol{\xi}^{\mathrm{T}}\end{bmatrix}^{\mathrm{T}}$，其中 $\boldsymbol{\xi}$ 是矩阵 $\boldsymbol{L}$ 关于零特征值的唯一非负左特征向量，满足 $\boldsymbol{\xi}^{\mathrm{T}}\boldsymbol{1}_n=1$。

基于上述过程，有

$$\boldsymbol{x}(k+1)=\boldsymbol{\Gamma}\boldsymbol{x}(k)=\boldsymbol{\Gamma}^{k+1}\boldsymbol{x}(0) \tag{5-40}$$

进一步可以得到

$$\begin{aligned}\boldsymbol{\Gamma}^k&=[\boldsymbol{W}\boldsymbol{J}\boldsymbol{W}^{-1}]^k=[\boldsymbol{W}\boldsymbol{J}^k\boldsymbol{W}^{-1}]\\&=\boldsymbol{W}\begin{bmatrix}1 & k & \boldsymbol{0}_{1\times(2n-2)}\\ 1 & k & \boldsymbol{0}_{1\times(2n-2)}\\ \boldsymbol{0}_{(2n-2)\times 1} & \boldsymbol{0}_{(2n-2)\times 1} & \widetilde{\boldsymbol{J}}^k\end{bmatrix}\boldsymbol{W}^{-1}\end{aligned} \tag{5-41}$$

容易验证的是

$$\lim_{k\to+\infty}\widetilde{\boldsymbol{J}}^k=\boldsymbol{0}_{(2n-2)\times(2n-2)} \tag{5-42}$$

因此，有

$$\lim_{k\to+\infty}\widetilde{\boldsymbol{J}}^k\left\|\begin{bmatrix}\boldsymbol{p}(k)\\ \boldsymbol{v}(k)\end{bmatrix}-\begin{bmatrix}\sum_{j=1}^{n}\xi_j(x_j(0)+v_j(0)k)\\ \sum_{j=1}^{n}\xi_j v_j(0)\end{bmatrix}\otimes\boldsymbol{1}_n\right\|$$

$$=\left\|\boldsymbol{\Gamma}^k\begin{bmatrix}\boldsymbol{p}(0)\\ \boldsymbol{v}(0)\end{bmatrix}-\begin{bmatrix}\sum_{j=1}^{n}\xi_j(x_j(0)+v_j(0)k)\\ \sum_{j=1}^{n}\xi_j v_j(0)\end{bmatrix}\otimes\boldsymbol{1}_n\right\|$$

$$=\left\|\begin{bmatrix}\boldsymbol{1}_n\boldsymbol{\xi}^{\mathrm{T}} & k\boldsymbol{1}_n\boldsymbol{\xi}^{\mathrm{T}}\\ \boldsymbol{0}_n & \boldsymbol{1}_n\boldsymbol{\xi}^{\mathrm{T}}\end{bmatrix}\begin{bmatrix}\boldsymbol{p}(0)\\ \boldsymbol{v}(0)\end{bmatrix}-\begin{bmatrix}\sum_{j=1}^{n}\xi_j(x_j(0)+v_j(0)k)\\ \sum_{j=1}^{n}\xi_j v_j(0)\end{bmatrix}\otimes\boldsymbol{1}_n\right\|$$

$$
= \left\| \begin{bmatrix} \xi_1 & \cdots & \xi_n & k\xi_1 & \cdots & k\xi_n \\ \vdots & \ddots & \vdots & \vdots & \ddots & \vdots \\ \xi_1 & \cdots & \xi_n & k\xi_1 & \cdots & k\xi_n \\ 0 & \cdots & 0 & \xi_1 & \cdots & \xi_n \\ \vdots & \ddots & \vdots & \vdots & \ddots & \vdots \\ 0 & \cdots & 0 & \xi_1 & \cdots & \xi_n \end{bmatrix} \begin{bmatrix} p_1(0) \\ \vdots \\ p_n(0) \\ v_1(0) \\ \vdots \\ v_n(0) \end{bmatrix} - \begin{bmatrix} \sum_{j=1}^{n} \xi_j (x_j(0) + v_j(0)k) \\ \vdots \\ \sum_{j=1}^{n} \xi_j (x_j(0) + v_j(0)k) \\ \sum_{j=1}^{n} \xi_j v_j(0) \\ \vdots \\ \sum_{j=1}^{n} \xi_j v_j(0) \end{bmatrix} \right\|
$$

$$
= \left\| \begin{bmatrix} \xi_1 p_1(0) + \cdots + \xi_n p_n(0) + k\xi_1 v_1(0) + \cdots + k\xi_n v_n(0) \\ \vdots \\ \xi_1 p_1(0) + \cdots + \xi_n p_n(0) + k\xi_1 v_1(0) + \cdots + k\xi_n v_n(0) \\ \xi_1 v_1(0) + \cdots + \xi_n v_n(0) \\ \vdots \\ \xi_1 v_1(0) + \cdots + \xi_n v_n(0) \end{bmatrix} - \begin{bmatrix} \sum_{j=1}^{n} \xi_j (x_j(0) + v_j(0)k) \\ \vdots \\ \sum_{j=1}^{n} \xi_j (x_j(0) + v_j(0)k) \\ \sum_{j=1}^{n} \xi_j v_j(0) \\ \vdots \\ \sum_{j=1}^{n} \xi_j v_j(0) \end{bmatrix} \right\|
$$

$$
= 0 \tag{5-43}
$$

这表明系统实现了一致性控制。

【证毕】

同理，针对定义 5.4 所描述的静态一致性，设计静态一致性的控制器为

$$
u_i(k) = \alpha \sum_{j \in N_i} a_{ij} (p_j(k) - p_i(k)) - \beta v_i(k) \tag{5-44}
$$

式中，$\alpha > 0$，$\beta > 0$ 为增益参数。

转换为矩阵形式有

$$
\begin{aligned} \boldsymbol{u}(k) &= -\alpha \boldsymbol{L} \boldsymbol{p}(k) - \beta \boldsymbol{I}_n \boldsymbol{v}(k) \\ &= -\begin{bmatrix} \alpha \boldsymbol{L} & \beta \boldsymbol{I}_n \end{bmatrix} \boldsymbol{x}(k) \end{aligned} \tag{5-45}
$$

定理 5.4 针对由式(5-30)所构成的多智能体系统，当且仅当矩阵 $\boldsymbol{\Gamma}$ 有一个重数为 2 的特征值 1，其他特征值均在单位圆内时，使用式(5-44)所示的控制器系统可实现定义 5.4 所描述的静态一致。

证明：证明过程请参考对定理 5.3 的证明。

5.3.3 实验验证

与 5.2.3 节中连续时间下的一致性控制实验相似，我们对在离散时间下设计的控制器进行验证。本实验中智能体的数量、初始状态、通信拓扑和增益参数均与 5.2.3 节的数据一致。

图 5-4 展示了离散时间下系统式(5-30) 在动态一致性协议式(5-34) 下的状态变化。可以看到位置和速度均实现了一致，这与定义 5.3 所描述的一致。与此对应，图 5-5 所示为系统式(5-30) 在静态一致性协议式(5-44) 下的状态图，可以看到位置实现了一致并且速度为 0，这也与定义 5.4 所描述的一致。

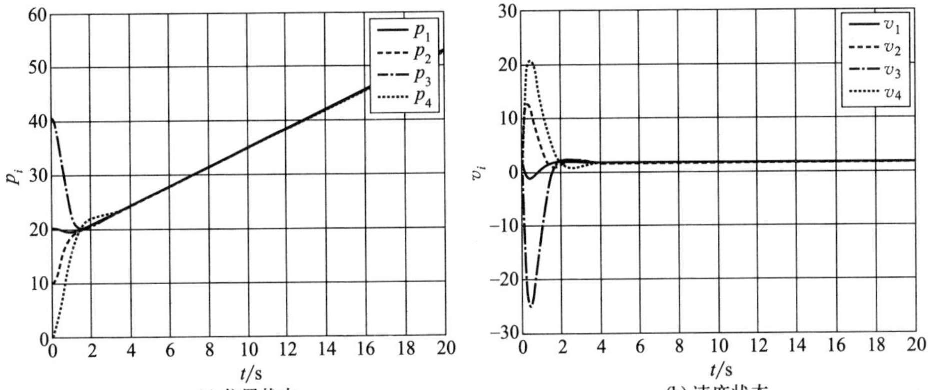

(a) 位置状态　　(b) 速度状态

图 5-4　离散时间系统动态一致性

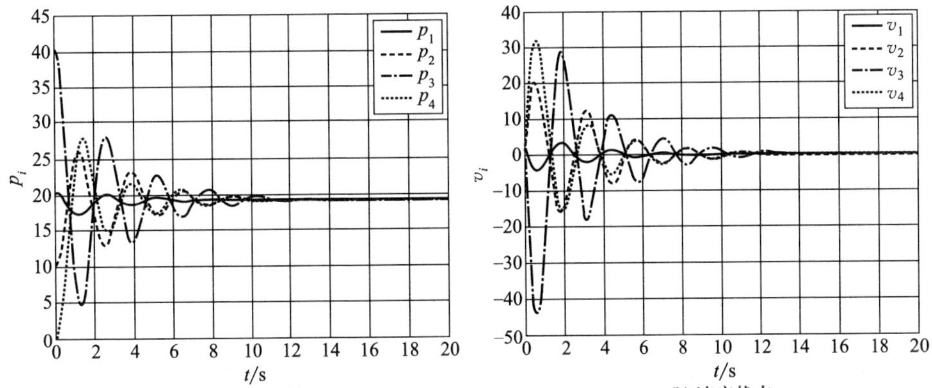

(a) 位置状态　　(b) 速度状态

图 5-5　离散时间系统静态一致性

5.4 连续时间含时延系统的一致性控制

5.4.1 问题描述

在连续时间条件下，多智能体系统中各智能体的状态[103,104]描述如下，时延对系统的影响主要体现在智能体控制器的设计上。

$$\begin{aligned}\dot{p}_i(t)&=v_i(t)\\ \dot{v}_i(t)&=u_i(t)\end{aligned} \tag{5-46}$$

式中，$p_i(t)$，$v_i(t)$ 和 $u_i(t)$ 分别表示智能体 i 的位置、速度和控制输入。

令 $\boldsymbol{x}=[\boldsymbol{p}^{\mathrm{T}}(t)\quad \boldsymbol{v}^{\mathrm{T}}(t)]^{\mathrm{T}}$，$\boldsymbol{p}(t)=[p_1(t)\quad p_2(t)\quad \cdots\quad p_n(t)]^{\mathrm{T}}$，$\boldsymbol{v}(t)=[v_1(t)\quad v_2(t)\quad \cdots\quad v_n(t)]^{\mathrm{T}}$，$\boldsymbol{u}(t)=[u_1(t)\quad u_2(t)\quad \cdots\quad u_n(t)]^{\mathrm{T}}$，其中 n 为系统中智能体的数量。

系统的状态空间表达式为

$$\dot{\boldsymbol{x}}(t)=\boldsymbol{A}\boldsymbol{x}(t)+\boldsymbol{B}\boldsymbol{u}(t) \tag{5-47}$$

式中，$\boldsymbol{A}=\begin{bmatrix}0 & 1\\ 0 & 0\end{bmatrix}\otimes \boldsymbol{I}_n$，$\boldsymbol{B}=\begin{bmatrix}0\\ 1\end{bmatrix}\otimes \boldsymbol{I}_n$。

5.4.2 设计控制器

针对定义 5.1 所描述的动态一致性，设计智能体的动态一致性控制器为

$$u_i(t)=\alpha\sum_{j\in N_i}a_{ij}(p_j(t-\tau)-p_i(t-\tau))+\beta\sum_{j\in N_i}a_{ij}(v_j(t-\tau)-v_i(t-\tau)) \tag{5-48}$$

式中，$\alpha>0$，$\beta>0$ 为增益参数，τ 为时延。

转换为如下的矩阵形式：

$$\begin{aligned}\boldsymbol{u}(t)&=-\alpha\boldsymbol{L}\boldsymbol{p}(t-\tau)-\beta\boldsymbol{L}\boldsymbol{v}(t-\tau)\\ &=-[\alpha\boldsymbol{L}\quad \beta\boldsymbol{L}]\boldsymbol{x}(t-\tau)\end{aligned} \tag{5-49}$$

引理 5.1[105] 对于任意的正常数 $\alpha>0$，$\beta>0$，定义矩阵 $\boldsymbol{\Gamma}=\begin{bmatrix}0 & \boldsymbol{I}_n\\ -\alpha\boldsymbol{L} & -\beta\boldsymbol{L}\end{bmatrix}$，其中 $\boldsymbol{L}$ 是系统拓扑的拉普拉斯矩阵。根据矩阵 $\boldsymbol{L}$ 的定义可知矩阵 $\boldsymbol{\Gamma}$ 有两个确

定的零特征值，并且当系统拓扑图连通时矩阵 $\boldsymbol{\Gamma}$ 的零特征值的几何重数等于 1。另外，矩阵 $\boldsymbol{\Gamma}$ 除了零特征值外其他所有特征值均有负实部。

定理 5.5　针对由式(5-46) 构成的多智能体系统，假设系统通信拓扑图是连通图，那么针对式(5-48) 所示的含有时延 τ 的控制器，当时延满足后面的条件式(5-64) 时系统可实现定义 5.1 所描述的动态一致。

证明：将控制器式(5-48) 代入系统模型式(5-46) 中得到

$$\begin{aligned}\dot{p}_i(t)&=v_i(t)\\ \dot{v}_i(t)&=\alpha\sum_{j\in N_i}a_{ij}(p_j(t-\tau)-p_i(t-\tau))+\\ &\quad\beta\sum_{j\in N_i}a_{ij}(v_j(t-\tau)-v_i(t-\tau))\end{aligned}\tag{5-50}$$

对上式进行拉氏变换[105,106]，得到

$$\begin{aligned}sp_i(s)-p_i(0)&=v_i(s)\\ sv_i(s)-v_i(0)&=\alpha\sum_{j\in N_i}a_{ij}(\mathrm{e}^{-\tau s}p_j(s)-\mathrm{e}^{-\tau s}p_i(s))+\\ &\quad\beta\sum_{j\in N_i}a_{ij}(\mathrm{e}^{-\tau s}v_j(s)-\mathrm{e}^{-\tau s}v_i(s))\\ &=\mathrm{e}^{-\tau s}\sum_{j\in N_i}a_{ij}(\alpha(p_j(s)-p_i(s))+\beta(v_j(s)-v_i(s)))\end{aligned}\tag{5-51}$$

令 $\boldsymbol{p}(s)=[p_1(s)\quad p_2(s)\quad\cdots\quad p_n(s)]^{\mathrm{T}}$，$\boldsymbol{v}(s)=[v_1(s)\quad v_2(s)\quad\cdots\quad v_n(s)]^{\mathrm{T}}$，结合拉普拉斯矩阵 $\boldsymbol{L}$ 有

$$s\begin{bmatrix}\boldsymbol{p}(s)\\ \boldsymbol{v}(s)\end{bmatrix}-\begin{bmatrix}\boldsymbol{p}(0)\\ \boldsymbol{v}(0)\end{bmatrix}=\begin{bmatrix}0&\boldsymbol{I}_n\\ -\alpha\boldsymbol{L}\mathrm{e}^{-\tau s}&-\beta\boldsymbol{L}\mathrm{e}^{-\tau s}\end{bmatrix}\begin{bmatrix}\boldsymbol{p}(s)\\ \boldsymbol{v}(s)\end{bmatrix}\tag{5-52}$$

令 $\boldsymbol{\Gamma}_\tau=\begin{bmatrix}0&\boldsymbol{I}_n\\ -\alpha\boldsymbol{L}\mathrm{e}^{-\tau s}&-\beta\boldsymbol{L}\mathrm{e}^{-\tau s}\end{bmatrix}$，上式可转换为

$$\begin{aligned}s\begin{bmatrix}\boldsymbol{p}(s)\\ \boldsymbol{v}(s)\end{bmatrix}-\begin{bmatrix}\boldsymbol{p}(0)\\ \boldsymbol{v}(0)\end{bmatrix}&=\boldsymbol{\Gamma}_\tau\begin{bmatrix}\boldsymbol{p}(s)\\ \boldsymbol{v}(s)\end{bmatrix}\\ s\begin{bmatrix}\boldsymbol{p}(s)\\ \boldsymbol{v}(s)\end{bmatrix}-\boldsymbol{\Gamma}_\tau\begin{bmatrix}\boldsymbol{p}(s)\\ \boldsymbol{v}(s)\end{bmatrix}&=\begin{bmatrix}\boldsymbol{p}(0)\\ \boldsymbol{v}(0)\end{bmatrix}\\ (s\boldsymbol{I}_{2n}-\boldsymbol{\Gamma}_\tau)\begin{bmatrix}\boldsymbol{p}(s)\\ \boldsymbol{v}(s)\end{bmatrix}&=\begin{bmatrix}\boldsymbol{p}(0)\\ \boldsymbol{v}(0)\end{bmatrix}\\ \begin{bmatrix}\boldsymbol{p}(s)\\ \boldsymbol{v}(s)\end{bmatrix}&=(s\boldsymbol{I}_{2n}-\boldsymbol{\Gamma}_\tau)^{-1}\begin{bmatrix}\boldsymbol{p}(0)\\ \boldsymbol{v}(0)\end{bmatrix}\end{aligned}\tag{5-53}$$

结合传递函数的知识，有

$$\begin{bmatrix}\boldsymbol{p}(s)\\\boldsymbol{v}(s)\end{bmatrix}=(s\boldsymbol{I}_{2n}-\boldsymbol{\Gamma}_{\tau})^{-1}\begin{bmatrix}\boldsymbol{p}(0)\\\boldsymbol{v}(0)\end{bmatrix}$$
$$\boldsymbol{x}(s)=\boldsymbol{G}_{\tau}(s)\boldsymbol{x}(0) \tag{5-54}$$

将其中的 $\boldsymbol{x}(0)$ 看作系统初态，$\boldsymbol{x}(s)$ 为末态，那么系统的传递函数即 $\boldsymbol{G}_{\tau}(s)=(s\boldsymbol{I}_{2n}-\boldsymbol{\Gamma}_{\tau})^{-1}$。因此，上述二阶协议收敛的充分条件是，除了两个位于零位置的孤立极点外，$\boldsymbol{G}_{\tau}(s)$ 的其他所有极点都必须在开环左半平面[105]。

定义$\boldsymbol{Z}_{\tau}(s)=\boldsymbol{G}_{\tau}^{-1}(s)=(s\boldsymbol{I}_{2n}-\boldsymbol{\Gamma}_{\tau})$，根据多变量控制理论，需要找到使 $\boldsymbol{Z}_{\tau}(s)$ 的所有零点都在开环左半平面或 $s=0$ 的充分条件。定义矩阵 $\boldsymbol{\Gamma}=\begin{bmatrix}0 & \boldsymbol{I}_n\\-\alpha\boldsymbol{L} & -\beta\boldsymbol{L}\end{bmatrix}$，根据引理 5.1 可知 $\boldsymbol{\Gamma}$ 有两个确定的零特征值并且零特征值的几何重数等于 1。注意 $[\boldsymbol{1}^{\mathrm{T}}\quad \boldsymbol{0}^{\mathrm{T}}]^{\mathrm{T}}$ 和 $[\boldsymbol{0}^{\mathrm{T}}\quad \boldsymbol{1}^{\mathrm{T}}]^{\mathrm{T}}$ 可以分别是 $\boldsymbol{\Gamma}$ 关于 0 特征值的一个特征向量和广义特征向量。

当 $s=0$ 时，$\boldsymbol{Z}_{\tau}(s=0)=-\boldsymbol{\Gamma}$，此时$\boldsymbol{G}_{\tau}(s)$ 在零位置有两个独立的极点。令$\left(s,\begin{bmatrix}\boldsymbol{w}_k\\g_k\boldsymbol{w}_k\end{bmatrix}\right)$是$\boldsymbol{Z}_{\tau}(s)$ 在 $\begin{bmatrix}\boldsymbol{w}_k\\g_k\boldsymbol{w}_k\end{bmatrix}$方向上频率 s 的右传输零点，也就是说 $\boldsymbol{Z}_{\tau}(s)\begin{bmatrix}w_k\\g_kw_k\end{bmatrix}=0$，其中 $g_k\in\mathbb{C}$，$k>1$，$\boldsymbol{w}_k$ 是矩阵$-\boldsymbol{L}$ 关于特征值λ_k 的特征向量。

那么有

$$\begin{aligned}\left(s\boldsymbol{I}_{2n}-\begin{bmatrix}0 & \boldsymbol{I}_n\\-\alpha\boldsymbol{L}\mathrm{e}^{-\tau s} & -\beta\boldsymbol{L}\mathrm{e}^{-\tau s}\end{bmatrix}\right)\begin{bmatrix}\boldsymbol{w}_k\\g_k\boldsymbol{w}_k\end{bmatrix}&=s\begin{bmatrix}\boldsymbol{w}_k\\g_k\boldsymbol{w}_k\end{bmatrix}-\begin{bmatrix}g_k\boldsymbol{w}_k\\\alpha(-\boldsymbol{L})\boldsymbol{w}_k\mathrm{e}^{-\tau s}+\beta g_k(-\boldsymbol{L})\boldsymbol{w}_k\mathrm{e}^{-\tau s}\end{bmatrix}\\&=s\begin{bmatrix}\boldsymbol{w}_k\\g_k\boldsymbol{w}_k\end{bmatrix}-\begin{bmatrix}g_k\boldsymbol{w}_k\\\alpha\lambda_k\boldsymbol{w}_k\mathrm{e}^{-\tau s}+\beta g_k\lambda_k\boldsymbol{w}_k\mathrm{e}^{-\tau s}\end{bmatrix}\\&=s\begin{bmatrix}\boldsymbol{w}_k\\g_k\boldsymbol{w}_k\end{bmatrix}-\begin{bmatrix}g_k\boldsymbol{w}_k\\\lambda_k\boldsymbol{w}_k(\alpha+\beta g_k)\mathrm{e}^{-\tau s}\end{bmatrix}\end{aligned} \tag{5-55}$$

鉴于 $\lambda_k\boldsymbol{w}_k(\alpha+\beta g_k)\mathrm{e}^{-\tau s}=g_k^2$，得到

$$s\begin{bmatrix}\boldsymbol{w}_k\\g_k\boldsymbol{w}_k\end{bmatrix}-g_k\begin{bmatrix}\boldsymbol{w}_k\\g_k\boldsymbol{w}_k\end{bmatrix}=(s-g_k)\begin{bmatrix}\boldsymbol{w}_k\\g_k\boldsymbol{w}_k\end{bmatrix}=0 \tag{5-56}$$

由于 $s\begin{bmatrix}\boldsymbol{w}_k\\g_k\boldsymbol{w}_k\end{bmatrix}\neq0$，容易得到 $s=g_k$。那么 $s\neq0$ 需要满足下述方程：

$$\lambda_k(\alpha+\beta s)\mathrm{e}^{-\tau s}=s^2 \tag{5-57}$$

式中，$k>1$。

注意我们可以从式(5-57) 中求得$\boldsymbol{Z}_\tau(s)$ 关于每个特征值 $\lambda_k<0$ 的零点数值解。

接下来找寻使得$\boldsymbol{Z}_\tau(s)$ 在虚轴 jω 有零点的最小时延 $\tau>0$。令式(5-57) 中 $s=\mathrm{j}\omega$，有

$$\lambda_k(\alpha+\mathrm{j}\beta\omega)\mathrm{e}^{-\mathrm{j}\omega\tau}=-\omega^2 \tag{5-58}$$

假设 $\omega>0$，因为 $\lambda<0$，因此有 $(\alpha+\mathrm{j}\beta\omega)$ $\mathrm{e}^{-\mathrm{j}\omega\tau}$ 是一个正实数。那么 $\mathrm{e}^{-\mathrm{j}\omega\tau}$ 和 $\alpha+\mathrm{j}\beta\omega$ 的相角（phase angle）之和为 $2m\pi$，其中 $m=0$，±1，±2，…。这表明 $-\omega\tau+\arctan\dfrac{\beta\omega}{\alpha}=2m\pi$。

因此可以得到

$$\tau=\left(\arctan\left(\frac{\beta\omega}{\alpha}\right)-2m\pi\right)/\omega \tag{5-59}$$

由于式(5-58) 两边的幅值（magnitude）必须相同，有

$$\lambda_k\sqrt{\alpha^2+\beta^2\omega^2}=-\omega^2 \tag{5-60}$$

或

$$\omega^4-\lambda^2\beta^2\omega^2-\lambda_k^2\alpha^2=0 \tag{5-61}$$

简单计算可以得出

$$\omega=\sqrt{(\lambda_k^2\beta^2+\sqrt{\lambda_k^4\beta^4+4\lambda_k^2\alpha^2})/2}\overset{\triangle}{=}\eta_k \tag{5-62}$$

结合式(5-59) 和式(5-62) 可以得到

$$\tau=\left(\arctan\left(\frac{\beta\eta_k}{\alpha}\right)-2m\pi\right)/\eta_k,m=0,\pm1,\pm2,\cdots \tag{5-63}$$

最小的时延 τ 存在于 $m=0$，即

$$\tau^*=\min_{k>1}\left\{\arctan\left(\frac{\beta\eta_k}{\alpha}\right)/\eta_k\right\} \tag{5-64}$$

我们可以对 $\omega<0$ 的情况重复一个非常类似的论证，得到同样的结论。

由于 $\tau=0$ 时，式(5-57) 的所有根除 $s=0$ 外都位于开环左半平面，以及式(5-57) 的根对时延 τ 的连续依赖性，那么针对所有的 $\tau\in(0,\tau^*)$，$\tau^*=\min\limits_{k>1}\left\{\arctan\left(\dfrac{\beta\eta_k}{\alpha}\right)/\eta_k\right\}$，式(5-57) 在 $k>1$ 时的根仍然在开环左半平面。

综上，$G_\tau(s)$ 的极点除 $s=0$ 外都在开环左半平面，即系统是稳定的。因此可以得出结论，按照函数微分方程的稳定性理论[107]，系统的二阶一致性条

件成立。此外，当 $\tau=\tau^*$ 时，$v(t)$ 有一个全局渐近稳定的振荡解。

【证毕】

5.4.3 实验验证

为了验证所设计时延控制器式(5-48) 的有效性，仍然采用连续时间系统下的实验条件，即假设智能体的数量、初始状态、通信拓扑和增益参数均与5.2.3 节一致。图 5.1 所对应 $\boldsymbol{L}$ 矩阵的特征值为 $\lambda_1=0$，$\lambda_2=2$，$\lambda_3=\lambda_4=4$，通过求解式(5-64) 可得系统的时延 $\tau_{\max}=0.29$。

为了对比时延对系统收敛的影响，我们进行了时延 $\tau=0$，$\tau=0.8\tau_{\max}$ 和 $\tau=\tau_{\max}$ 三种情况下的实验，其结果如图 5-6 所示。

图 5-6(a)、(b) 分别展示了在 $\tau=0$ 时，系统式(5-46) 在控制器式(5-48) 下的位置状态和速度状态随时间的变化曲线。由于时延 $\tau=0$ 等价于无时延的连续时间系统一致性，因此其结果应与 5.2.3 节的实验结果一致，这一点也可

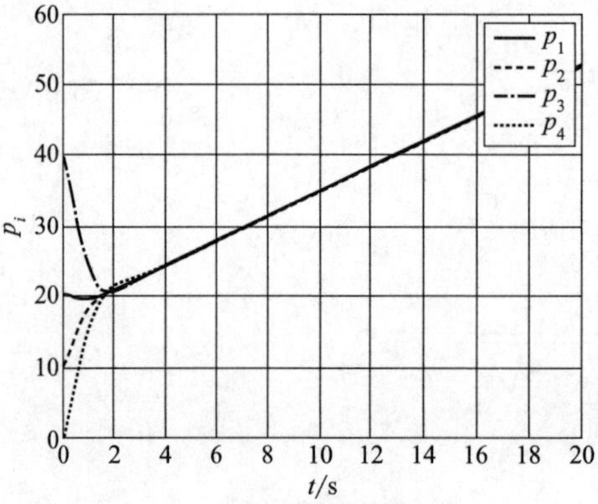

(a) $\tau=0$位置状态

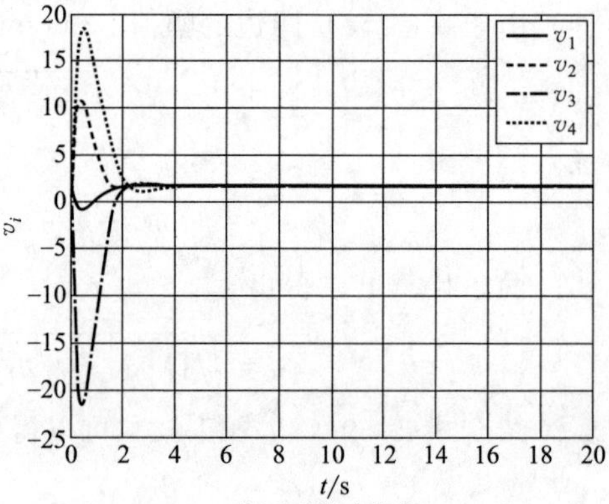

(b) $\tau=0$速度状态

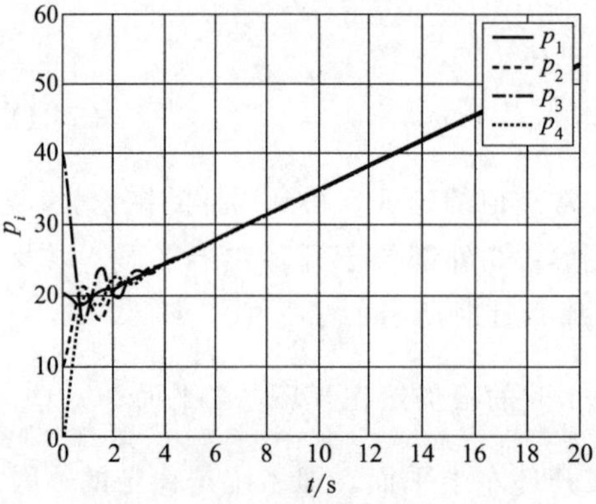

(c) $\tau=0.8\tau_{\max}$位置状态

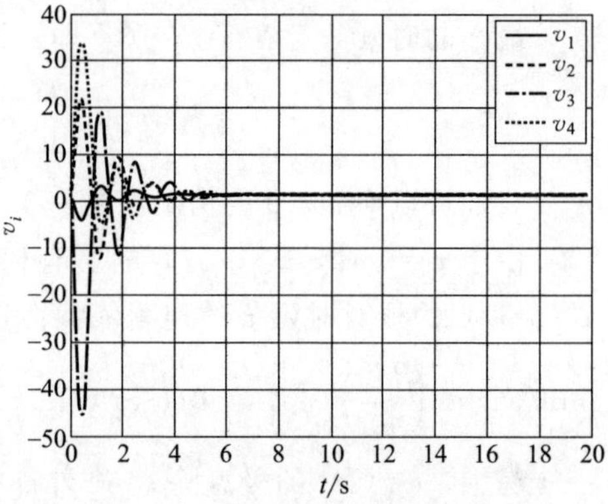

(d) $\tau=0.8\tau_{\max}$速度状态

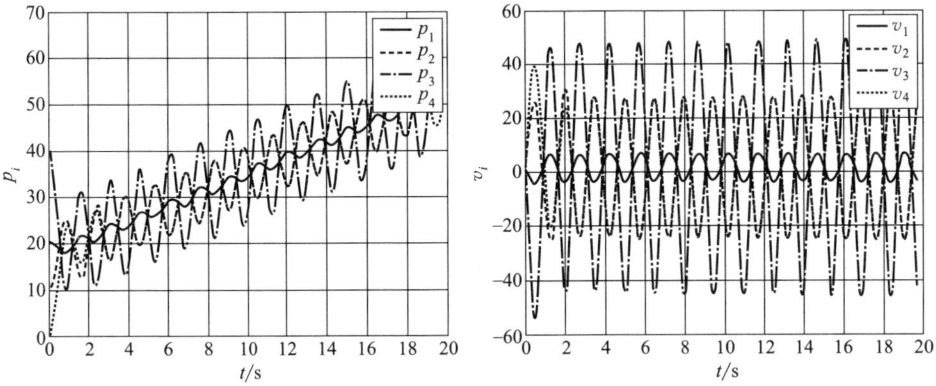

(e) $\tau=\tau_{\max}$位置状态　　(f) $\tau=\tau_{\max}$速度状态

图 5-6　连续时间含时延系统一致性

以通过对比图 5-2 得到验证。

图 5-6(c)、(d) 则分别展示了在 $\tau=0.8\tau_{\max}$ 时系统的位置状态和速度状态随时间的变化曲线，从图中可以明显看到系统的收敛速度变慢了。

图 5-6(e)、(f) 分别展示了在 $\tau=\tau_{\max}$ 时系统的位置状态和速度状态随时间的变化曲线。此时系统处于临界稳定状态，系统是振荡的。

5.5　领航跟随系统的一致性控制

5.5.1　问题描述

针对二阶系统的领航跟随控制问题[108]，跟随者模型可以表示为

$$\begin{aligned}\dot{p}_i(t)&=v_i(t)\\ \dot{v}_i(t)&=u_i(t)\end{aligned}\tag{5-65}$$

领航者常用下标 0 表示，其模型常表示为

$$\begin{aligned}\dot{p}_0(t)&=v_0(t)\\ \dot{v}_0(t)&=a_0(t)\end{aligned}\tag{5-66}$$

式中，a_0 是领航者的（加速度）控制输入。

令 $\boldsymbol{x}=[\boldsymbol{p}^{\mathrm{T}}(t)\quad \boldsymbol{v}^{\mathrm{T}}(t)]^{\mathrm{T}}$，$\boldsymbol{p}(t)=[p_1(t)\quad p_2(t)\quad \cdots\quad p_n(t)]^{\mathrm{T}}$，$\boldsymbol{v}(t)=[v_1(t)\quad v_2(t)\quad \cdots\quad v_n(t)]^{\mathrm{T}}$，$\boldsymbol{u}(t)=[u_1(t)\quad u_2(t)\quad \cdots\quad u_n(t)]^{\mathrm{T}}$，其中 n 为系统中跟随者智能体的数量，则跟随者的状态空间表达式为

$$\dot{\boldsymbol{x}}(t)=\boldsymbol{A}\boldsymbol{x}(t)+\boldsymbol{B}\boldsymbol{u}(t) \tag{5-67}$$

式中，$\boldsymbol{A}=\begin{bmatrix}0 & 1\\ 0 & 0\end{bmatrix}\otimes\boldsymbol{I}_n$，$\boldsymbol{B}=\begin{bmatrix}0\\ 1\end{bmatrix}\otimes\boldsymbol{I}_n$。

定义 5.5（二阶系统领航跟随） 当二阶系统中跟随者的状态与领航者的状态满足以下关系时，证明多智能体系统实现了领航跟随的一致性。

$$\begin{aligned}&\lim_{t\to\infty}\|p_i(t)-p_0(t)\|=0,\\&\lim_{t\to\infty}\|v_i(t)-v_0(t)\|=0,\end{aligned}\quad i,j=1,2,\cdots,n \tag{5-68}$$

5.5.2 设计控制器

针对定义 5.5 所描述的领航跟随一致性，设计的控制器为

$$\begin{aligned}u_i(t)=&\alpha\Big(\sum_{j\in N_i}a_{ij}(p_j(t)-p_i(t))+l_{il}(p_0(t)-p_i(t))\Big)+\\&\beta\Big(\sum_{j\in N_i}a_{ij}(v_j(t)-v_i(t))+l_{il}(v_0(t)-v_i(t))\Big)+a_0\end{aligned} \tag{5-69}$$

式中，$\alpha>0$，$\beta>0$ 为增益参数，l_{il} 表示第 i 个跟随者与领航者之间的关系。

结合拉普拉斯矩阵 $\boldsymbol{L}$ 和牵制矩阵 $\boldsymbol{L}_l$，将控制器转换为如下矩阵形式：

$$\begin{aligned}\boldsymbol{u}&=\alpha(-\boldsymbol{L}\boldsymbol{p}+\boldsymbol{L}_l(\boldsymbol{1}_np_0-\boldsymbol{p}))+\beta(-\boldsymbol{L}\boldsymbol{v}+\boldsymbol{L}_l(\boldsymbol{1}_nv_0-\boldsymbol{v}))+\boldsymbol{1}_na_0\\&=\begin{bmatrix}\alpha(\boldsymbol{L}+\boldsymbol{L}_l) & \beta(\boldsymbol{L}+\boldsymbol{L}_l)\end{bmatrix}\begin{bmatrix}\boldsymbol{1}_np_0-\boldsymbol{p}\\ \boldsymbol{1}_nv_0-\boldsymbol{v}\end{bmatrix}+\boldsymbol{1}_na_0\end{aligned} \tag{5-70}$$

式中，$\boldsymbol{L}_l=\mathrm{diag}\begin{bmatrix}l_{1l} & l_{2l} & \cdots & l_{nl}\end{bmatrix}$。

引理 5.2[109] 给定一个复系数多项式

$$f(s)=s^2+(a+\mathrm{j}b)s+c+\mathrm{j}d \tag{5-71}$$

式中，a，b，c，$d\in\mathbb{R}$。当且仅当 $a>0$ 且 $abd+a^2c-d^2>0$ 时，$f(s)$ 是赫尔维茨（Hurwitz）稳定的。

定理 5.6 考虑同时含有跟随者式(5-65) 和领航者式(5-66) 的多智能体系统。假设对于给定的增益参数 α，β，存在适当维度的正定矩阵 $\boldsymbol{P}$ 使得在下面证明中出现的式(5-79) 成立，那么系统式(5-75) 是渐进稳定的，同时意味着系统中的跟随者实现了对领航者的跟随。

证明： 定义误差变量为 $\tilde{\boldsymbol{p}}=\boldsymbol{p}-\boldsymbol{1}_np_0$，$\tilde{\boldsymbol{v}}=\boldsymbol{v}-\boldsymbol{1}_nv_0$。结合跟随者模型式(5-65) 和领航者模型式(5-66) 有

$$\begin{bmatrix} \dot{\tilde{\boldsymbol{p}}} \\ \dot{\tilde{\boldsymbol{v}}} \end{bmatrix} = \begin{bmatrix} \dot{\boldsymbol{p}} - \mathbf{1}_n \dot{p}_0 \\ \dot{\boldsymbol{v}} - \mathbf{1}_n \dot{v}_0 \end{bmatrix} = \begin{bmatrix} \boldsymbol{v} - \mathbf{1}_n v_0 \\ \boldsymbol{u} - \mathbf{1}_n a_0 \end{bmatrix} = \begin{bmatrix} \tilde{v}_0 \\ \boldsymbol{u} - \mathbf{1}_n a_0 \end{bmatrix} \tag{5-72}$$

将控制器式(5-69) 代入上式中，得到

$$\begin{bmatrix} \dot{\tilde{\boldsymbol{p}}} \\ \dot{\tilde{\boldsymbol{v}}} \end{bmatrix} = \begin{bmatrix} \tilde{v} \\ \alpha(-\boldsymbol{L}\boldsymbol{p} + \boldsymbol{L}_l(\mathbf{1}_n p_0 - \boldsymbol{p})) + \beta(-\boldsymbol{L}\boldsymbol{v} + \boldsymbol{L}_l(\mathbf{1}_n v_0 - \boldsymbol{v})) \end{bmatrix} \tag{5-73}$$

结合矩阵 $\boldsymbol{L}$ 行和为 0 的性质有 $\boldsymbol{L}\mathbf{1}_n p_0 = 0$，$\boldsymbol{L}\mathbf{1}_n v_0 = 0$，故

$$\begin{aligned} \begin{bmatrix} \dot{\tilde{\boldsymbol{p}}} \\ \dot{\tilde{\boldsymbol{v}}} \end{bmatrix} &= \begin{bmatrix} \tilde{\boldsymbol{v}} \\ \alpha(\boldsymbol{L}\mathbf{1}_n p_0 - \boldsymbol{L}\boldsymbol{p} + \boldsymbol{L}_l(\mathbf{1}_n p_0 - \boldsymbol{p})) + \beta(\boldsymbol{L}\mathbf{1}_n v_0 - \boldsymbol{L}\boldsymbol{v} + \boldsymbol{L}_l(\mathbf{1}_n v_0 - \boldsymbol{v})) \end{bmatrix} \\ &= \begin{bmatrix} 0 & \boldsymbol{I}_n \\ -\alpha(\boldsymbol{L} + \boldsymbol{L}_l) & -\beta(\boldsymbol{L} + \boldsymbol{L}_l) \end{bmatrix} \begin{bmatrix} \tilde{\boldsymbol{p}} \\ \tilde{\boldsymbol{v}} \end{bmatrix} \end{aligned} \tag{5-74}$$

令 $\boldsymbol{\Gamma}_l = \begin{bmatrix} 0 & \boldsymbol{I}_n \\ -\alpha(\boldsymbol{L} + \boldsymbol{L}_l) & -\beta(\boldsymbol{L} + \boldsymbol{L}_l) \end{bmatrix}$，于是有

$$\dot{\tilde{\boldsymbol{x}}} = \boldsymbol{\Gamma}_l \tilde{\boldsymbol{x}} \tag{5-75}$$

矩阵 $\boldsymbol{\Gamma}_l$ 的特征多项式[110] 为

$$\begin{aligned} \det(s\boldsymbol{I}_{2n} - \boldsymbol{\Gamma}_l) &= \det\left(\begin{bmatrix} s\boldsymbol{I}_n & -\boldsymbol{I}_n \\ \alpha(\boldsymbol{L} + \boldsymbol{L}_l) & s\boldsymbol{I}_n + \beta(\boldsymbol{L} + \boldsymbol{L}_l) \end{bmatrix} \right) \\ &= \det(s^2 \boldsymbol{I}_n + s\beta(\boldsymbol{L} + \boldsymbol{L}_l) + \alpha(\boldsymbol{L} + \boldsymbol{L}_l)) \end{aligned} \tag{5-76}$$

其中的第二个等式是基于舒尔公式(Schur's formula)[111] 得到的。

令 μ_i 是 $\boldsymbol{L} + \boldsymbol{L}_l$ 的第 i 个特征值，有

$$\det(s\boldsymbol{I}_{2n} - \boldsymbol{\Gamma}_l) = \prod_{i=1}^{n} (s^2 + s\beta\mu_i + \alpha\mu_i) \tag{5-77}$$

记 $f(s, \mu_i) = s^2 + s\beta\mu_i + \alpha\mu_i$。根据引理 5.2 可得，针对所有特征值 μ_i，增益参数 α，β 均需满足如下条件：

$$\beta > 0, \frac{\beta^2}{\alpha} > \frac{\mathrm{Im}^2\{\mu_i\}}{\mathrm{Re}^3\{\mu_i\} + \mathrm{Re}\{\mu_i\}\mathrm{Im}^2\{\mu_i\}} \tag{5-78}$$

在求解上述条件时，用到了矩阵 $\boldsymbol{L} + \boldsymbol{L}_f$ 正定 $\mathrm{Re}\{\mu_i\} > 0$ 这一性质，这可在引理 4.2 中证明。结合李雅普诺夫定理 2.10，假设存在一个正定矩阵 $\boldsymbol{P} \in \mathbb{R}^{2n \times 2n}$ 使得

$$\boldsymbol{\Gamma}_l^{\mathrm{T}}\boldsymbol{P}+\boldsymbol{P}\boldsymbol{\Gamma}_l=-\boldsymbol{I}_{2n} \tag{5-79}$$

成立，那么系统就是渐进稳定的。

同时定义李雅普诺夫函数为

$$V(\tilde{\boldsymbol{x}})=\tilde{\boldsymbol{x}}^{\mathrm{T}}\boldsymbol{P}\tilde{\boldsymbol{x}} \tag{5-80}$$

关于时间求导有

$$\begin{aligned}\dot{V}(\tilde{\boldsymbol{x}})&=\dot{\tilde{\boldsymbol{x}}}^{\mathrm{T}}\boldsymbol{P}\tilde{\boldsymbol{x}}+\tilde{\boldsymbol{x}}^{\mathrm{T}}\boldsymbol{P}\dot{\tilde{\boldsymbol{x}}}\\&=(\boldsymbol{\Gamma}_l\tilde{\boldsymbol{x}})^{\mathrm{T}}\boldsymbol{P}\tilde{\boldsymbol{x}}+\tilde{\boldsymbol{x}}^{\mathrm{T}}\boldsymbol{P}\boldsymbol{\Gamma}_l\tilde{\boldsymbol{x}}\\&=\tilde{\boldsymbol{x}}^{\mathrm{T}}\boldsymbol{\Gamma}_l^{\mathrm{T}}\boldsymbol{P}\tilde{\boldsymbol{x}}+\tilde{\boldsymbol{x}}^{\mathrm{T}}\boldsymbol{P}\boldsymbol{\Gamma}_l\tilde{\boldsymbol{x}}\\&=\tilde{\boldsymbol{x}}^{\mathrm{T}}(\boldsymbol{\Gamma}_l^{\mathrm{T}}\boldsymbol{P}+\boldsymbol{P}\boldsymbol{\Gamma}_l)\tilde{\boldsymbol{x}}\\&=\tilde{\boldsymbol{x}}^{\mathrm{T}}(-\boldsymbol{I}_{2n})\tilde{\boldsymbol{x}}\leqslant 0\end{aligned} \tag{5-81}$$

此时，误差变量$\tilde{\boldsymbol{x}}$渐进稳定，即系统实现了对领航者的跟踪。

【证毕】

5.5.3 实验验证

假设存在如图 5-7 所示的二阶领航跟随系统。

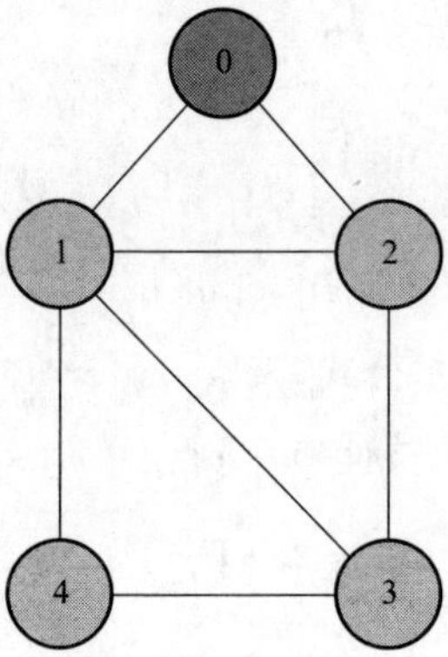

图 5-7 领航跟随系统拓扑结构图

其拉普拉斯矩阵 $\boldsymbol{L}$ 和牵制矩阵 $\boldsymbol{L}_l$ 分别为

$$\boldsymbol{L}=\begin{bmatrix}3&-1&-1&-1\\-1&2&-1&0\\-1&-1&3&-1\\-1&0&-1&2\end{bmatrix},\boldsymbol{L}_l=\begin{bmatrix}1&0&0&0\\0&1&0&0\\0&0&0&0\\0&0&0&0\end{bmatrix}$$

跟随者智能体的模型为式(5-65)，初始位置状态为 $\boldsymbol{p}(0)=[20\quad 10\quad 40\quad 0]^{\mathrm{T}}$，初始速度状态为 $\boldsymbol{v}(0)=[2\quad 1\quad 4\quad 0]^{\mathrm{T}}$。领航者智能体的模型为式(5-66)，初始位置状态为 $p_0(0)=20$，初始速度状态为 $v_0(0)=2$。增益参数为 $\alpha=1.5$，$\beta=1.0$。

图 5-8 和图 5-9 分别展示了领航者为静态和动态时系统的状态变化。当系统中领航者为静态领航者时，其控制输入（加速度）$a_0(t)=0$，即速度状态不再随时间发生变换，这在图 5-8(b) 中得以体现。同时，图 5-8(a) 中的位置状态以恒定速率变化。当系统中领航者为动态领航者时，控制输入不为 0，假设 $a_0(t)=0.5$，则图 5-9(b) 中的速度状态以恒定速率变化，而图 5-9(a) 中的位置状态呈“抛物线”状变化。

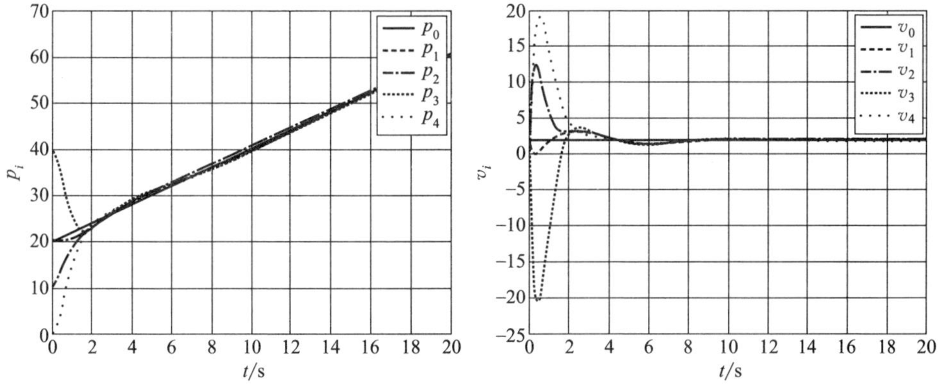

(a) 位置状态　　(b) 速度状态

图 5-8　领航跟随系统静态领航者 $a_0(t)=0$

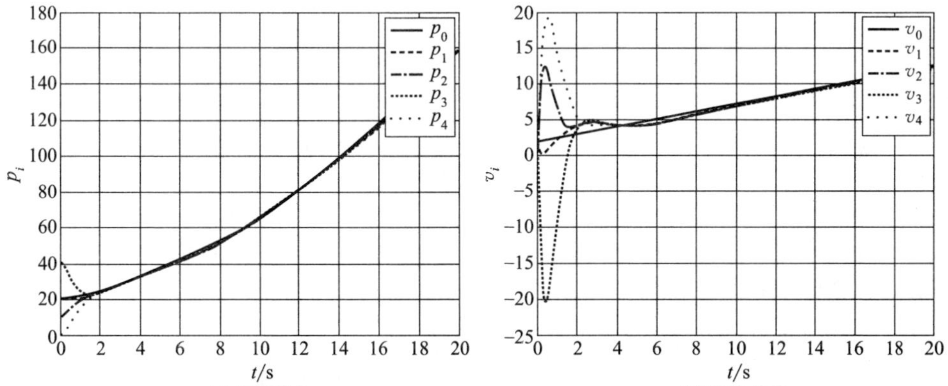

(a) 位置状态　　(b) 速度状态

图 5-9　领航跟随系统静态领航者 $a_0(t)=0.5$

5.6 连续时间的机器人编队控制

5.6.1 问题描述

编队控制问题是寻找一种协调方案，使多智能体能够形成并保持一定的编队或构型[112]。设连续时间的二阶智能体模型为

$$\begin{aligned} \dot{p}_i(t) &= v_i(t) \\ \dot{v}_i(t) &= u_i(t) \end{aligned} \tag{5-82}$$

令 $x=[p^{\mathrm{T}}(t) \quad v^{\mathrm{T}}(t)]^{\mathrm{T}}$，$p(t)=[p_1(t) \quad p_2(t) \quad \cdots \quad p_n(t)]^{\mathrm{T}}$，$v(t)=[v_1(t) \quad v_2(t) \quad \cdots \quad v_n(t)]^{\mathrm{T}}$，$u(t)=[u_1(t) \quad u_2(t) \quad \cdots \quad u_n(t)]^{\mathrm{T}}$，其中 n 为系统中智能体的数量。连续时间系统的状态空间表达式为

$$\dot{x}(t)=Ax(t)+Bu(t) \tag{5-83}$$

其中 $A=\begin{bmatrix}0 & 1\\ 0 & 0\end{bmatrix}\otimes I_n$，$B=\begin{bmatrix}0\\ 1\end{bmatrix}\otimes I_n$。

设定编队控制向量为 $d(x)=[d(p) \quad d(v)]^{\mathrm{T}}$，同时其具有如下关系

$$\begin{aligned} d(\dot{x}) &= \begin{bmatrix} d(\dot{p}) \\ d(\dot{v}) \end{bmatrix} = \begin{bmatrix} d(v) \\ d(u) \end{bmatrix} \\ &= Ad(x(t))+Bd(u(t)) \end{aligned} \tag{5-84}$$

令误差向量为 $\tilde{x}=x-d(x)$，$\tilde{u}=u-d(u)$，可得如下的误差状态方程

$$\begin{aligned} \dot{\tilde{x}} &= \begin{bmatrix} \dot{\tilde{p}} \\ \dot{\tilde{v}} \end{bmatrix} = \begin{bmatrix} \dot{p}-d(\dot{p}) \\ \dot{v}-d(\dot{v}) \end{bmatrix} = \begin{bmatrix} v-d(v) \\ u-d(u) \end{bmatrix} = \begin{bmatrix} \tilde{v} \\ \tilde{u} \end{bmatrix} \\ &= A\tilde{x}(t)+B\tilde{u}(t) \end{aligned} \tag{5-85}$$

通过误差状态方程式(5-85)，系统的编队控制问题即可转换为求解误差状态变量的一致性问题。

定义 5.6（编队控制） 当系统中所有智能体的状态满足以下关系时，证明多智能体系统实现了编队控制。

$$\begin{aligned} &\lim_{t\to\infty}\|\tilde{p}_i(t)-\tilde{p}_j(t)\|=0, \\ &\qquad\qquad\qquad\qquad\qquad i,j=1,2,\cdots,n \\ &\lim_{t\to\infty}\|\tilde{v}_i(t)-\tilde{v}_j(t)\|=0, \end{aligned} \tag{5-86}$$

5.6.2 设计控制器

针对定义 5.6 所描述的编队控制，设计编队控制的控制器为

$$u_i(t)=\alpha\sum_{j\in N_i}a_{ij}(\tilde{p}_j(t)-\tilde{p}_i(t))+\beta\sum_{j\in N_i}a_{ij}(\tilde{v}_j(t)-\tilde{v}_i(t))+u_{ci} \tag{5-87}$$

其中 $\alpha>0$，$\beta>0$ 为增益参数，u_{ci} 为补偿项。

控制器的矩阵形式为

$$\begin{aligned}u&=-\alpha L\tilde{p}-\beta L\tilde{v}+u_c\\&=-\begin{bmatrix}\alpha L & \beta L\end{bmatrix}\tilde{x}+u_c\end{aligned} \tag{5-88}$$

其中 $u_c=\begin{bmatrix}u_{c1} & u_{c2} & \cdots & u_{cn}\end{bmatrix}^{\mathrm{T}}$。

关于补偿项的存在，是因为期望编队控制中的控制输入 $d(u)$ 不一定为 0。也就是说，期望编队队形也会随着时间和控制输入而发生变换。理想情况下 $u_c=d(u)$，但这在实际环境中往往无法满足，需要借助其他手段进行观测或估计。

定理 5.7　针对由式(5-82) 所构成的多智能体系统，假设系统的通信拓扑图是无向连通图或含有生成树的有向图，那么使用式(5-87) 所示的控制器时系统可实现定义 5.6 所描述的编队控制。

证明： 将设计的控制器式(5-88) 代入编队控制的误差状态方程式(5-85) 中，同时假设补偿项 u_c 与期望编队控制输入 $d(u)$ 相等，则可以得到

$$\begin{aligned}\dot{\tilde{x}}&=\begin{bmatrix}\dot{\tilde{p}}\\\dot{\tilde{v}}\end{bmatrix}=\begin{bmatrix}\tilde{v}\\\tilde{u}\end{bmatrix}=\begin{bmatrix}\tilde{v}\\u-d(u)\end{bmatrix}\\&=\begin{bmatrix}\tilde{v}\\-\begin{bmatrix}\alpha L & \beta L\end{bmatrix}\tilde{x}+u_c-d(u)\end{bmatrix}\\&=\begin{bmatrix}0_{n\times n} & I_n\\-\alpha L & -\beta L\end{bmatrix}\begin{bmatrix}\tilde{p}\\\tilde{v}\end{bmatrix}\end{aligned} \tag{5-89}$$

令 $\Gamma=\begin{bmatrix}0_{n\times n} & I_n\\-\alpha L & -\beta L\end{bmatrix}$，有

$$\dot{\tilde{x}}=\Gamma\dot{x} \tag{5-90}$$

根据定理 5.1 的证明过程可知，$\tilde{x}$ 是渐进稳定的，这里不再过多讨论。同

时，这也意味着系统实现了编队控制。

【证毕】

5.6.3 实验验证

假设存在连续时间下的多智能体系统，其智能体的模型为式(5-82)。智能体的初始状态、通信关系和增益参数均与5.2.3节的实验一致。设定期望编队控制向量中的期望位置为 $d(p)=[0\quad -10\quad -20\quad -30]^{\mathrm{T}}$，期望速度为 $d(v)=[0\quad 0\quad 0\quad 0]^{\mathrm{T}}$。在控制器式(5-87)的控制下，系统各状态变化如图5-10所示。

图5-10(a)和图5-10(b)分别展示了智能体的位置误差和速度误差，通过观察可知误差变量均达到了一致。而图5-10(c)和图5-10(d)为智能体的真实位置和速度，通过观察可知其真实状态实现了期望的编队状态。图5-10(e)和图5-10(f)分别为智能体间的相对位置误差和相对速度误差，这与期望编队

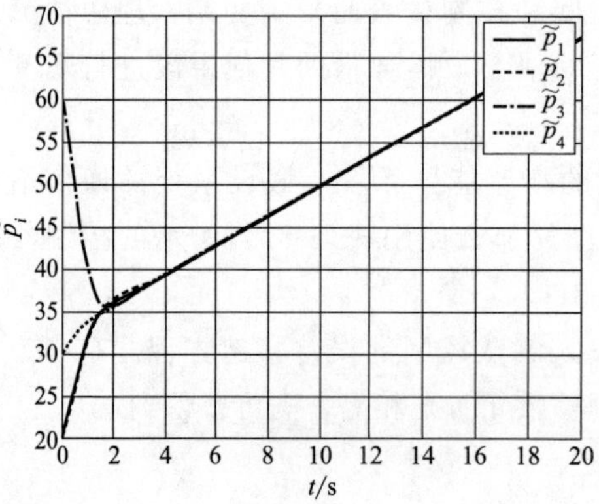

(a) 位置误差状态

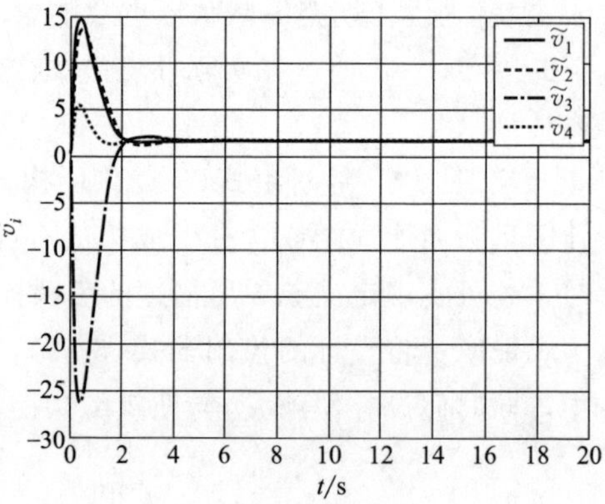

(b) 速度误差状态

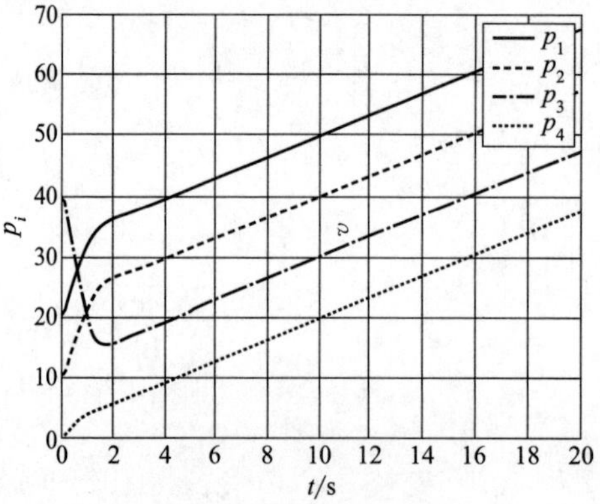

(c) 位置状态

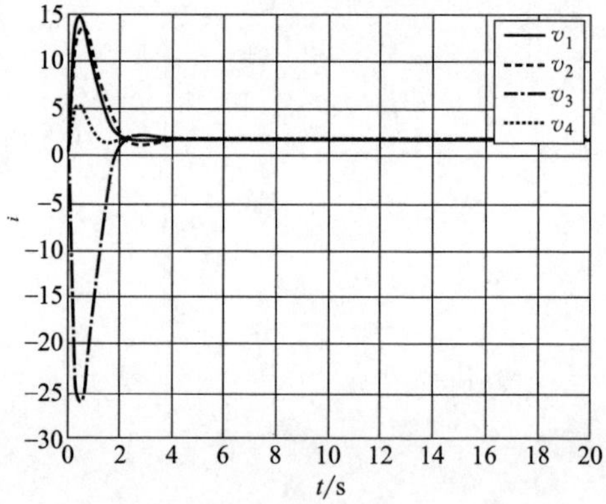

(d) 速度状态

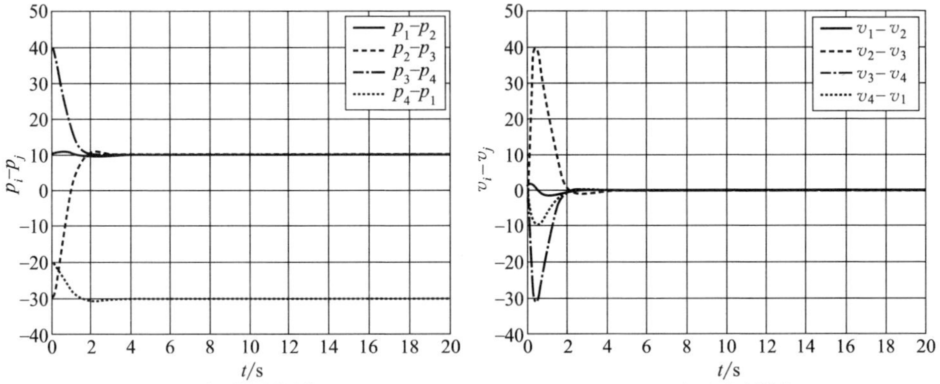

(e) 相对位置误差　　(f) 相对速度误差

图 5-10　编队控制系统

向量之间的相对误差状态是一致的。

本章小结

科学的发展是一步一步前进得到的，技术的进步是一点一滴积累产生的。在论述前一章的一阶多智能体机器人系统的基础上，本章讨论了更为复杂的二阶多智能体机器人系统。

本章以二阶智能体模型为基础，分别对连续时间系统和离散时间系统的一致性控制设计了相应的控制器，并通过稳定性分析给出了增益参数的限制条件和系统最终的稳态值。当连续时间系统中存在时延的时候，给出了存在时延的一致性控制器，并对时延的影响进行了分析，也给出了时延的限制条件。然后阐述了领航跟随系统的一致性，设计了领航跟随控制器，可以实现跟随者对领航者的跟随。最后，通过定义期望状态变量，结合一致性控制设计了系统的编队控制器。

思考与练习题

1. 描述二阶多智能体系统的微分方程和状态空间表达式各是什么？

2. 当系统达到一致时，根据速度状态的不同可以将一致性分为哪两类？

3. 动态一致性的定义是什么？

4. 静态一致性的定义是什么?
5. 在连续时间条件下是如何描述二阶多智能体系统中各智能体的状态的?
6. 连续时间下的二阶机器人系统达到动态一致性的控制器是什么?
7. 连续时间下的二阶机器人系统达到静态一致性的控制器是什么?
8. 在二阶离散时间下，多智能体系统的差分方程是什么?
9. 二阶离散系统的动态一致性定义是什么?
10. 二阶离散系统的静态一致性定义是什么?
11. 离散时间下的二阶机器人系统达到动态一致性的控制器是什么?
12. 离散时间下的二阶机器人系统达到静态一致性的控制器是什么?
13. 连续时间含时延二阶系统的动态一致性控制器是什么?
14. 在二阶多智能体系统中是如何定义领航跟随一致性的?
15. 在二阶多智能体系统中，领航跟随系统的一致性控制器是什么?
16. 当系统中的领航者为何状态时其速度不再随着时间发生变化?
17. 请给出二阶多智能体系统实现编队控制的条件。
18. 在二阶多智能体系统中，编队控制的控制器是什么?

第3篇

多智能体机器人系统的应用

第 6 章 地面多无人车系统的协同控制

本章讨论的多智能体机器人系统是在地面行驶的无人车。首先针对由麦克纳姆轮（Mecanum）构成的无人车，从运动原理出发介绍并分析无人车的动力学模型和运动学模型。然后将模型转换为状态空间表达式，构建多无人车系统的模型。在此基础上设计并分析系统的一致性控制和编队控制。最后，通过实验验证控制协议的有效性。

6.1 无人车的运动原理

无人车的车轮是由 4 个麦克纳姆轮组成，如图 6-1 所示。这种结构具有运动灵活、微调能力高、运行占用空间小等特点，适用于空间狭小、定位精度要求较高、工件姿态快速调整的场合。麦克纳姆轮的使用极大地扩展了无人车的应用场景。

麦克纳姆轮无人车通过 4 个轮子的配合，可以保证车身在不发生旋转的情况下实现任意角度的平移运动。同时，也可以保证车身在不发生水平运动的条件下实现多种旋转运动。总的来说，由麦克纳姆轮组成的无人车其平移运动和旋转运动互相独立，可以单独进行分析。这种特点使用户可以方便地对其进行建模分析，并根据目标任务进行控制。

为此，下面首先从平移运动和旋转运动两方面进一步说明无人车的运动原理，介绍 4 个轮子是如何配合从而实现无人车的各种运动。需要注意的是，图 6-2 和图 6-3 中所描述的是麦克纳姆轮与地面接触面的示意图，这与图 6-1 中拍摄的俯视图中转子方向刚好相差了 90°，即麦克纳姆轮与地面接触时转子若为斜向右上方向，则俯视图中看到的转子方向为斜向左上方向。

图 6-1　无人车硬件实物

6.1.1　平移运动

传统的四轮驱动无人车只能实现与车身垂直方向的运动，或通过调节车身两侧车轮的转速实现曲线运动。而麦克纳姆轮无人车不仅可以实现在垂直方向的移动，还可以实现水平方向的移动和任意角度的斜向移动。如图 6-2 所示，这一切都是在车身不发生旋转的基础上实现的。

在垂直移动时，麦克纳姆轮无人车的运动原理与传统无人车一致，均是通过同时驱使 4 个车轮保持同样转速和旋转方向来实现的，如图 6-2(a) 所示。当 4 个麦克纳姆轮转速相同而旋转方向两两相反时，如图 6-2(b) 所示，即轮 1 与轮 2 不同，而轮 2 又与轮 3 不同，以此类推，则无人车发生水平移动。而当仅有轮 1 和轮 3 同向旋转时，如图 6-2(c) 所示，则车身发生斜向移动。同时，垂直移动和水平移动也可看作是斜向移动的特例。

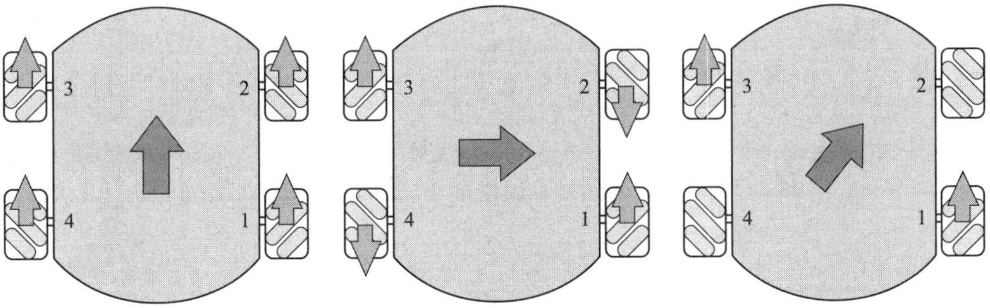

(a) 垂直移动　(b) 水平移动　(c) 斜向移动

图 6-2　麦克纳姆轮无人车平移运动

麦克纳姆轮之所以可以进行斜向移动，是因为麦克纳姆轮上安装了一排可自由转动的转子，能够以 45°角自由旋转。当电动机驱动麦克纳姆轮旋转时，一部分被转子自转“浪费掉”，另一部分则驱动麦克纳姆轮沿着平行于转子的方向移动。单个麦克纳姆轮实际的运动方向为平行转子方向，因此改变转子与麦克纳姆轮轮毂轴线的夹角，就可以改变麦克纳姆轮实际的运动方向。不过对于常见的麦克纳姆轮，其转子与轮毂轴线的夹角均为 45°。

6.1.2 旋转运动

麦克纳姆轮无人车还可以实现多种不同旋转中心的旋转运动，如图 6-3 所示。这里主要介绍围绕三种旋转中心的旋转运动，分别是以车身中心为旋转中心、以纵向车轮间中心点为旋转中心和以横向车轮间中心点为旋转中心。

图 6-3(a) 展示了车身旋转的实现方式，这与传统无人车的实现方式一致。当轮 1、轮 2 同速向画面下方旋转且轮 3、轮 4 与轮 1、轮 2 同速但向画面上方（即反方向）旋转时，就会产生以车身中心为旋转中心的车体旋转。

而在图 6-3(b) 中，当轮 3 和轮 4 保持同速同向旋转时，无人车将会围绕轮 1 和轮 2 间的中心点旋转，产生如图 6-3(b) 所示的纵向车轮间的旋转运动。

而如图 6-3(c) 所示，当轮 3 和轮 2 保持同速反向旋转时，无人车将会围绕轮 1 和轮 4 间的中心点旋转，产生如图 6-3(c) 所示的横向车轮间旋转运动。

纵向车轮间旋转和横向车轮间旋转都可以看成是图 6-3(a) 的特例。

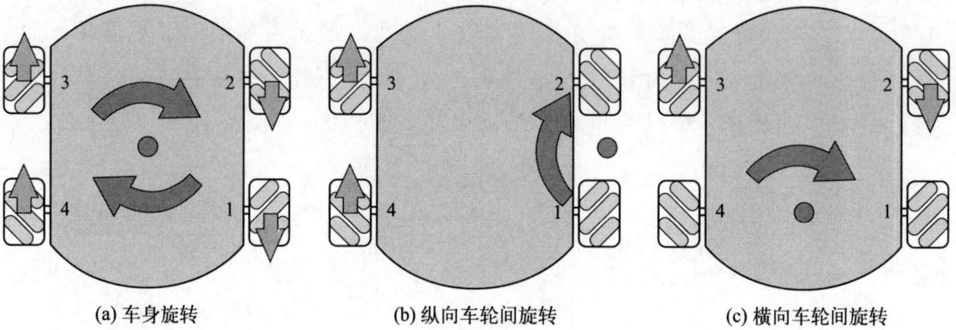

(a) 车身旋转　　(b) 纵向车轮间旋转　　(c) 横向车轮间旋转

图 6-3　麦克纳姆轮无人车旋转运动

6.2 建立无人车模型

移动机器人的动力学模型描述了机器人的动力和运动之间的关系，而运动学模型则决定了如何将车轮速度映射到机器人的本体速度上。本节分别介绍无人车的动力学模型和运动学模型。

6.2.1　无人车的动力学模型

首先从无人车的控制方式入手来分析其动力的产生。无人车在控制时需要向主控制器写入设定的程序，然后无人车将按照设定程序开始运行。如图 6-4 所示，实现无人车移动功能的元件除主控制器外，还包括电机驱动、直流电机和麦克纳姆轮。

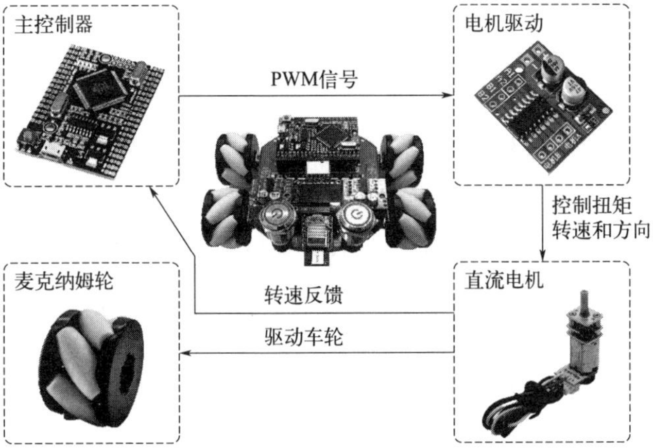

图 6-4　无人车动力产生示意图

当无人车需要移动时，由主控制器产生脉宽调制（Pulse Width Modulation，PWM）信号来控制电机驱动，电机驱动根据 PWM 信号的不同控制直流电机的转速和方向。直流电机和麦克纳姆轮通过轴连接器相连接，电机的运行状态可以无差别地传递到车轮上。另外，无人车使用的直流电机自带霍尔编码器，可以实时测量电机的转速和方向，并将测量到的值反馈到主控制器。这就构成了车轮转速的闭环反馈控制，实现了精准控制无人车 4 个车轮转速和方向的功能。

接下来建立无人车的动力学模型。我们将从主控制器产生的 PWM 信号开始讨论，最终将结果直接写入主控制器的程序中，这样的安排可以极大地提高本节内容的工程价值。

PWM 就是脉宽调制器，通过调制器给电机提供一个具有一定频率的脉冲宽度可调的信号。脉冲的宽度越大即占空比越大，提供给电机的平均电压就越大，电机转速就高。反之脉冲宽度越小则占空比越小，提供给电机的平均电压也就越小，导致电机转速低。设 PWM 信号与电机转速呈如下所示的线性比例关系：

$$\omega_{Mi}=\min\{K_{P2M}u_{PWMi},\omega_{max}\},i=1,2,3,4 \tag{6-1}$$

式中，ω_{Mi} 表示电机的角速度，K_{P2M} 是 PWM 信号到电机的比例系数，u_{PWMi} 表示 PWM 信号，ω_{max} 表示电机旋转角速度的最大值。

电机本身的固有特性确保了其转速不会超过最大值。因此可以认为在整个工作时间内，车轮的转速都处于可控状态。

假设 在整个工作时间内，车轮转速不超过最大值，即 $\omega_{Mi}\leqslant\omega_{max}$，$i=1$，2，3，4，则四轮无人车的车轮具有如下所示的动力学特性（动力学模型）：

$$\begin{bmatrix}\omega_{M1}\\\omega_{M2}\\\omega_{M3}\\\omega_{M4}\end{bmatrix}=K_{P2M}\begin{bmatrix}u_{PWM1}\\u_{PWM2}\\u_{PWM3}\\u_{PWM4}\end{bmatrix} \tag{6-2}$$

电机与车轮是通过轴连接器相连的。假设不会出现任何打滑或堵转情况，因此 ω_{Mi} 同样可以表示各个车轮的旋转角速度，即式(6-2) 同样可以表示车轮与 PWM 控制信号的关系。这就是主控制器的 PWM 控制信号与车轮转速之间的关系。

6.2.2 无人车的运动学模型

(1) 建立坐标系

在分析无人车的运动学模型之前，还是需要先建立如图 6-5 所示的无人车的机体坐标系（body coordinate system）$S_b=\{X_b,Y_b,Z_b\}$ 和地面坐标系 (ground coordinate system) $S_g=\{X_g,Y_g,Z_g\}$。

(2) 进行受力和速度分析

现在对单个麦克纳姆轮的受力进行分析。以无人车中的 1 号麦克纳姆轮为例，其结构如图 6-6 所示，在车轮上安装了一排可以以 45°角自由旋转的转子。

当电机驱动麦克纳姆轮以角速度 ω_{M1} 旋转时，转子被动地与地面接触，而转子与地面的接触可理想化为点接触。该接触点在“碰到”地面的瞬间会受到与其运动方向相反的作用力。

麦克纳姆轮向前转动时，接触点相对地面的“运动方向”为正向后。如图 6-6(a) 所示的摩擦力分析，麦克纳姆轮受到的摩擦力方向为正向前的 F_{g1}。将摩擦力 F_{g1} 分别沿着垂直和平行于转子轴线的方向进行分解后，得到 F_{v1} 和 F_{p1}。由于转子是从动轮，因此受到垂直于转子轴线的分力 F_{v1} 后会发生

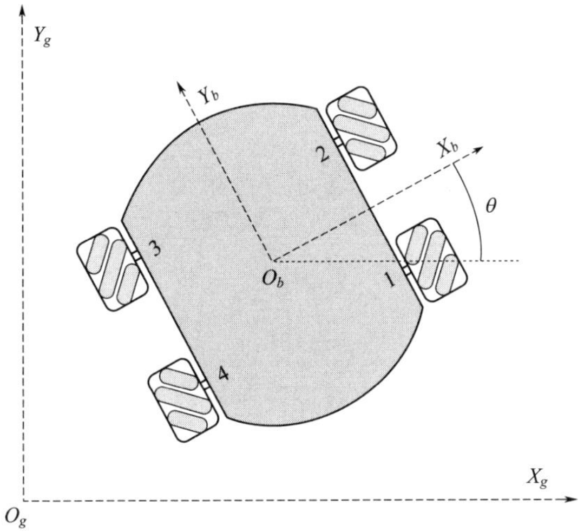

图 6-5　无人车机体坐标系与地面坐标系

被动旋转。平行于转子轴线的分力 F_{p1} 会迫使转子发生移动。由于转子被轴线两侧轮毂机械限位，所以带动整个车轮发生斜向移动。

同理，如图 6-6(b) 所示的速度分析，当电机旋转产生向前的线速度 V_{g1} 时，只有 V_{p1} 才会驱使无人车发生有效位移。我们称这里的 V_{p1} 为有效速度。图 6-6(c) 所示的是对有效速度的分析。对有效速度 V_{p1} 分别沿着机体坐标系的 X_b 轴和 Y_b 轴进行分解，可以得到有效速度的分量 V_{p1}^x 和 V_{p1}^y。有效速度的分量可以驱动车轮在平面内移动。

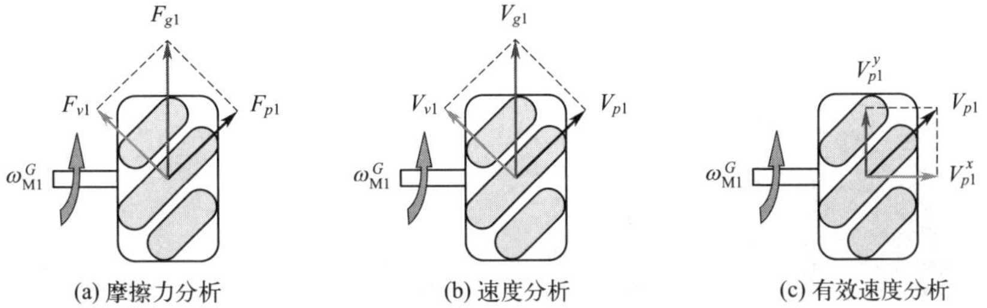

图 6-6　单个麦克纳姆轮示意图

综上所述，在电机输入到麦克纳姆轮的扭矩中，一部分用于驱动转子发生自转，另一部分驱动车轮沿着平行转子的方向移动。这样通过 4 个轮子的配合就实现了无人车的平移运动和旋转运动。

(3) 建立车体平移的方程

接下来从单个车轮的有效速度出发构建无人车的运动学模型。当车轮旋转

时，车轮角速度与有效速度之间的关系为

$$V_{pi}=V_{gi}\sin45^{\circ}=\omega_{\mathrm{M}i}r\sin45^{\circ},i=1,2,3,4 \tag{6-3}$$

式中，$\omega_{\mathrm{M}i}$，V_{pi} 分别表示第 i 个车轮的旋转角速度和有效速度；r 表示车轮半径。

车轮的有效速度沿着机体坐标系正交分解后，有效速度的分量与有效速度之间的关系式为

$$\begin{aligned}V_{pi}^{x}&=V_{pi}\cos45^{\circ},\\ V_{pi}^{y}&=V_{pi}\sin45^{\circ},\end{aligned}\quad i=1,2,3,4 \tag{6-4}$$

式中，V_{pi}^{x} 和 V_{pi}^{y} 分别表示有效速度在 x 和 y 方向上的分量。

如图 6-7 所示，我们将 4 个车轮的有效速度分别在机体坐标系上进行分解。结合每个麦克纳姆轮转子的排列方向和无人车的坐标系，可以得到无人车的移动（平移）方程式为

$$\begin{aligned}v_{b}^{x}&=V_{p1}^{x}-V_{p2}^{x}+V_{p3}^{x}-V_{p4}^{x}\\ v_{b}^{y}&=V_{p1}^{y}+V_{p2}^{y}+V_{p3}^{y}+V_{p4}^{y}\end{aligned} \tag{6-5}$$

式中，v_{b}^{x}，v_{b}^{y} 分别表示无人车在机体坐标系 x 和 y 方向上的速度。

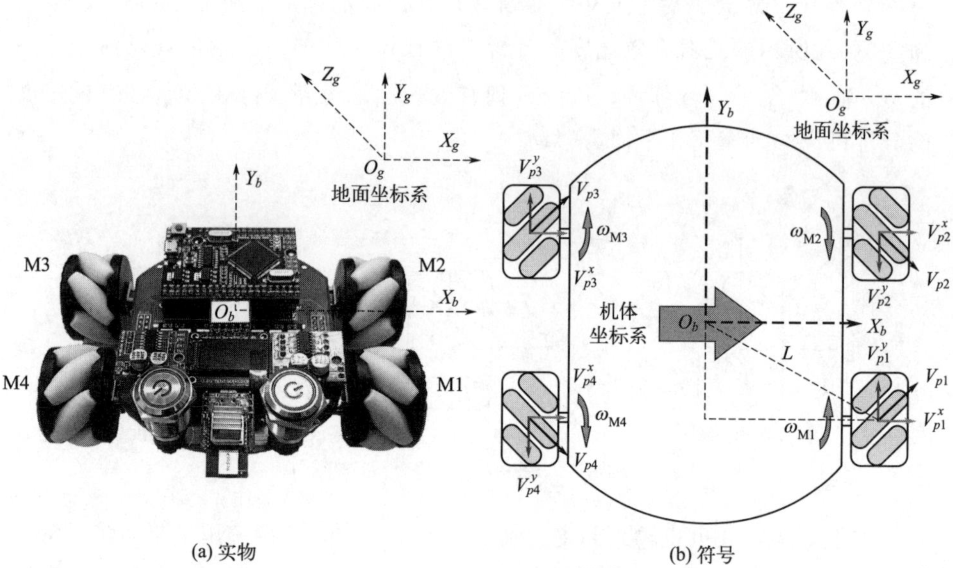

(a) 实物　　(b) 符号

图 6-7　无人车运动学模型示意图

（4）建立车体旋转的方程

接下来讨论无人车的旋转运动。这里以围绕车身中心的旋转运动为例。假

设有效速度的方向与无人车旋转半径的切线平行，那么可以得到无人车的旋转方程为

$$\omega_b = \frac{V_{p1}}{L_G} + \frac{V_{p2}}{L_G} - \frac{V_{p3}}{L_G} - \frac{V_{p4}}{L_G} \tag{6-6}$$

式中，ω_b 表示无人车的旋转角速度；L_G 表示无人车的旋转半径，简化为重心到车轮的距离。

(5) 得到无人车的运动学模型

综上，结合无人车的移动方程式(6-5)和旋转方程式(6-6)，得到了无人车4个车轮的转速与本体速度之间的关系式为

$$\begin{bmatrix} v_b^x \\ v_b^y \\ \omega_b \end{bmatrix} = \begin{bmatrix} \frac{1}{\sqrt{2}} & -\frac{1}{\sqrt{2}} & \frac{1}{\sqrt{2}} & -\frac{1}{\sqrt{2}} \\ \frac{1}{\sqrt{2}} & \frac{1}{\sqrt{2}} & \frac{1}{\sqrt{2}} & \frac{1}{\sqrt{2}} \\ \frac{1}{L_G} & \frac{1}{L_G} & -\frac{1}{L_G} & -\frac{1}{L_G} \end{bmatrix} \begin{bmatrix} V_{p1} \\ V_{p2} \\ V_{p3} \\ V_{p4} \end{bmatrix} \tag{6-7}$$

因此，式(6-7)即无人车的运动学模型。

6.3　多无人车系统建模

6.3.1　模型转换

以上关于无人车的讨论是在机体坐标系下进行的。若要实现无人车在地面坐标系下的移动，还需要将运动学模型中的状态转换到地面坐标系。关于二维坐标系之间的转换过程已经在3.3节讨论过，这里不再赘述，直接引用其结论。

借助式(3-33)可以得到机体坐标系下的位置坐标与地面坐标系下的位置坐标之间有如下关系：

$$\begin{bmatrix} p_g^x \\ p_g^y \end{bmatrix} = \begin{bmatrix} \cos\theta & \sin\theta \\ -\sin\theta & \cos\theta \end{bmatrix} \left(\begin{bmatrix} p_0^x \\ p_0^y \end{bmatrix} + \begin{bmatrix} p_b^x \\ p_b^y \end{bmatrix} \right) \tag{6-8}$$

式中，θ 表示旋转角；p_g^x，p_g^y 分别表示在地面坐标系下 X_g 轴和 Y_g 轴的位置坐标；p_b^x，p_b^y 分别表示在机体坐标系下 X_b 轴和 Y_b 轴的位置坐标；p_0^x，p_0^y 表示两个坐标系的坐标原点之间分别在地面坐标系的 X_g 轴和 Y_g 轴

的相对距离。

由于机体坐标系定义在无人车上，因此当无人车在运动时机体坐标系也会随之发生运动，所以恒有 $p_b^x \equiv 0$，$p_b^y \equiv 0$。式(6-8) 可进一步简化为

$$\begin{bmatrix} p_g^x \\ p_g^y \end{bmatrix} = \begin{bmatrix} \cos\theta & \sin\theta \\ -\sin\theta & \cos\theta \end{bmatrix} \begin{bmatrix} p_0^x \\ p_0^y \end{bmatrix} \tag{6-9}$$

接下来分析无人车的速度。由于其速度具有平移不变性，因此无人车在机体坐标系下的速度与地面坐标系下的速度之间有如下关系：

$$\begin{bmatrix} v_g^x \\ v_g^y \end{bmatrix} = \begin{bmatrix} \cos\theta & \sin\theta \\ -\sin\theta & \cos\theta \end{bmatrix} \begin{bmatrix} v_b^x \\ v_b^y \end{bmatrix} \tag{6-10}$$

式中，v_g^x，v_g^y 分别表示在地面坐标系下 X_g 轴和 Y_g 轴的速度；v_b^x，v_b^y 分别表示在机体坐标系下 X_b 轴和 Y_b 轴的速度。

6.3.2 建立多无人车系统的模型

麦克纳姆轮的优势在于可以驱动无人车在不发生任何旋转的情况下实现任意角度的平移运动。因此，这里不研究无人车的旋转，即假设无人车的偏航角不发生变化（$\omega_b \equiv 0$）。如果在初始时刻保持了机体坐标系和地面坐标系的坐标原点对齐，则机体坐标系将始终与地面坐标系保持一致，这就省去了坐标转换的麻烦。同时在机体坐标系中的速度 v_b^x，v_b^y 将等价于地面坐标系中的速度 v_g^x，v_g^y。

假设 无人车的偏航角没有变化，即 $\omega_b = 0$。同时假设在初始时刻机体坐标系与地面坐标系的坐标原点对齐。

基于上述假设，有式(6-11)

$$\begin{aligned} \dot{p}_g^x &= v_g^x = v_b^x \\ \dot{p}_g^y &= v_g^y = v_b^y \end{aligned} \tag{6-11}$$

结合式(6-2)、式(6-3)、式(6-7)、式(6-11)，我们可以得到无人车在地面坐标系的位置与车轮 PWM 控制信号的关系为

$$\begin{bmatrix} \dot{p}_g^x \\ \dot{p}_g^y \end{bmatrix} = \begin{bmatrix} v_g^x \\ v_g^y \end{bmatrix} = \begin{bmatrix} \frac{1}{\sqrt{2}} & -\frac{1}{\sqrt{2}} & \frac{1}{\sqrt{2}} & -\frac{1}{\sqrt{2}} \\ \frac{1}{\sqrt{2}} & \frac{1}{\sqrt{2}} & \frac{1}{\sqrt{2}} & \frac{1}{\sqrt{2}} \end{bmatrix} \begin{bmatrix} V_{p1} \\ V_{p2} \\ V_{p3} \\ V_{p4} \end{bmatrix}$$

$$=rK_{\text{P2M}}\begin{bmatrix}\frac{1}{2} & -\frac{1}{2} & \frac{1}{2} & -\frac{1}{2}\\ \frac{1}{2} & \frac{1}{2} & \frac{1}{2} & \frac{1}{2}\end{bmatrix}\begin{bmatrix}u_{\text{PWM1}}\\ u_{\text{PWM2}}\\ u_{\text{PWM3}}\\ u_{\text{PWM4}}\end{bmatrix} \tag{6-12}$$

令 $\begin{bmatrix}u^x\\ u^y\end{bmatrix}=rK_{\text{P2M}}\begin{bmatrix}\frac{1}{2} & -\frac{1}{2} & \frac{1}{2} & -\frac{1}{2}\\ \frac{1}{2} & \frac{1}{2} & \frac{1}{2} & \frac{1}{2}\end{bmatrix}\begin{bmatrix}u_{\text{PWM1}}\\ u_{\text{PWM2}}\\ u_{\text{PWM3}}\\ u_{\text{PWM4}}\end{bmatrix}$，则式(6-12）可进一步简化为

$$\begin{bmatrix}\dot{p}_g^x\\ \dot{p}_g^y\end{bmatrix}=\begin{bmatrix}u^x\\ u^y\end{bmatrix} \tag{6-13}$$

为了便于多无人车系统的建模，我们将单个无人车的运动学模型转换为状态空间表达式的形式。令 $\boldsymbol{p}_i=\begin{bmatrix}p_{gi}^x & p_{gi}^y\end{bmatrix}^{\mathrm{T}}$，$\boldsymbol{u}_i=\begin{bmatrix}u^x & u^y\end{bmatrix}^{\mathrm{T}}$，由此得到单个无人车的状态空间表达式为

$$\begin{bmatrix}\dot{p}_{gi}^x\\ \dot{p}_{gi}^y\end{bmatrix}=\begin{bmatrix}0 & 0\\ 0 & 0\end{bmatrix}\begin{bmatrix}p_{gi}^x\\ p_{gi}^y\end{bmatrix}+\begin{bmatrix}1 & 0\\ 0 & 1\end{bmatrix}\begin{bmatrix}u^x\\ u^y\end{bmatrix} \tag{6-14}$$

即
$$\dot{\boldsymbol{p}}_i=\boldsymbol{a}\boldsymbol{p}_i+\boldsymbol{b}\boldsymbol{u}_i$$

式中，$\boldsymbol{a}=[\boldsymbol{0}_{2\times 2}]$，$\boldsymbol{b}=[\boldsymbol{I}_2]$。

令 $\boldsymbol{P}=\begin{bmatrix}\boldsymbol{p}_1 & \boldsymbol{p}_2 & \cdots & \boldsymbol{p}_n\end{bmatrix}^{\mathrm{T}}$，$\boldsymbol{U}=\begin{bmatrix}\boldsymbol{u}_1 & \boldsymbol{u}_2 & \cdots & \boldsymbol{u}_n\end{bmatrix}^{\mathrm{T}}$，我们可以得到多无人车系统的状态空间表达式为

$$\begin{bmatrix}\dot{\boldsymbol{p}}_1\\ \dot{\boldsymbol{p}}_2\\ \vdots\\ \dot{\boldsymbol{p}}_n\end{bmatrix}=\begin{bmatrix}\boldsymbol{0}_{2\times 2} & \boldsymbol{0}_{2\times 2} & \cdots & \boldsymbol{0}_{2\times 2}\\ \boldsymbol{0}_{2\times 2} & \boldsymbol{0}_{2\times 2} & \cdots & \boldsymbol{0}_{2\times 2}\\ \vdots & \vdots & \ddots & \vdots\\ \boldsymbol{0}_{2\times 2} & \boldsymbol{0}_{2\times 2} & \cdots & \boldsymbol{0}_{2\times 2}\end{bmatrix}\begin{bmatrix}\boldsymbol{p}_1\\ \boldsymbol{p}_2\\ \vdots\\ \boldsymbol{p}_n\end{bmatrix}+\begin{bmatrix}\boldsymbol{I}_2 & \boldsymbol{0}_{2\times 2} & \cdots & \boldsymbol{0}_{2\times 2}\\ \boldsymbol{0}_{2\times 2} & \boldsymbol{I}_2 & \cdots & \boldsymbol{0}_{2\times 2}\\ \vdots & \vdots & \ddots & \vdots\\ \boldsymbol{0}_{2\times 2} & \boldsymbol{0}_{2\times 2} & \cdots & \boldsymbol{I}_2\end{bmatrix}\begin{bmatrix}\boldsymbol{u}_1\\ \boldsymbol{u}_2\\ \vdots\\ \boldsymbol{u}_n\end{bmatrix} \tag{6-15}$$

即
$$\dot{\boldsymbol{P}}=\boldsymbol{A}\boldsymbol{P}+\boldsymbol{B}\boldsymbol{U}$$

式中，$\boldsymbol{A}=\boldsymbol{a}\otimes\boldsymbol{I}_n$，$\boldsymbol{B}=\boldsymbol{b}\otimes\boldsymbol{I}_n$。

现在对多无人车系统式(6-15）进行可控性验证，这里使用 PBH 秩判据来验证。根据系统的状态空间表达式，可以得到如下判别矩阵：

$$\begin{bmatrix}s\boldsymbol{I}_{2n}-\boldsymbol{A} & | & \boldsymbol{B}\end{bmatrix}=\begin{bmatrix}(s\boldsymbol{I}_2-\boldsymbol{a})\otimes\boldsymbol{I}_n & | & \boldsymbol{b}\otimes\boldsymbol{I}_n\end{bmatrix}$$

$$\begin{aligned}&=\left[\begin{bmatrix}s&0\\0&s\end{bmatrix}\otimes \boldsymbol{I}_n \middle| \begin{bmatrix}1&0\\0&1\end{bmatrix}\otimes \boldsymbol{I}_n\right]\\&=\left[\begin{array}{cc|cc}s&0&1&0\\0&s&0&1\end{array}\right]\otimes \boldsymbol{I}_n\end{aligned}\tag{6-16}$$

在系统式(6-15)中，系统矩阵 $\boldsymbol{A}$ 的特征值为 $\lambda_1=\lambda_2=\cdots=\lambda_{2n}=0$。将特征值代入矩阵式(6-16)中，可以得到矩阵的秩为 $\mathrm{Rank}(s\boldsymbol{I}_{2n}-\boldsymbol{A},\boldsymbol{B})=2n$。根据 PBH 秩判据可得式(6-15)所示的系统是可控的。

6.4 多无人车系统的协同控制

基于基本的一致性情况，我们提出了多无人车系统的两类群集状态，分别是一致性控制和基于一致性的编队控制。本节将介绍和分析这两种状态。

6.4.1 多无人车的一致性控制

定义 6.1 针对式(6-15)所示的多无人车系统，当所有无人车的状态都满足式(6-17)时，表明多无人车系统达到一致。

$$\begin{aligned}&\lim_{t\to\infty}\left\|p_{gi}^{x}(t)-p_{gj}^{x}(t)\right\|=0,\\&\qquad\qquad\qquad\qquad\qquad i,j=1,2,\cdots,n\\&\lim_{t\to\infty}\left\|p_{gi}^{y}(t)-p_{gj}^{y}(t)\right\|=0,\end{aligned}\tag{6-17}$$

对于上述的一致性定义 6.1，我们提出了以下一致性协议：

$$\begin{aligned}u_i^x(t)&=\sum_{j\in N_i}a_{ij}(p_{gj}^x(t)-p_{gi}^x(t))\\u_i^y(t)&=\sum_{j\in N_i}a_{ij}(p_{gj}^y(t)-p_{gi}^y(t))\end{aligned}\tag{6-18}$$

结合系统的拉普拉斯矩阵 $\boldsymbol{L}$，将一致性控制协议式(6-18)转换为矩阵形式：

$$\boldsymbol{U}=-\boldsymbol{L}\otimes\boldsymbol{I}_2\cdot\boldsymbol{P}\tag{6-19}$$

定理 6.1 针对如式(6-15)所示的多无人车系统，当其通信拓扑图 $G=(V,E,A)$ 是连通无向图或是含有生成树的有向图时，使用控制协议式(6-18)可以实现定义 6.1 所描述的一致性。并且系统的最终一致性值为

$$p^{x*}=\sum_{i=1}^{n}w_{l1i}p_i^x(0)$$

$$p^{y*}=\sum_{i=1}^{n} w_{l1i} p_i^y(0) \tag{6-20}$$

式中，w_{l1i} 为系统的拉普拉斯矩阵 $\boldsymbol{L}$ 关于特征值 $\lambda_1=0$ 的左特征向量 $\boldsymbol{w}_{l1}^{\mathrm{T}}=[w_{l11} \quad w_{l12} \quad \cdots \quad w_{l1n}]^{\mathrm{T}}$ 中的元素。这里的 $\boldsymbol{w}_{l1}^{\mathrm{T}}$ 应该取与右特征向量 $\boldsymbol{w}_{r1}$ 归一化后的值，即满足 $\boldsymbol{w}_{l1}^{\mathrm{T}} \boldsymbol{w}_{r1}=1$。

证明： 将设计的控制协议式(6-18) 代入多无人车系统模型式(6-15) 中，可以得到如下闭环系统方程：

$$\begin{aligned} \dot{\boldsymbol{P}} &= \boldsymbol{AP}+\boldsymbol{BU} \\ &= \boldsymbol{AP}-\boldsymbol{BL} \otimes \boldsymbol{I}_2 \cdot \boldsymbol{P} \\ &= -\boldsymbol{L} \otimes \boldsymbol{I}_2 \cdot \boldsymbol{P} \end{aligned} \tag{6-21}$$

在分析系统的稳定性之前，首先对矩阵系统进行简化。考虑到虽然无人车的运动空间为二维平面，但其在地面坐标系的 X_g 轴和 Y_g 轴的状态均是独立的，二者之间相互不受影响。证明多无人车系统在地面坐标系的 X_g 轴的状态后，Y_g 轴的状态同样可得证。详细证明过程请参考对定理 4.1 的证明。

【证毕】

结合式(6-12) 和式(6-18)，可以得到一致性控制时，第 i 个无人车的主控制器中 4 路 PWM 信号为

$$\begin{bmatrix} u_{\mathrm{PWM}1i} \\ u_{\mathrm{PWM}2i} \\ u_{\mathrm{PWM}3i} \\ u_{\mathrm{PWM}4i} \end{bmatrix} = \frac{1}{rK_{\mathrm{P2M}}} \begin{bmatrix} \frac{1}{2} & \frac{1}{2} \\ -\frac{1}{2} & \frac{1}{2} \\ \frac{1}{2} & \frac{1}{2} \\ -\frac{1}{2} & \frac{1}{2} \end{bmatrix} \begin{bmatrix} \sum_{j \in N_i} a_{ij}(p_{gj}^x(t)-p_{gi}^x(t)) \\ \sum_{j \in N_i} a_{ij}(p_{gj}^y(t)-p_{gi}^y(t)) \end{bmatrix} \tag{6-22}$$

一致性控制常应用在非移动类智能体中，如多传感器系统的一致性控制、分布式架构中数据一致性等。智能体之间协调合作进行控制的首要条件就是多智能体达到一致。

但是，将一致性控制协议应用到移动类智能体时，会发生智能体之间的碰撞等意外情况。因此，编队控制在移动类智能体中更常见且应用也更为广泛。下文将针对无人车的编队控制进行讨论和分析。

6.4.2　多无人车的编队控制

针对多无人车系统的编队问题，首先定义期望编队的位置信息为 $d(\boldsymbol{p}_i)=$

$\left[d(p_{gi}^{x}) \quad d(p_{gi}^{y})\right]^{\mathrm{T}}$。定义位置误差向量为

$$\tilde{\boldsymbol{p}}_i(t)=\boldsymbol{p}_i(t)-d(\boldsymbol{p}_i) \tag{6-23}$$

式中，$d(\boldsymbol{p}_i)$ 是满足利普希茨条件的分段连续函数，同时满足

$$d(\dot{\boldsymbol{p}}_i)=\boldsymbol{a}\cdot d(\boldsymbol{p}_i)+\boldsymbol{b}\cdot d(\boldsymbol{u}_i) \tag{6-24}$$

通过引入的误差向量，编队问题即转变为关于位置误差$\tilde{\boldsymbol{p}}_i(t)$ 的一致性问题。当各个无人车与期望队形的误差之间达到一致时，即意味着系统实现了编队控制。多无人车系统完成编队控制的描述如下。

定义 6.2 针对如式(6-15) 所示的多无人车系统，当所有无人车的状态都满足式(6-25) 的定义时，表明多无人车系统实现编队控制。

$$\begin{aligned}&\lim_{t\to\infty}\left\|\tilde{p}_{gi}^{x}(t)-\tilde{p}_{gj}^{x}(t)\right\|=0,\\&\qquad\qquad\qquad\qquad\qquad i,j=1,2,\cdots,n\\&\lim_{t\to\infty}\left\|\tilde{p}_{gi}^{y}(t)-\tilde{p}_{gj}^{y}(t)\right\|=0,\end{aligned} \tag{6-25}$$

对于上述的编队控制定义 6.2，我们提出了以下编队控制协议：

$$\begin{aligned}u_i^x(t)&=\sum_{j\in N_i}a_{ij}(\tilde{p}_{gj}^{x}(t)-\tilde{p}_{gi}^{x}(t))+u_{ci}^{x}\\u_i^y(t)&=\sum_{j\in N_i}a_{ij}(\tilde{p}_{gj}^{y}(t)-\tilde{p}_{gi}^{y}(t))+u_{ci}^{y}\end{aligned} \tag{6-26}$$

式中，u_{ci}^{x}，u_{ci}^{y} 表示补偿项。

这里令补偿项为期望编队向量的控制输入，即 $u_{ci}^{x}=d(u_i^x),u_{ci}^{y}=d(u_i^y)$。结合系统的拉普拉斯矩阵 $\boldsymbol{L}$，编队控制协议 (6-26) 可以转换为如式(6-27) 所示的矩阵形式。

$$\begin{aligned}\boldsymbol{U}&=-\boldsymbol{L}\otimes\boldsymbol{I}_2\cdot(\boldsymbol{P}-d(\boldsymbol{P}))+\boldsymbol{U}_c\\&=-\boldsymbol{L}\otimes\boldsymbol{I}_2\cdot\tilde{\boldsymbol{P}}+\boldsymbol{U}_c\end{aligned} \tag{6-27}$$

式中，$\boldsymbol{U}_c=\left[u_{c1}^{x} \quad u_{c1}^{y} \quad \cdots \quad u_{cn}^{x} \quad u_{cn}^{y}\right]^{\mathrm{T}}$。

定理 6.2 针对如式(6-15) 所示的多无人车系统，当其通信拓扑图 $G=(V,E,A)$ 是连通无向图或是含有生成树的有向图时，使用控制协议 (6-26) 可以实现定义 6.2 所描述的编队控制。

证明：对系统误差变量$\tilde{\boldsymbol{P}}(t)$ 关于时间求导，可得

$$\begin{aligned}\dot{\tilde{\boldsymbol{P}}}&=\dot{\boldsymbol{P}}-d(\dot{\boldsymbol{P}})\\&=\boldsymbol{AP}+\boldsymbol{BU}-\boldsymbol{A}d(\boldsymbol{P})-\boldsymbol{B}d(\boldsymbol{U})\\&=\boldsymbol{A}(\boldsymbol{P}-d(\boldsymbol{P}))+\boldsymbol{B}(\boldsymbol{U}-d(\boldsymbol{U}))\\&=\boldsymbol{A}\tilde{\boldsymbol{P}}+\boldsymbol{B}(\boldsymbol{U}-d(\boldsymbol{U}))\end{aligned} \tag{6-28}$$

将控制协议（6-27）代入后得到

$$\begin{aligned}\dot{\widetilde{\boldsymbol{P}}} &= \boldsymbol{A}\widetilde{\boldsymbol{P}} + \boldsymbol{B}(-\boldsymbol{L}\otimes\boldsymbol{I}_2\cdot\widetilde{\boldsymbol{P}} + \boldsymbol{U}_c - d(\boldsymbol{U})) \\ &= \boldsymbol{A}\widetilde{\boldsymbol{P}} - \boldsymbol{B}\boldsymbol{L}\otimes\boldsymbol{I}_2\cdot\widetilde{\boldsymbol{P}} \\ &= -\boldsymbol{L}\otimes\boldsymbol{I}_2\cdot\widetilde{\boldsymbol{P}}\end{aligned} \tag{6-29}$$

误差一致性的证明过程与定理 6.1 类似，这里不再赘述。因此，所设计的控制器式(6-27）可以使误差$\widetilde{\boldsymbol{P}}$ 达到一致，即多无人车系统实现了编队控制。

【证毕】

结合式(6-12）和式(6-26)，我们可以得到在编队控制时，第 i 个无人车主控制器中的 4 路 PWM 信号为

$$\begin{bmatrix} u_{\mathrm{PWM1}i} \\ u_{\mathrm{PWM2}i} \\ u_{\mathrm{PWM3}i} \\ u_{\mathrm{PWM4}i} \end{bmatrix} = \frac{1}{rK_{\mathrm{P2M}}} \begin{bmatrix} \frac{1}{2} & \frac{1}{2} \\ -\frac{1}{2} & \frac{1}{2} \\ \frac{1}{2} & \frac{1}{2} \\ -\frac{1}{2} & \frac{1}{2} \end{bmatrix} \begin{bmatrix} \sum\limits_{j\in N_i} a_{ij}(\widetilde{p}_{gj}^{x}(t) - \widetilde{p}_{gi}^{x}(t)) + u_{ci}^{x} \\ \sum\limits_{j\in N_i} a_{ij}(\widetilde{p}_{gj}^{y}(t) - \widetilde{p}_{gi}^{y}(t)) + u_{ci}^{y} \end{bmatrix} \tag{6-30}$$

式中，u_{ci}^{x}，u_{ci}^{y} 表示第 i 个无人车的补偿项。

6.5 多无人车系统的实验验证

本节使用三辆无人车来验证所设计的协议在理论和工程方面的有效性。系统通信拓扑如图 6-8 所示。有关硬件平台的更多信息请参考文献[113]。

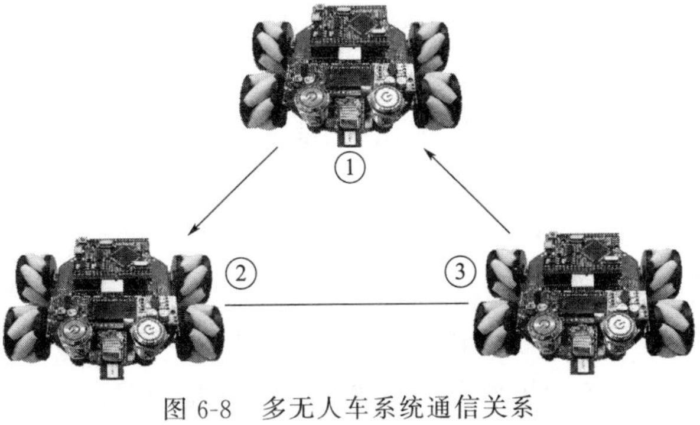

图 6-8　多无人车系统通信关系

通过计算可得系统的拉普拉斯矩阵为

$$\boldsymbol{L}=\begin{bmatrix}1 & 0 & -1\\ -1 & 2 & -1\\ 0 & -1 & 1\end{bmatrix}$$

设系统的初始位置分别为：$p_{g1}^{x}=10$，$p_{g1}^{y}=20$；$p_{g2}^{x}=10$，$p_{g2}^{y}=30$；$p_{g3}^{x}=10$，$p_{g3}^{y}=10$。

6.5.1 实验 1：多无人车的一致性控制

针对图 6-8 所示的通信结构，对所设计的一致性协议式(6-18) 进行了数值仿真实验。其结果如图 6-9 所示，图（a）和图（b）分别表示了无人车在 X_g 轴和 Y_g 轴的位置状态变化。从图 6-9 可以看到，当时间趋于无穷时系统的位置状态最终会保持一致。

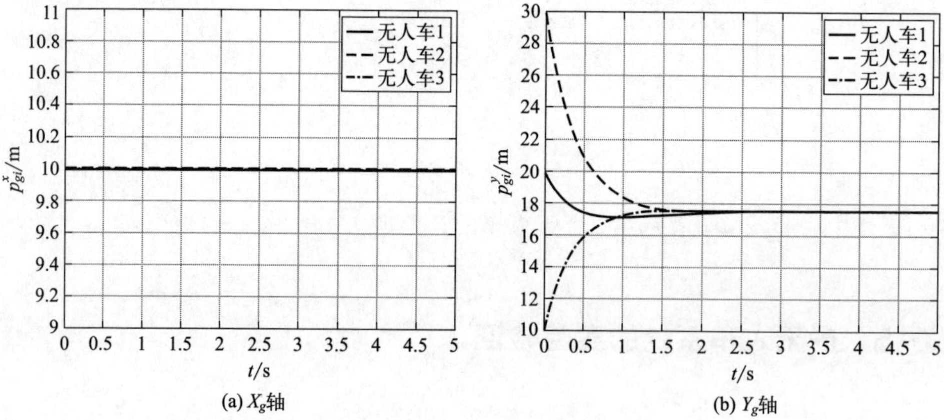

图 6-9　多无人车系统一致性

在通过数值模拟验证了一致性协议的正确性后，下面基于一致性协议的编队控制协议，在开发的实物系统上继续进行实验。

6.5.2 实验 2：多无人车的编队控制

本实验使用编队控制协议式(6-26)，通过结合设计的硬件仿真平台，同时验证了编队控制协议和硬件仿真平台的有效性。

实验环境如图 6-10 所示。以 4 个超宽带（Ultra Wide band，UWB）定位设备作为锚点分布在实验场地的 4 个角，用来辅助提供位置信息。还有 3 个

UWB 模块安装在无人车上以提供无人车自身的位置坐标。无人车上搭载有蓝牙模块用于协助通信，使每个无人车都能够获得诸如位置、速度和其他无人车的控制输入等状态信息。

图 6-10　多无人车系统实验场景

设定编队任务为三角形编队。以 1 号无人车为参考点，设其期望编队信息为 $d(p_{g1}^{x})=10t$，$d(p_{g1}^{y})=0$，则其他无人车的期望编队信息为 $d(p_{g2}^{x})=10t-10$，$d(p_{g2}^{y})=10$；$d(p_{g3}^{x})=10t-10$，$d(p_{g3}^{y})=-10$。补偿项分别为 $\boldsymbol{u}_{c1}=[10\quad 0]^{\mathrm{T}}$，$\boldsymbol{u}_{c2}=[10\quad 0]^{\mathrm{T}}$，$\boldsymbol{u}_{c3}=[10\quad 0]^{\mathrm{T}}$。

数值仿真结果如图 6-11 所示。在编队控制协议的作用下，三辆无人车在第 3s 时基本已完成编队队形，实现了期望编队信息所表示的三角形。

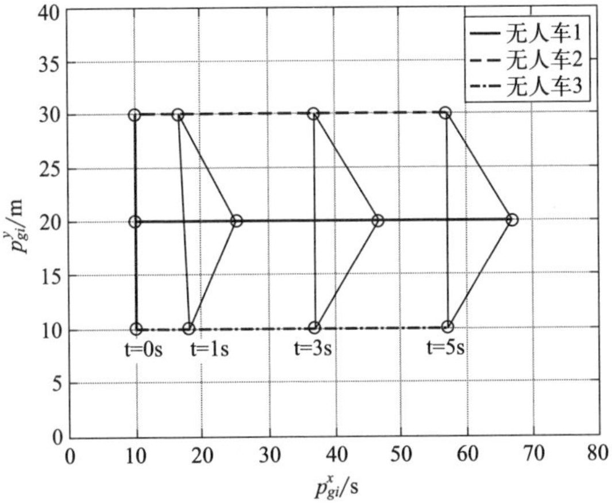

图 6-11　多无人车系统编队控制

实验的运行效果如图 6-12 所示，分别展示了三辆无人车在不同时刻的位置状态。实验开始时，三辆无人车排成一条直线位于出发位置，如图 6-12(a) 所示。接收到开始指令后同时开始运行。由于控制协议的作用，各车开始逐渐远离以形成如图 6-12(b) 所示的适当队形。由于通信延迟的影响，如图 6-12(c) 显示无人车之间的距离会比设定距离大一点。然后随着时间变化，会自动稳定到设定的队形位置，最终如图 6-12(d) 所示，完成了预期的三角形编队任务。

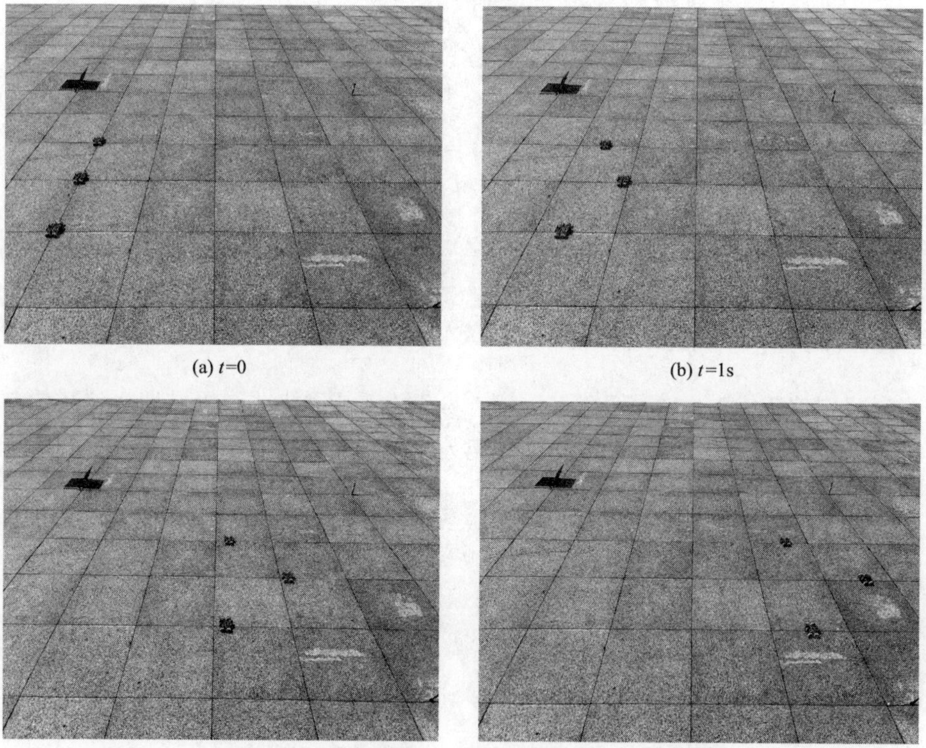

(a) t=0　(b) t=1s　(c) t=3s　(d) t=5s

图 6-12　多无人车系统在不同时刻的位置

实验 1 和实验 2 分别从数值仿真层面和硬件平台层面进行了实验，验证了设计的一致性协议和编队协议的有效性。

我们通过修改期望编队向量就可以方便地调整期望队形，从而使多无人车系统完成不同的任务需求。

本章小结

实践是检验真理的唯一标准。理论是实践的总结和提升，同时理论又要放到实践中去检验。因此，在学习和科学研究中，实验验证和对实验结果的分析与总结是非常重要的。

本章首先给出了无人车平移运动和旋转运动的运动原理，并基于运动原理分别建立了无人车的动力学模型和运动学模型。然后通过对单个无人车的建模分析，进一步构建了多无人车系统的模型，并且基于多无人车模型分别从一致性控制和编队控制两方面设计了无人车的控制器。最后，借助仿真与实物平台，分别从数值仿真和实物实验两个角度验证了控制器的有效性。

思考与练习题

1. 麦克纳姆轮无人车在平移运动时的特点是什么？

2. 常见的麦克纳姆轮转子与轮毂轴线的夹角为多少度？

3. 如图所示，4 个轮子怎么运动才能使小车围绕中心旋转？

4. 实现无人车移动功能的元件有哪些？

5. 调制器给电机提供具有一定频率的脉冲宽度可调的脉冲信号时，脉冲宽度和电机转速有什么关系？

6. 四轮无人车的车轮具有什么样的动力学特性（动力学模型）？

7. 无人车 4 个车轮的转速与本体速度之间的关系式是什么？

8. 无人车在机体坐标系下的位置坐标与地面坐标系下的位置坐标之间是什么关系？

9. 无人车在机体坐标系下的速度与地面坐标系下的速度之间有什么关系？

10. 多无人车系统的状态空间表达式是什么？

11. 多无人车系统的一致性定义是什么？

12. 多无人车系统一致性的控制协议是什么？

13. 多无人车系统的编队控制定义是什么？

14. 多无人车系统编队控制的控制协议是什么？

第 7 章
空中多无人机系统的协同控制

本章讨论的多智能体机器人系统是在空中飞行的无人机。本章使用四旋翼（quadrotor）无人机为基本模型，从飞行原理出发介绍无人机的动力学模型和运动学模型。然后将模型转换为状态空间表达式，并且在此基础上构建多无人机系统模型。针对多无人机系统模型，设计并分析系统的动态一致性控制、静态一致性控制和编队控制。最后，通过实验验证协议的正确性。

7.1 无人机的飞行原理

本章所用的无人机类型为四旋翼，其主要优点是结构简单，性能优异。图 7-1 所示为大疆的“Mavic 3”型无人机。四旋翼最重要的功能之一就是能够从任意构型向任意方向移动。在飞行时，通过控制 4 个螺旋桨的旋转方向和速度，就可以调节无人机的飞行高度和飞行姿态角，从而实现在三维空间的飞行运动。具体的无人机组装和调试可参考书籍［114］。

图 7-1　大疆无人机“Mavic 3”

单个螺旋桨在旋转过程中会产生向上的升力和一个反扭矩。向上的升力控制无人机的飞行高度，而反扭矩则会使得无人机向反方向旋转。为了消除反扭矩带来的这种旋转作用，可以通过调整相邻两个螺旋桨之间的旋转方向来抵消。但 4 个螺旋桨提供的升力均为竖直向上，所以就要求安装四旋翼的螺旋桨时有“正桨”和“反桨”之分，在安装时尤其需要注意。

如图 7-2 所示，如果 1 号和 3 号螺旋桨安装的为“正桨”，则 2 号和 4 号为“反桨”。即当四旋翼的 1 号和 3 号螺旋桨顺时针旋转时，2 号和 4 号螺旋桨则逆时针旋转，反之亦然。

四旋翼无人机的飞行模式可以分成两种，分别是如图 7-2(a) 所示的“十”字飞行模式和如图 7-2(b) 所示的“X”型飞行模式。“十”字飞行模式是直接将四旋翼无人机的机臂作为机体坐标系的 X_b 轴和 Y_b 轴，如图 7-2(a) 所示。而“X”型飞行模式是将四旋翼无人机两臂的中线分别作为机体坐标系的 X_b 轴和 Y_b 轴，如图 7-2(b) 所示。

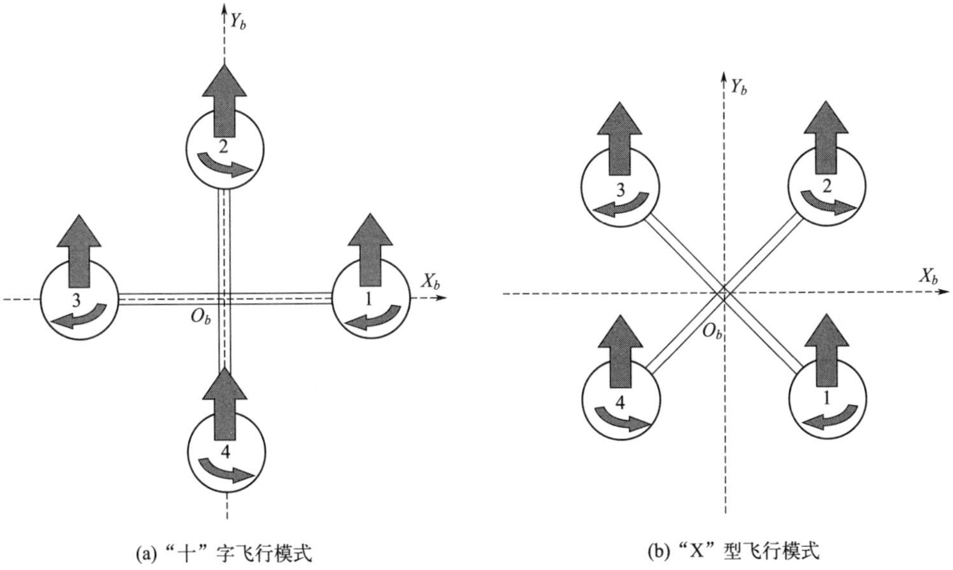

图 7-2　无人机的高度运动

假设四旋翼的结构对称，这意味着 4 个电动机与四旋翼质心的距离相等。此外，假设 4 组机械臂互相垂直。

根据以上假设，本节将基于无人机的“十”字和“X”型两种飞行模式，分析无人机的 4 种运动方式，即高度（height）运动、横滚（roll）运动、俯仰（pitch）运动和偏航（yaw）运动。最终掌握无人机是如何通过调节 4 个螺旋桨的转速来控制无人机飞行的。

7.1.1 高度（height）运动

高度运动是控制无人机的爬升、下降和悬停。在控制无人机的高度时，无论是“十”字飞行模式还是“X”型飞行模式，无人机的 Z_b 轴均是垂直于无人机所在平面并竖直向上的。同时，螺旋桨产生的升力也永远垂直于自身平面。

因此，如果同时增大 4 个螺旋桨的转速，当无人机总的升力大于自身的重力时无人机就开始爬升。反之，如果同时减小 4 个螺旋桨的转速，当总升力小于自身重力时无人机就下降。而当总的升力等于自身重力时，无人机就会处于空中悬停状态。

7.1.2 横滚（roll）运动

如图 7-2 所示，无人机在三维空间中分别绕机体坐标系的 X_b 轴、Y_b 轴和 Z_b 轴（垂直于由 X_b 轴和 Y_b 轴构成的平面）旋转，分别称为横滚、俯仰和偏航，这是来自航空界的叫法。

需要说明的是，如果是传统的固定翼飞机，假设它是沿着图 7-2 中的 Y_b 轴正方向飞行，则它的俯仰运动应该是围绕 X_b 轴的旋转，这样才能使得机体向下俯冲或者向上仰头。而它的横滚运动应该是沿着 Y_b 轴的旋转，这样才能使得机体的左侧或者右侧升起而另一侧下沉。

但是四旋翼无人机与固定翼飞机不同，它能够从任意的飞行状态向任意的方向移动。所以我们采用航空界普遍的叫法，在定义了图 7-2 所示的机体坐标系后，称无人机绕 X_b 轴的旋转就是横滚运动，产生的角度变化称为横滚角；绕 Y_b 轴的旋转是俯仰运动，产生的角度变化称为俯仰角；绕 Z_b 轴的旋转是偏航运动，产生的角度变化称为偏航角。

横滚运动描述的是无人机围绕机体坐标系 X_b 轴的旋转运动。横滚运动产生横滚角，横滚角指的是机体坐标系的 Y_b 轴与地面坐标系中由 X_g 轴和 Y_g 轴构成的平面之间的夹角。

图 7-3 所示为无人机横滚运动的示意图。假设 4 个螺旋桨总的升力保持不变且等于无人机自身的重力，即无人机在同一高度运动。此时如图 7-3(a) 所示，在“十”字飞行模式下，通过增大 2 号螺旋桨的转速，同时减小 4 号螺旋桨的转速，即可实现无人机在 2 号螺旋桨处上升并且在 4 号螺旋桨处下沉。这

就实现了围绕 X_b 轴的横滚运动。与此相反，如果是减少 2 号螺旋桨的转速，同时增大 4 号螺旋桨的转速，则可以实现无人机的反方向横滚。

图 7-3(b) 显示的是在“X”型飞行模式下的横滚运动。由于 X_b 轴位于两个螺旋桨的中间位置，因此要想实现横滚运动，则必须同时增大 2 号和 3 号螺旋桨的转速，同时减小 1 号和 4 号螺旋桨的转速。如果希望进行反方向横滚，则必须同时减小 2 号和 3 号螺旋桨的转速，同时增大 1 号和 4 号螺旋桨的转速。

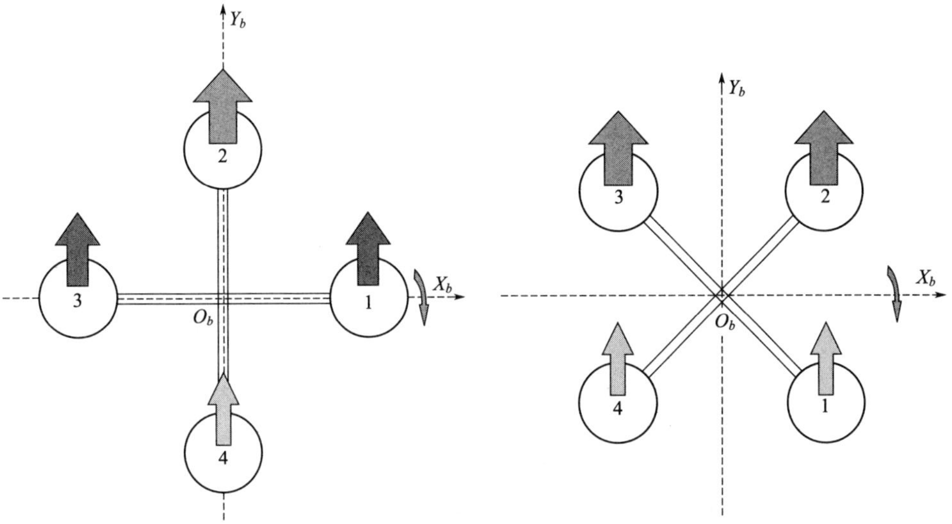

(a)“十”字飞行模式　　(b)“X”型飞行模式

图 7-3　无人机的横滚运动

7.1.3　俯仰 (pitch) 运动

俯仰运动描述的是无人机围绕机体坐标系 Y_b 轴的旋转运动。俯仰运动产生俯仰角，俯仰角指的是机体坐标系的 X_b 轴与地面坐标系中由 X_g 轴和 Y_g 轴构成的平面之间的夹角。

图 7-4 所示为无人机在“十”字飞行模式和“X”型飞行模式下的俯仰运动示意图。类似于横滚运动，在图 7-4(a) 所示的“十”字飞行模式下，增大 1 号螺旋桨的转速，同时减小 3 号螺旋桨的转速，就能够产生机身右侧上升、左侧下降的俯仰运动。而在图 7-4(b) 所示的“X”型飞行模式中，增大 1 号和 2 号螺旋桨的转速，同时减小 3 号和 4 号螺旋桨的转速，也能产生同样的俯仰效果。

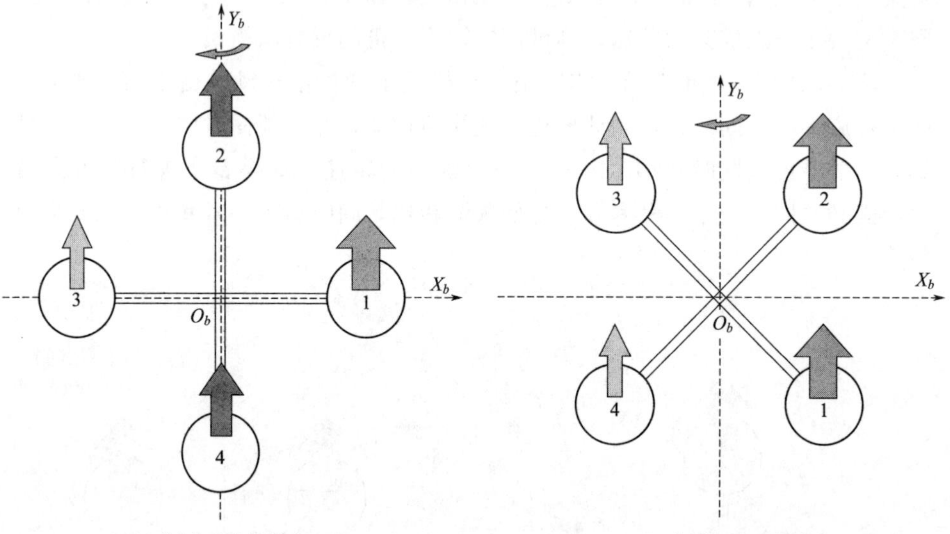

图 7-4 无人机的俯仰运动

7.1.4 偏航 (yaw)运动

偏航运动描述的是无人机围绕机体坐标系 Z_b 轴的旋转运动。偏航运动产生偏航角，偏航角指的是机体坐标系的 X_b 轴在地面坐标系的投影与地面坐标系的 X_g 轴之间的夹角。

横滚运动和俯仰运动是利用螺旋桨之间产生升力的配合来控制无人机的运动。而偏航运动则是通过螺旋桨之间产生反扭矩的配合来实现。

前面已经提到，为了克服反扭矩的影响，在无人机的 4 个螺旋桨中有两个螺旋桨是顺时针旋转，因此会产生逆时针的反扭矩。而另外两个螺旋桨的逆时针旋转会产生顺时针的反扭矩。需要注意的是，如前面的图 7-2 所示，对角的两个螺旋桨的转动方向是相同的。

反扭矩的大小与螺旋桨的转速有关。当 4 个螺旋桨的旋转速度相同时，产生的反扭矩互相平衡，无人机不发生绕 Z_b 轴的旋转运动。而当 4 个螺旋桨的转速不完全相同时，不平衡的反扭矩就会引起四旋翼无人机围绕 Z_b 轴的转动。

图 7-5 所示为无人机在“十”字飞行模式和“X”型飞行模式下的偏航运动示意图。同时增加一对同方向旋转的螺旋桨（设 1 号和 3 号螺旋桨是顺时针旋转）的转速，并同时减小另一对按相反方向旋转的螺旋桨（2 号和 4 号螺旋

桨是逆时针旋转）转速，就会产生偏航运动。并且转速增加的螺旋桨的转动方向（1 号和 3 号螺旋桨是顺时针旋转）与四旋翼机身绕 Z_b 轴的转动方向相反，即偏航运动的效果是机身绕 Z_b 轴逆时针旋转。

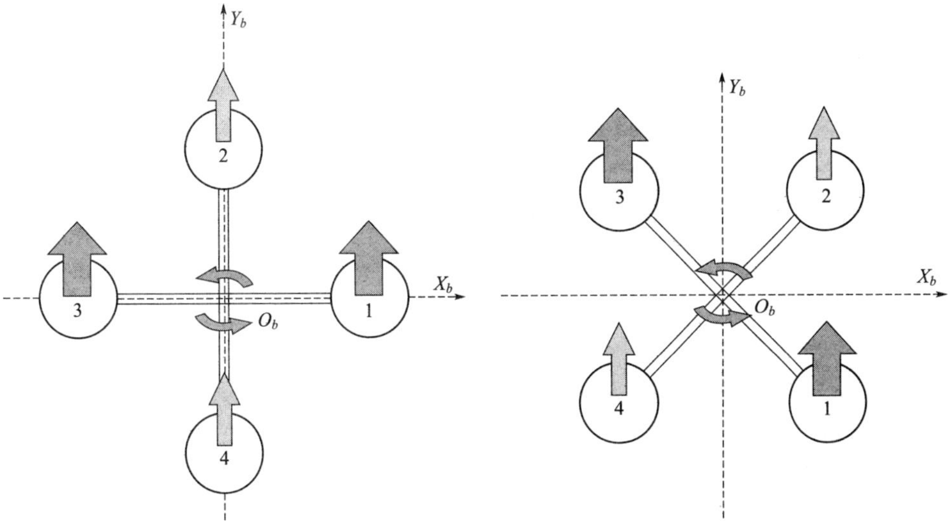

(a)“十”字飞行模式　　(b)“X”型飞行模式

图 7-5　无人机的偏航运动

7.2　建立无人机模型

与 6.2 节介绍无人车的动力学模型和运动学模型类似，本节建立无人机的动力学模型和运动学模型。

7.2.1　无人机的动力学模型

涉及无人机动力产生的元器件如图 7-6 所示，由主控制器产生 PWM 信号，PWM 信号带动电机和螺旋桨转动，从而产生向上的升力。螺旋桨产生的升力与电机转速的平方、螺旋桨桨叶的长度和宽度、大气压强等因素均有关。而惯性测量单元和激光测距传感器都是检测装置。为方便讨论，这里做如下简化。

首先，假设螺旋桨的转速 $\omega_{\mathrm{M}i}$ 与控制信号 $u_{\mathrm{PWM}i}$ 之间存在如下关系：

$$\omega_{\mathrm{M}i}=\min\{u_{\mathrm{PWM}i},\omega_{\max}\},i=1,2,3,4 \tag{7-1}$$

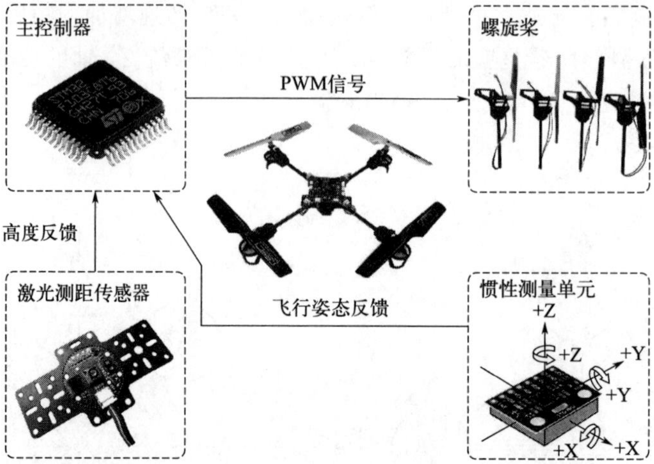

图 7-6　无人机动力产生示意图

式中，$\omega_{\mathrm{M}i}$ 表示电机的旋转速度，$u_{\mathrm{PWM}i}$ 表示 PWM 信号，$\omega_{\max}$ 表示电机旋转速度的最大值。

其次，假设螺旋桨升力与转速的平方成比例，那么有

$$T_i = K_{\mathrm{P2T}} \omega_{\mathrm{M}i}^2, i=1,2,3,4 \tag{7-2}$$

式中，T_i 表示螺旋桨产生的升力，K_{P2T} 表示 PWM 信号与电机转速的比例系数。

无人机的 4 个螺旋桨性能均相同，于是基于式(7-1) 和式(7-2)，可以得到无人机的动力学模型为

$$\begin{bmatrix} T_1 \\ T_2 \\ T_3 \\ T_4 \end{bmatrix} = K_{\mathrm{P2T}} \begin{bmatrix} u_{\mathrm{PWM1}}^2 \\ u_{\mathrm{PWM2}}^2 \\ u_{\mathrm{PWM3}}^2 \\ u_{\mathrm{PWM4}}^2 \end{bmatrix} \tag{7-3}$$

7.2.2　无人机的运动学模型

建立四旋翼无人机的运动学模型，主要涉及坐标系的选择、运动参数的确定和建立无人机运动方程等几方面。本节采用“X”型飞行模式进行四旋翼飞行运动学的分析。

虽然“十”字飞行模式的理论分析更方便，但“X”型飞行模式在飞行中更常用。这是因为“X”型飞行模式的容错率更高，稳定性也更好。因此，选择如图 7-7 所示的“X”型飞行模式进行分析。

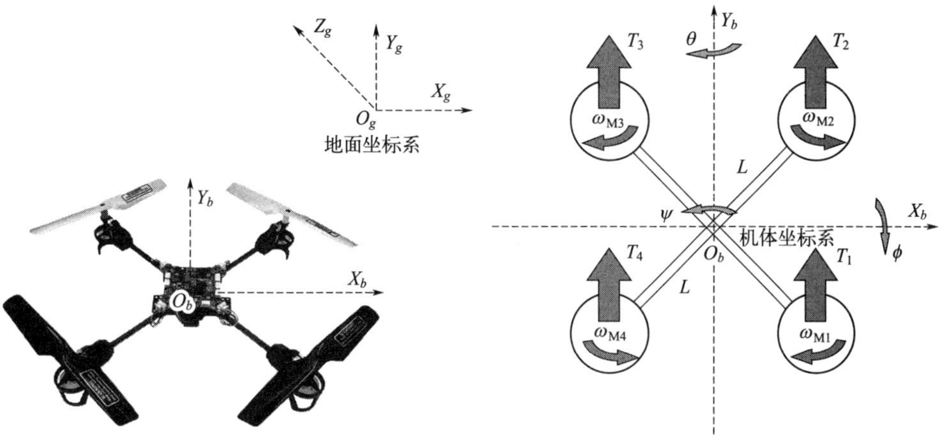

(a) 实物　　(b) 符号

图 7-7　“X”型飞行模式的无人机运动学模型示意图

(1) 坐标系的选择

为了准确描述无人机的运动状态，需要选择合适的坐标系来描述无人机的空间状态。例如，要想确定无人机在地球上的位置，则采用地面坐标系 $S_g=\{X_g, Y_g, Z_g\}$ 比较方便。要想描述螺旋桨的推力，则采用机体坐标系 $S_b=\{X_b, Y_b, Z_b\}$ 比较方便。

在一个坐标系中建立的状态变量可以通过坐标转换的方式转换到另一个坐标系中。关于不同坐标系之间的转换已经在 3.3 节进行了分析，这里不再赘述。

(2) 运动参数的确定

无人机的运动包括 6 个参数，其中 3 个是在地面坐标系的位置 (p_x, p_y, p_z)，另外 3 个为四旋翼相对于地面坐标系的姿态，包括横滚角 ϕ、俯仰角 θ 和偏航角 ψ。横滚角定义了沿 X_b 轴的旋转角度，俯仰角定义了沿 Y_b 轴的旋转角度，偏航角定义了沿 Z_b 轴的旋转角度。

注意，欧拉角是专门针对机体坐标系而存在的。所以，只要明确了欧拉角与地面坐标系之间的位置关系，即可进行无人机的飞行控制。

(3) 建立无人机的运动学模型

接下来从单个螺旋桨的旋转开始，分析并建立无人机的运动方程。当同时改变 4 个螺旋桨的速度时，无人机将在 Z_b 轴上移动，于是得到[115]

$$T_{Z_b}=T_1+T_2+T_3+T_4 \tag{7-4}$$

式中，T_{Z_b} 表示无人机在 Z_b 轴上受到的力。

但是无论如何改变 4 个螺旋桨的旋转速度，都不会产生在机体坐标系中 X_b 轴和 Y_b 轴的分力，因此有

$$T_{X_b}=0 \qquad (7\text{-}5)$$
$$T_{Y_b}=0$$

式中，T_{X_b}，T_{Y_b} 分别表示无人机在 X_b 轴和 Y_b 轴受到的力。

通过三维坐标转换式(3-38)，无人机受到的力可以从机体坐标系转换到地面坐标系。

$$\begin{bmatrix} T_{X_g} \\ T_{Y_g} \\ T_{Z_g} \end{bmatrix}=M_{b2g}\begin{bmatrix} T_{X_b} \\ T_{Y_b} \\ T_{Z_b} \end{bmatrix}=\begin{bmatrix} \cos\phi\sin\theta\cos\psi+\sin\phi\sin\psi \\ \cos\phi\sin\theta\sin\psi-\sin\phi\cos\psi \\ \cos\phi\cos\theta \end{bmatrix}T_{Z_b} \qquad (7\text{-}6)$$

在三维空间飞行时还需要考虑重力加速度和空气阻力的影响。假设 m 为无人机的质量，g 为重力加速度，空气阻力的影响为 $K_1\dot{p}^x$，$K_2\dot{p}^y$，$K_3\dot{p}^z$。其中 p^x，p^y，p^z 表示无人机在地面坐标系中的位置，K_1，K_2，K_3 是阻力系数。那么有

$$\begin{bmatrix} T_{X_g} \\ T_{Y_g} \\ T_{Z_g} \end{bmatrix}=\begin{bmatrix} \cos\phi\sin\theta\cos\psi+\sin\phi\sin\psi \\ \cos\phi\sin\theta\sin\psi-\sin\phi\cos\psi \\ \cos\phi\cos\theta \end{bmatrix}T_{Z_b}-\begin{bmatrix} K_1\dot{p}^x \\ K_2\dot{p}^y \\ K_3\dot{p}^z+mg \end{bmatrix} \qquad (7\text{-}7)$$

式中，T_{X_g}，T_{Y_g}，T_{Z_g} 分别表示无人机在地面坐标系的 X_g 轴、Y_g 轴和 Z_g 轴上受到的力。

根据牛顿第二定理[116]，我们可以得到如下关系式：

$$\begin{aligned} T_{X_g}&=m\ddot{p}^x=(\cos\phi\sin\theta\cos\psi+\sin\phi\sin\psi)T_{Z_b}-K_1\dot{p}^x \\ T_{Y_g}&=m\ddot{p}^y=(\cos\phi\sin\theta\sin\psi-\sin\phi\cos\psi)T_{Z_b}-K_2\dot{p}^y \\ T_{Z_g}&=m\ddot{p}^z=(\cos\phi\cos\theta)T_{Z_b}-K_3\dot{p}^z-mg \end{aligned} \qquad (7\text{-}8)$$

关于无人机姿态角的调整，结合文献［115］，可以得到如下关系式：

$$\begin{aligned} \ddot{\phi}&=L_A(-T_1+T_2+T_3-T_4-K_4\dot{\phi})/I_x \\ \ddot{\theta}&=L_A(T_1+T_2-T_3-T_4-K_5\dot{\theta})/I_y \\ \ddot{\psi}&=(-M_1+M_2-M_3+M_4-K_6\dot{\psi})/I_z \end{aligned} \qquad (7\text{-}9)$$

式中，L_A 是无人机的重心到螺旋桨的距离；I_x，I_y，I_z 分别表示沿 X_b 轴、Y_b 轴和 Z_b 轴的转动惯量；K_4，K_5，K_6 是阻力系数；M_i，$i=1$，2，3，4 是 4 个螺旋桨由于旋转而产生的扭矩。

结合式(7-8) 和式(7-9)，得到无人机的运动学模型方程为

$$
\begin{aligned}
\ddot{p}^{x} &= ((\cos\phi\sin\theta\cos\psi+\sin\phi\sin\psi)T_{Z_b}-K_1\dot{p}^{x})/m \\
\ddot{p}^{y} &= ((\cos\phi\sin\theta\sin\psi-\sin\phi\cos\psi)T_{Z_b}-K_2\dot{p}^{y})/m \\
\ddot{p}^{z} &= ((\cos\phi\cos\theta)T_{Z_b}-K_3\dot{p}^{z})/m-g \\
\ddot{\phi} &= L_A(-T_1+T_2+T_3-T_4-K_4\dot{\phi})/I_x \\
\ddot{\theta} &= L_A(T_1+T_2-T_3-T_4-K_5\dot{\theta})/I_y \\
\ddot{\psi} &= (-M_1+M_2-M_3+M_4-K_6\dot{\psi})/I_z
\end{aligned}
\tag{7-10}
$$

从式(7-10) 可以看出，四旋翼无人机是一个欠驱动系统，它有 4 个控制输入和 6 个输出。其中 6 个输出对应运动学方程（7-10）中等号左边的 6 个变量。

在讨论无人机的 4 个控制输入前，首先假设螺旋桨升力与力矩的关系为 $M_i=C_{T2M}T_i$，其中 C_{T2M} 是螺旋桨升力到力矩的缩放因子[117]。

无人机的 4 个控制输入定义为 u_1，u_2，u_3，u_4，它们与螺旋桨升力具有如下关系式：

$$
\begin{bmatrix} u_1 \\ u_2 \\ u_3 \\ u_4 \end{bmatrix}=
\begin{bmatrix} 1 & 1 & 1 & 1 \\ -L_A & L_A & L_A & -L_A \\ L_A & L_A & -L_A & -L_A \\ -C_{T2M} & C_{T2M} & -C_{T2M} & C_{T2M} \end{bmatrix}
\begin{bmatrix} T_1 \\ T_2 \\ T_3 \\ T_4 \end{bmatrix}
\tag{7-11}
$$

7.3 多无人机系统建模

7.3.1 模型的简化

无人机的模型分析和运动控制是一件较为复杂的事情。对单个无人机的详细分析不是本书的研究重点，我们的重点是基于单个无人机建立多无人机模型，并在此基础上研究多无人机系统的协同控制。因此，结合文献［39］，我们对单个无人机的模型（7-10）做如下简化。

假设：当无人机进行低速飞行时，阻力系数可以忽略不计，有 $K_i=0$，$i=1,2,\cdots,6$。横滚角和俯仰角仅有较小的变化，有 $\sin\phi\approx\phi$，$\cos\phi\approx1$，$\sin\theta\approx\theta$，$\cos\theta\approx1$。同时没有偏航角的变化，即 $\psi=0$，$\sin\psi=0$，$\cos\psi=1$。无人机飞行在固定高度，有 $u_h\approx mg$。

基于上述假设，无人机的模型（7-10）可以简化为

$$
\ddot{p}^{x}=g\theta
$$

$$\begin{aligned}\ddot{p}^{y}&=-g\phi\\ \ddot{p}^{z}&=u^{h}/m-g\\ \ddot{\phi}&=-u^{\phi}\\ \ddot{\theta}&=u^{\theta}\\ \ddot{\psi}&=u^{\psi}\end{aligned}\tag{7-12}$$

式中，$u^h=u_1$ 表示无人机在高度方向的控制输入，$u^\phi=-gu_2/I_x$，$u^\theta=gu_3/I_y$，$u^\psi=u_4/I_z$ 是控制无人机绕三个坐标轴旋转的控制输入。

高度控制输入 u^h 驱动无人机实现在竖直 Z_g 轴高度上的变化，偏航输入 u^ψ 驱动无人机实现原地旋转。而无人机协同的重点在于 X_g 轴和 Y_g 轴状态的分析，因此下文将重点研究横滚控制输入 u^ϕ 和俯仰控制输入 u^θ。

7.3.2 建立多无人机系统的模型

为了便于对多无人机系统建模，首先将单个无人机的模型（7-12）转换为状态空间表达式的形式。

令单个无人机的状态变量为 $\boldsymbol{x}_i=\begin{bmatrix}\boldsymbol{p}_i^{\mathrm{T}} & \boldsymbol{v}_i^{\mathrm{T}} & \boldsymbol{\Omega}_i^{\mathrm{T}} & \dot{\boldsymbol{\Omega}}_i^{\mathrm{T}}\end{bmatrix}^{\mathrm{T}}$，其中 $\boldsymbol{p}_i=\begin{bmatrix}p_i^x & p_i^y & p_i^z\end{bmatrix}^{\mathrm{T}}$，$\boldsymbol{v}_i=\begin{bmatrix}v_i^x & v_i^y & v_i^z\end{bmatrix}^{\mathrm{T}}$，$\boldsymbol{\Omega}_i=\begin{bmatrix}g\theta_i & -g\phi_i & 0\end{bmatrix}^{\mathrm{T}}$，$\dot{\boldsymbol{\Omega}}_i=\begin{bmatrix}g\dot{\theta}_i & -g\dot{\phi}_i & 0\end{bmatrix}^{\mathrm{T}}$，控制输入为 $\boldsymbol{u}_i=\begin{bmatrix}u_i^\theta & u_i^\phi & 0\end{bmatrix}^{\mathrm{T}}$，得到如式(7-13）所示的无人机状态空间表达式。

$$\begin{bmatrix}\dot{p}_i^x\\ \dot{p}_i^y\\ \dot{p}_i^z\\ \ddot{p}_i^x\\ \ddot{p}_i^y\\ \ddot{p}_i^z\\ g\dot{\theta}_i\\ -g\dot{\phi}_i\\ 0\\ g\ddot{\theta}_i\\ -g\ddot{\phi}_i\\ 0\end{bmatrix}=\begin{bmatrix}0&0&0&1&0&0&0&0&0&0&0&0\\0&0&0&0&1&0&0&0&0&0&0&0\\0&0&0&0&0&1&0&0&0&0&0&0\\0&0&0&0&0&0&1&0&0&0&0&0\\0&0&0&0&0&0&0&1&0&0&0&0\\0&0&0&0&0&0&0&0&1&0&0&0\\0&0&0&0&0&0&0&0&0&1&0&0\\0&0&0&0&0&0&0&0&0&0&1&0\\0&0&0&0&0&0&0&0&0&0&0&1\\0&0&0&0&0&0&0&0&0&0&0&0\\0&0&0&0&0&0&0&0&0&0&0&0\\0&0&0&0&0&0&0&0&0&0&0&0\end{bmatrix}\begin{bmatrix}p_i^x\\ p_i^y\\ p_i^z\\ \dot{p}_i^x\\ \dot{p}_i^y\\ \dot{p}_i^z\\ g\theta_i\\ -g\phi_i\\ 0\\ g\dot{\theta}_i\\ -g\dot{\phi}_i\\ 0\end{bmatrix}+\begin{bmatrix}0&0&0\\0&0&0\\0&0&0\\0&0&0\\0&0&0\\0&0&0\\0&0&0\\0&0&0\\0&0&0\\1&0&0\\0&1&0\\0&0&1\end{bmatrix}\begin{bmatrix}u_i^\theta\\ u_i^\phi\\ 0\end{bmatrix}$$

$$\begin{bmatrix}\boldsymbol{v}_i\\\boldsymbol{\Omega}_i\\\dot{\boldsymbol{\Omega}}_i\\\ddot{\boldsymbol{\Omega}}_i\end{bmatrix}=\begin{bmatrix}\boldsymbol{0}_{3\times3}&\boldsymbol{I}_3&\boldsymbol{0}_{3\times3}&\boldsymbol{0}_{3\times3}\\\boldsymbol{0}_{3\times3}&\boldsymbol{0}_{3\times3}&\boldsymbol{I}_3&\boldsymbol{0}_{3\times3}\\\boldsymbol{0}_{3\times3}&\boldsymbol{0}_{3\times3}&\boldsymbol{0}_{3\times3}&\boldsymbol{I}_3\\\boldsymbol{0}_{3\times3}&\boldsymbol{0}_{3\times3}&\boldsymbol{0}_{3\times3}&\boldsymbol{0}_{3\times3}\end{bmatrix}\begin{bmatrix}\boldsymbol{p}_i\\\boldsymbol{v}_i\\\boldsymbol{\Omega}_i\\\dot{\boldsymbol{\Omega}}_i\end{bmatrix}+\begin{bmatrix}\boldsymbol{0}_{3\times3}\\\boldsymbol{0}_{3\times3}\\\boldsymbol{0}_{3\times3}\\\boldsymbol{I}_3\end{bmatrix}[\boldsymbol{u}_i]\tag{7-13}$$

$$\dot{\boldsymbol{x}}_i=\boldsymbol{a}\boldsymbol{x}_i+\boldsymbol{b}\boldsymbol{u}_i$$

式中，$\boldsymbol{a}=\begin{bmatrix}\boldsymbol{0}_{3\times3}&\boldsymbol{I}_3&\boldsymbol{0}_{3\times3}&\boldsymbol{0}_{3\times3}\\\boldsymbol{0}_{3\times3}&\boldsymbol{0}_{3\times3}&\boldsymbol{I}_3&\boldsymbol{0}_{3\times3}\\\boldsymbol{0}_{3\times3}&\boldsymbol{0}_{3\times3}&\boldsymbol{0}_{3\times3}&\boldsymbol{I}_3\\\boldsymbol{0}_{3\times3}&\boldsymbol{0}_{3\times3}&\boldsymbol{0}_{3\times3}&\boldsymbol{0}_{3\times3}\end{bmatrix}$，$\boldsymbol{b}=\begin{bmatrix}\boldsymbol{0}_{3\times3}\\\boldsymbol{0}_{3\times3}\\\boldsymbol{0}_{3\times3}\\\boldsymbol{I}_3\end{bmatrix}$。

当系统中含有 n 个无人机时，定义多无人机系统的状态变量为 $\boldsymbol{X}=[\boldsymbol{P}^{\mathrm{T}}\quad\boldsymbol{V}^{\mathrm{T}}\quad\boldsymbol{\Omega}^{\mathrm{T}}\quad\dot{\boldsymbol{\Omega}}^{\mathrm{T}}]^{\mathrm{T}}$。其中 $\boldsymbol{P}=[\boldsymbol{p}_1^{\mathrm{T}}\quad\boldsymbol{p}_2^{\mathrm{T}}\quad\cdots\quad\boldsymbol{p}_n^{\mathrm{T}}]^{\mathrm{T}}$，$\boldsymbol{V}=[\boldsymbol{v}_1^{\mathrm{T}}\quad\boldsymbol{v}_2^{\mathrm{T}}\quad\cdots\quad\boldsymbol{v}_n^{\mathrm{T}}]^{\mathrm{T}}$，$\boldsymbol{\Omega}=[\boldsymbol{\Omega}_1^{\mathrm{T}}\quad\boldsymbol{\Omega}_2^{\mathrm{T}}\quad\cdots\quad\boldsymbol{\Omega}_n^{\mathrm{T}}]^{\mathrm{T}}$，$\dot{\boldsymbol{\Omega}}=[\dot{\boldsymbol{\Omega}}_1^{\mathrm{T}}\quad\dot{\boldsymbol{\Omega}}_2^{\mathrm{T}}\quad\cdots\quad\dot{\boldsymbol{\Omega}}_n^{\mathrm{T}}]^{\mathrm{T}}$。控制输入为 $\boldsymbol{U}=[\boldsymbol{u}_1^{\mathrm{T}}\quad\boldsymbol{u}_2^{\mathrm{T}}\quad\cdots\quad\boldsymbol{u}_n^{\mathrm{T}}]^{\mathrm{T}}$。

于是有多无人机系统的状态空间表达式为

$$\dot{\boldsymbol{X}}=\boldsymbol{A}\boldsymbol{X}+\boldsymbol{B}\boldsymbol{U}\tag{7-14}$$

式中，$\boldsymbol{A}=\boldsymbol{a}\otimes\boldsymbol{I}_n$，$\boldsymbol{B}=\boldsymbol{b}\otimes\boldsymbol{I}_n$。

对系统（7-14）进行可控性分析，使用 PBH 判据，有如下判定矩阵：

$$\begin{aligned}[s\boldsymbol{I}_{12n}-\boldsymbol{A}\mid\boldsymbol{B}]&=[(s\boldsymbol{I}_{12n}-\boldsymbol{a})\otimes\boldsymbol{I}_n\mid\boldsymbol{b}\otimes\boldsymbol{I}_n]\\&=\left[\begin{bmatrix}s\boldsymbol{I}_3&-\boldsymbol{I}_3&\boldsymbol{0}_{3\times3}&\boldsymbol{0}_{3\times3}\\\boldsymbol{0}_{3\times3}&s\boldsymbol{I}_3&-\boldsymbol{I}_3&\boldsymbol{0}_{3\times3}\\\boldsymbol{0}_{3\times3}&\boldsymbol{0}_{3\times3}&s\boldsymbol{I}_3&-\boldsymbol{I}_3\\\boldsymbol{0}_{3\times3}&\boldsymbol{0}_{3\times3}&\boldsymbol{0}_{3\times3}&s\boldsymbol{I}_3\end{bmatrix}\otimes\boldsymbol{I}_n\ \middle|\ \begin{bmatrix}\boldsymbol{0}_{3\times3}\\\boldsymbol{0}_{3\times3}\\\boldsymbol{0}_{3\times3}\\\boldsymbol{I}_3\end{bmatrix}\otimes\boldsymbol{I}_n\right]\\&=\left[\begin{array}{cccc|c}s\boldsymbol{I}_3&-\boldsymbol{I}_3&\boldsymbol{0}_{3\times3}&\boldsymbol{0}_{3\times3}&\boldsymbol{0}_{3\times3}\\\boldsymbol{0}_{3\times3}&s\boldsymbol{I}_3&-\boldsymbol{I}_3&\boldsymbol{0}_{3\times3}&\boldsymbol{0}_{3\times3}\\\boldsymbol{0}_{3\times3}&\boldsymbol{0}_{3\times3}&s\boldsymbol{I}_3&-\boldsymbol{I}_3&\boldsymbol{0}_{3\times3}\\\boldsymbol{0}_{3\times3}&\boldsymbol{0}_{3\times3}&\boldsymbol{0}_{3\times3}&s\boldsymbol{I}_3&\boldsymbol{I}_3\end{array}\right]\otimes\boldsymbol{I}_n\end{aligned}\tag{7-15}$$

系统（7-14）中系统矩阵 $\boldsymbol{A}$ 的特征值为 $\lambda_1=\lambda_2=\cdots=\lambda_{12n}=0$。将其代入判定矩阵（7-15）中，可以得到矩阵的秩为 $\mathrm{Rank}(s\boldsymbol{I}_{12n}-\boldsymbol{A},\boldsymbol{B})=12n$。根据 PBH 秩判据可得如式(7-14）所示的系统是可控的。

7.4 多无人机系统的协同控制

基于基本的一致性情况，我们提出多无人机系统的三种群集状态，分别为动态一致性、静态一致性和基于一致性的编队控制。关于这三种状态的介绍和分析如下。

7.4.1 多无人机的动态一致性控制

定义 7.1 针对如式(7-14)所示的多无人机系统，当所有无人机的状态都满足式(7-16)的定义时，表明多无人机系统达到动态一致。

$$\begin{aligned}&\lim_{t\to\infty}\left\|\boldsymbol{p}_i(t)-\boldsymbol{p}_j(t)\right\|=0,\\&\lim_{t\to\infty}\left\|\boldsymbol{v}_i(t)-\boldsymbol{v}_j(t)\right\|=0,\\&\lim_{t\to\infty}\left\|\boldsymbol{\Omega}_i(t)\right\|=0, \qquad i,j=1,2,\cdots,n\\&\lim_{t\to\infty}\left\|\dot{\boldsymbol{\Omega}}_i(t)\right\|=0,\end{aligned} \tag{7-16}$$

对于上述的动态一致性定义 7.1，我们提出如下动态一致性协议：

$$\begin{aligned}u_i^{\theta}(t)&=\alpha_1\sum_{j\in N_i}a_{ij}(p_j^x(t)-p_i^x(t))+\alpha_2\sum_{j\in N_i}a_{ij}(v_j^x(t)-v_i^x(t))-\alpha_3\boldsymbol{\Omega}_i^{\theta}-\alpha_4\dot{\boldsymbol{\Omega}}_i^{\theta}\\u_i^{\phi}(t)&=\alpha_1\sum_{j\in N_i}a_{ij}(p_j^y(t)-p_i^y(t))+\alpha_2\sum_{j\in N_i}a_{ij}(v_j^y(t)-v_i^y(t))-\alpha_3\boldsymbol{\Omega}_i^{\phi}-\alpha_4\dot{\boldsymbol{\Omega}}_i^{\phi}\end{aligned} \tag{7-17}$$

式中，$\alpha_1>0$，$\alpha_2>0$，$\alpha_3>0$，$\alpha_4>0$ 为正向增益。

结合系统的拉普拉斯矩阵 $\boldsymbol{L}$，动态一致性控制协议（7-17）可以转换为如下的矩阵形式：

$$\begin{aligned}\boldsymbol{U}&=-([\alpha_1\quad\alpha_2\quad 0\quad 0]\otimes\boldsymbol{L}\otimes\boldsymbol{I}_3+[0\quad 0\quad\alpha_3\quad\alpha_4]\otimes\boldsymbol{I}_n\otimes\boldsymbol{I}_3)\cdot\boldsymbol{X}\\&=-\boldsymbol{L}_d\cdot\boldsymbol{X}\end{aligned} \tag{7-18}$$

式中，$\boldsymbol{L}_d=[\alpha_1\quad\alpha_2\quad 0\quad 0]\otimes\boldsymbol{L}\otimes\boldsymbol{I}_3+[0\quad 0\quad\alpha_3\quad\alpha_4]\otimes\boldsymbol{I}_n\otimes\boldsymbol{I}_3$。

定理 7.1 针对式(7-14)所示的多无人机系统，当其通信拓扑图 $G=(V, E, A)$ 是连通无向图或是含有生成树的有向图，并且增益参数满足式(7-21)时，使用如式(7-17)所示的控制协议可以实现定义 7.1 所描述的动态一致性。

证明：将多无人机系统动态一致性控制协议（7-18）代入多无人机系统（7-14）中，有

$$\begin{aligned}\dot{\boldsymbol{X}} &= \boldsymbol{AX}+\boldsymbol{BU}\\ &= \boldsymbol{AX}+\boldsymbol{B}(-\boldsymbol{L}_d\boldsymbol{X})\\ &= (\boldsymbol{A}-\boldsymbol{BL}_d)\boldsymbol{X}\\ &= \boldsymbol{\Gamma}_d\boldsymbol{X}\end{aligned} \tag{7-19}$$

展开$\boldsymbol{\Gamma}_d$ 后有

$$\begin{bmatrix}\dot{\boldsymbol{P}}\\ \dot{\boldsymbol{V}}\\ \dot{\boldsymbol{\Omega}}\\ \ddot{\boldsymbol{\Omega}}\end{bmatrix}=\begin{bmatrix}\boldsymbol{0}_{3n\times 3n} & \boldsymbol{I}_3 & \boldsymbol{0}_{3n\times 3n} & \boldsymbol{0}_{3n\times 3n}\\ \boldsymbol{0}_{3n\times 3n} & \boldsymbol{0}_{3n\times 3n} & \boldsymbol{I}_3 & \boldsymbol{0}_{3n\times 3n}\\ \boldsymbol{0}_{3n\times 3n} & \boldsymbol{0}_{3n\times 3n} & \boldsymbol{0}_{3n\times 3n} & \boldsymbol{I}_3\\ -\alpha_1\boldsymbol{L}\otimes\boldsymbol{I}_3 & -\alpha_2\boldsymbol{L}\otimes\boldsymbol{I}_3 & -\alpha_3\boldsymbol{I}_n\otimes\boldsymbol{I}_3 & -\alpha_4\boldsymbol{I}_n\otimes\boldsymbol{I}_3\end{bmatrix}\begin{bmatrix}\boldsymbol{P}\\ \boldsymbol{V}\\ \boldsymbol{\Omega}\\ \dot{\boldsymbol{\Omega}}\end{bmatrix} \tag{7-20}$$

因此需要选择参数 α_1，α_2，α_3，α_4 使得$\boldsymbol{\Gamma}_d$ 有一个 0 特征值，且其他特征值均具有负实部。根据参考文献［118］，可以得到增益参数的限制条件为

$$\begin{gathered}\alpha_1>0,\alpha_2>0,\alpha_3>0,\alpha_4>0,\\ \alpha_2\gg\alpha_1,\quad \alpha_3,\alpha_4>\alpha_2\gg\alpha_1\\ \alpha_4\alpha_3\alpha_2>\alpha_2^2+\alpha_4^2\alpha_1\end{gathered} \tag{7-21}$$

选择了使系统稳定的参数后，$\boldsymbol{\Gamma}_d$ 可以转换为约当标准型

$$\boldsymbol{\Gamma}_d=\boldsymbol{WJ}_d\boldsymbol{W}^{-1} \tag{7-22}$$

令 $\boldsymbol{w}_{dl}^{\mathrm{T}}$ 是 $\boldsymbol{W}^{-1}$ 的第一行以及零特征值的左特征向量，$\boldsymbol{w}_{dr}$ 是 $\boldsymbol{W}$ 的第一列以及零特征值的右特征向量，那么有 $\boldsymbol{w}_{dl}^{\mathrm{T}}\boldsymbol{w}_{dr}=1$。

当时间趋于无穷时，系统状态为

$$\begin{gathered}\lim_{t\to\infty}X(t)=\lim_{t\to\infty}\mathrm{e}^{\boldsymbol{\Gamma}_d t}\boldsymbol{X}(0)\\ \mathrm{e}^{\boldsymbol{\Gamma}_d t}\boldsymbol{X}(0)\to(\boldsymbol{w}_{dr}\boldsymbol{w}_{dl}^{\mathrm{T}})\boldsymbol{X}(0),t\to\infty\end{gathered} \tag{7-23}$$

根据引理 3.3，可以看到当时间趋于无穷时系统能够达到一致。

【证毕】

在控制协议（7-17）中，第一项 $\alpha_1\sum_{j\in N_i}(a_{ij}(p_j(t)-p_i(t)))$ 使系统实现 $\lim_{t\to\infty}\|p_i(t)-p_j(t)\|=0$，第二项 $\alpha_2\sum_{j\in N_i}(a_{ij}(v_j(t)-v_i(t)))$ 使系统实现 $\lim_{t\to\infty}\|v_i(t)-v_j(t)\|=0$，第三项 $-\alpha_3\boldsymbol{\Omega}_i$ 使系统实现 $\lim_{t\to\infty}\|\boldsymbol{\Omega}_i(t)\|=0$，第四项

$-\alpha_4\dot{\boldsymbol{\Omega}}$ 使系统实现 $\lim_{t\to\infty}\left\|\dot{\boldsymbol{\Omega}}_i(t)\right\|=0$。

基于此，我们可以得到下面的多无人机系统静态一致性定义和控制协议。

7.4.2 多无人机的静态一致性控制

定义 7.2 针对如式(7-14)所示的多无人机系统，当所有无人机的状态都满足式(7-24)的定义时，表明多无人机系统达到静态一致。

$$\begin{aligned}&\lim_{t\to\infty}\left\|\boldsymbol{p}_i(t)-\boldsymbol{p}_j(t)\right\|=0,\\&\lim_{t\to\infty}\left\|\boldsymbol{v}_i(t)\right\|=0,\\&\lim_{t\to\infty}\left\|\boldsymbol{\Omega}_i(t)\right\|=0,\qquad i,j=1,2,\cdots,n\\&\lim_{t\to\infty}\left\|\dot{\boldsymbol{\Omega}}_i(t)\right\|=0,\end{aligned}\tag{7-24}$$

对于上述静态一致性定义 7.2，提出了如下静态一致性协议：

$$\begin{aligned}u_i^{\theta}(t)&=\alpha_1\sum_{j\in N_i}a_{ij}(p_j^x(t)-p_i^x(t))-\alpha_2v_i^x(t)-\alpha_3\boldsymbol{\Omega}_i^{\theta}-\alpha_4\dot{\boldsymbol{\Omega}}_i^{\theta}\\u_i^{\phi}(t)&=\alpha_1\sum_{j\in N_i}a_{ij}(p_j^y(t)-p_i^y(t))-\alpha_2v_i^y(t)-\alpha_3\boldsymbol{\Omega}_i^{\phi}-\alpha_4\dot{\boldsymbol{\Omega}}_i^{\phi}\end{aligned}\tag{7-25}$$

式中，$\alpha_1>0$，$\alpha_2>0$，$\alpha_3>0$，$\alpha_4>0$ 为正向增益。

结合系统的拉普拉斯矩阵 $\boldsymbol{L}$，静态一致性控制协议（7-25）可以转换为如下矩阵形式：

$$\begin{aligned}\boldsymbol{U}&=-([\alpha_1\quad 0\quad 0\quad 0]\otimes\boldsymbol{L}\otimes\boldsymbol{I}_3+[0\quad \alpha_2\quad \alpha_3\quad \alpha_4]\otimes\boldsymbol{I}_n\otimes\boldsymbol{I}_3)\cdot\boldsymbol{X}\\&=-\boldsymbol{L}_s\cdot\boldsymbol{X}\end{aligned}\tag{7-26}$$

式中，$\boldsymbol{L}_s=[\alpha_1\quad 0\quad 0\quad 0]\otimes\boldsymbol{L}\otimes\boldsymbol{I}_3+[0\quad \alpha_2\quad \alpha_3\quad \alpha_4]\otimes\boldsymbol{I}_n\otimes\boldsymbol{I}_3$。

定理 7.2 针对式(7-14)所示的多无人机系统，当其通信拓扑图 $G=(V, E, A)$ 是连通无向图或是含有生成树的有向图时，使用如式(7-25)所示的控制协议可以实现定义 7.2 所描述的静态一致性。

证明： 可参考定理 7.1 的证明。

7.4.3 多无人机的编队控制

编队控制的目标在于各个无人机的位置状态和速度状态达到期望要求。定义无人机期望编队的位置信息和速度信息分别为 $d(\boldsymbol{p}_i)=\left[d(p_i^x) \quad d(p_i^y) \quad 0\right]^{\mathrm{T}}$，$d(\boldsymbol{v}_i)=\left[d(v_i^x) \quad d(v_i^y) \quad 0\right]^{\mathrm{T}}$，二者均是满足利普希茨条件的分段连续函数。

那么位置误差向量和速度误差向量分别为

$$\begin{aligned} \tilde{\boldsymbol{p}}_i(t)&=\boldsymbol{p}_i(t)-d(\boldsymbol{p}_i) \\ \tilde{\boldsymbol{v}}_i(t)&=\boldsymbol{v}_i(t)-d(\boldsymbol{v}_i) \end{aligned} \tag{7-27}$$

通过引入误差向量，可以把编队问题转化为关于状态变量误差的一致性问题。当各个无人机与期望队形的误差达到一致时，即意味着系统实现了编队控制。

为此，我们重新定义了如下所示的多无人机系统的静态一致性。

定义 7.3　针对式(7-14) 所示的多无人机系统，当所有无人机的状态都满足式(7-28) 的定义时，表明多无人机系统达到静态一致。

$$\left.\begin{aligned} &\lim_{t\to\infty}\left\|\tilde{\boldsymbol{p}}_i(t)-\tilde{\boldsymbol{p}}_j(t)\right\|=0, \\ &\lim_{t\to\infty}\left\|\tilde{\boldsymbol{v}}_i(t)-\tilde{\boldsymbol{v}}_j(t)\right\|=0, \\ &\lim_{t\to\infty}\left\|\boldsymbol{\Omega}_i(t)\right\|=0, \\ &\lim_{t\to\infty}\left\|\dot{\boldsymbol{\Omega}}_i(t)\right\|=0, \end{aligned}\right. \quad i,j=1,2,\cdots,n \tag{7-28}$$

对于上述编队控制定义 7.3，我们提出了以下编队控制协议：

$$\begin{aligned} u_i^{\theta}(t)=&\ \alpha_1\sum_{j\in N_i}a_{ij}(\tilde{p}_j^x(t)-\tilde{p}_i^x(t))+\alpha_2\sum_{j\in N_i}a_{ij}(\tilde{v}_j^x(t)-\tilde{v}_i^x(t))- \\ &\alpha_3\Omega_i^{\theta}-\alpha_4\dot{\Omega}_i^{\theta}+u_{ci}^{\theta}(t) \\ u_i^{\phi}(t)=&\ \alpha_1\sum_{j\in N_i}a_{ij}(\tilde{p}_j^y(t)-\tilde{p}_i^y(t))+\alpha_2\sum_{j\in N_i}a_{ij}(\tilde{v}_j^y(t)-\tilde{v}_i^y(t))- \\ &\alpha_3\Omega_i^{\phi}-\alpha_4\dot{\Omega}_i^{\phi}+u_{ci}^{\phi}(t) \end{aligned} \tag{7-29}$$

式中，$\alpha_1>0$，$\alpha_2>0$，$\alpha_3>0$，$\alpha_4>0$ 为正向增益，$u_{ci}^{\theta}(t)$，$u_{ci}^{\phi}(t)$ 为输入补偿项。

结合系统的拉普拉斯矩阵 $\boldsymbol{L}$，编队控制协议 (7-29) 可以转换为如下矩阵形式：

$$\begin{aligned} \boldsymbol{U}=&-\left(\left[\alpha_1 \quad \alpha_2 \quad 0 \quad 0\right]\otimes\boldsymbol{L}\otimes\boldsymbol{I}_3+\left[0 \quad 0 \quad \alpha_3 \quad \alpha_4\right]\otimes\boldsymbol{I}_n\otimes\boldsymbol{I}_3\right) \\ &\left(\begin{bmatrix}\boldsymbol{P}\\ \boldsymbol{V}\\ \boldsymbol{\Omega}\\ \dot{\boldsymbol{\Omega}}\end{bmatrix}-\begin{bmatrix}d(\boldsymbol{P})\\ d(\boldsymbol{V})\\ 0\\ 0\end{bmatrix}\right)+\boldsymbol{U}_c \end{aligned}$$

$$=-\boldsymbol{L}_f\cdot(\boldsymbol{X}-d(\boldsymbol{X}))+\boldsymbol{U}_c \tag{7-30}$$

式中，$\boldsymbol{U}_c=\begin{bmatrix}u_{c1}^{\theta} & u_{c1}^{\phi} & 0 & \cdots & u_{cn}^{\theta} & u_{cn}^{\phi} & 0\end{bmatrix}^{\mathrm{T}}$，$\boldsymbol{L}_f=\begin{bmatrix}\alpha_1 & \alpha_2 & 0 & 0\end{bmatrix}\otimes \boldsymbol{L}\otimes\boldsymbol{I}_3+\begin{bmatrix}0 & 0 & \alpha_3 & \alpha_4\end{bmatrix}\otimes\boldsymbol{I}_n\otimes\boldsymbol{I}_3$。

对比前面的动态一致性控制，可以看到 $\boldsymbol{L}_f$ 与 $\boldsymbol{L}_d$ 具有相同的形式。

定理 7.3 针对式(7-14) 所示的多无人机系统，当其通信拓扑图 $G=(V,E,A)$ 是连通无向图或是含有生成树的有向图时，使用控制协议 (7-29) 可以实现定义 7.3 所描述的编队控制。

证明： 可参考定理 7.1 和定理 6.2 的证明。

7.5 多无人机系统的实验验证

本节使用三架无人机来验证所设计协议的正确性。下述实验分别验证了动态一致性协议、静态一致性协议和编队控制协议的有效性。系统通信拓扑如图 7-8 所示。

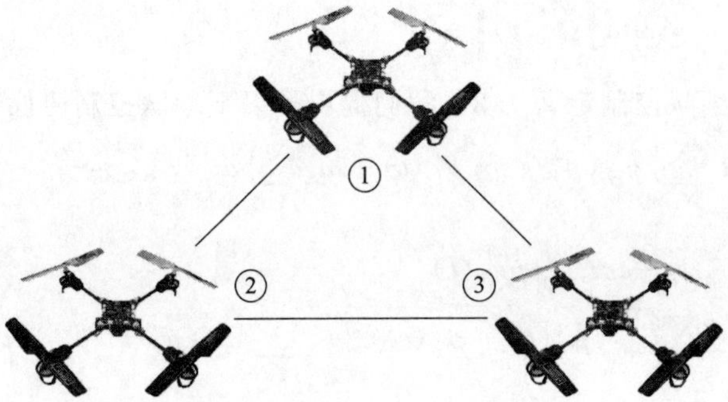

图 7-8 多无人机系统的通信关系

通过计算可得系统的拉普拉斯矩阵为

$$\boldsymbol{L}=\begin{bmatrix}2 & -1 & -1\\ -1 & 2 & -1\\ -1 & -1 & 2\end{bmatrix}$$

1 号无人机的初始状态为 $\boldsymbol{p}_1=[25\quad 25\quad 10]^{\mathrm{T}}$，$\boldsymbol{v}_1=[0\quad 0\quad 0]^{\mathrm{T}}$，$\boldsymbol{\Omega}_1=[0\quad 0\quad 0]^{\mathrm{T}}$，$\dot{\boldsymbol{\Omega}}_1=[0\quad 0\quad 0]^{\mathrm{T}}$。2 号无人机的初始状态为 $\boldsymbol{p}_2=[33\quad 10\quad 10]^{\mathrm{T}}$，$\boldsymbol{v}_2=[0.4\quad 0.8\quad 0]^{\mathrm{T}}$，$\boldsymbol{\Omega}_2=[0\quad 0\quad 0]^{\mathrm{T}}$，$\dot{\boldsymbol{\Omega}}_2=[0\quad 0\quad 0]^{\mathrm{T}}$。3 号无人机的初始状态为 $\boldsymbol{p}_3=[45\quad 13\quad 15]^{\mathrm{T}}$，$\boldsymbol{v}_3=$

$[0.2\quad 0.4\quad 0]^{\mathrm{T}}$，$\boldsymbol{\Omega}_3=[0\quad 0\quad 0]^{\mathrm{T}}$，$\dot{\boldsymbol{\Omega}}_3=[0\quad 0\quad 0]^{\mathrm{T}}$。增益参数设定为 $\alpha_1=0.1$，$\alpha_2=0.8$，$\alpha_3=4.0$，$\alpha_4=1.5$。

7.5.1 实验 1：多无人机的动态一致性控制

针对图 7-8 所示的多无人机系统，使用动态一致性协议（7-17）进行数值仿真实验，其结果如图 7-9 所示。

通过观察结果可知，当时间趋于无穷时，系统的速度达到一致，位置也达到一致。但由于速度并不为零，而速度是位置关于时间的微分，因此位置处于不断变化的状态。同时，位置变化的斜率也等于系统达到动态一致性后的速度，即系统达到了动态一致性。

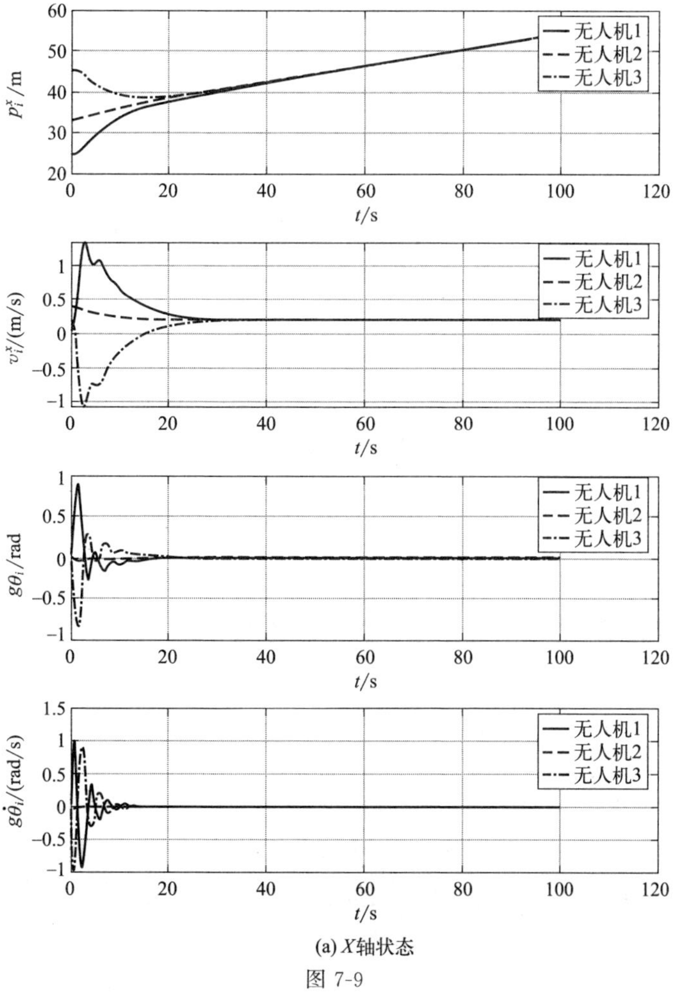

(a) X轴状态

图 7-9

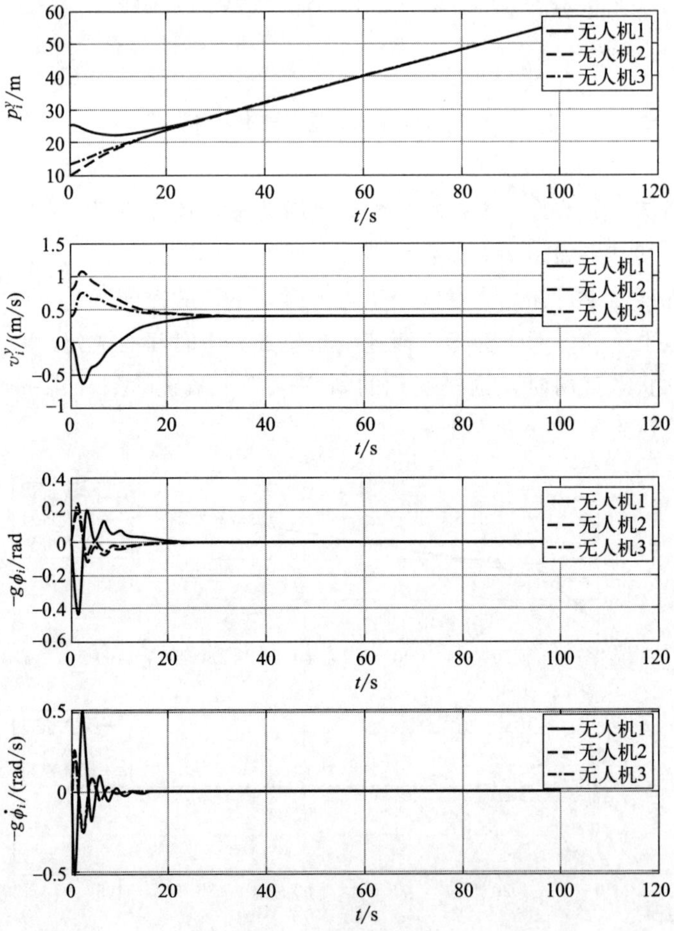

(b) Y轴状态

图 7-9　多无人机系统的动态一致性

7.5.2　实验 2：多无人机的静态一致性控制

针对图 7-8 所示的多无人机系统，使用静态一致性协议（7-25）进行数值仿真实验，其结果如图 7-10 所示。

通过观察静态一致性的结果可知，当时间趋于无穷时，位置和速度等所有状态均保持一致，且不再随着时间发生变化。同时，静态一致性的定义是位置和速度为零的一致性。当时间趋于无穷时，系统的状态与静态一致性的定义完全一致，说明系统达到了静态一致性。

7.5.3　实验 3：多无人机的编队控制

针对编队控制协议（7-29），我们分别使用数值仿真和虚拟仿真来验证无人机编队的飞行情况。

定义期望编队的位置信息和速度信息分别为 $d(\boldsymbol{p}_1)=[0\quad 0\quad 0]^{\mathrm{T}}$，$d(\boldsymbol{p}_2)=[-10\quad -10\quad 0]^{\mathrm{T}}$，$d(\boldsymbol{p}_3)=[10\quad -10\quad 0]^{\mathrm{T}}$，$d(\boldsymbol{v}_1)=d(\boldsymbol{v}_2)=d(\boldsymbol{v}_3)=[0\quad 0\quad 0]^{\mathrm{T}}$。补偿项 $\boldsymbol{u}_{c1}=\boldsymbol{u}_{c2}=\boldsymbol{u}_{c3}=[0\quad 0\quad 0]^{\mathrm{T}}$。

为了在实验过程中保持系统的视野一直居中，假设其中的 1 号无人机保持静止状态。

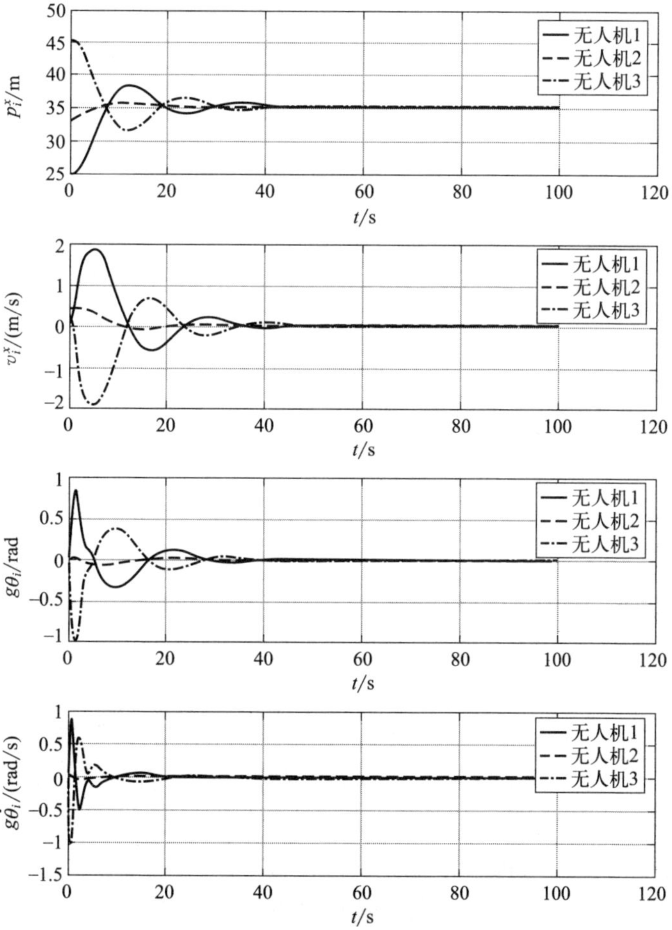

(a) X轴状态

图 7-10

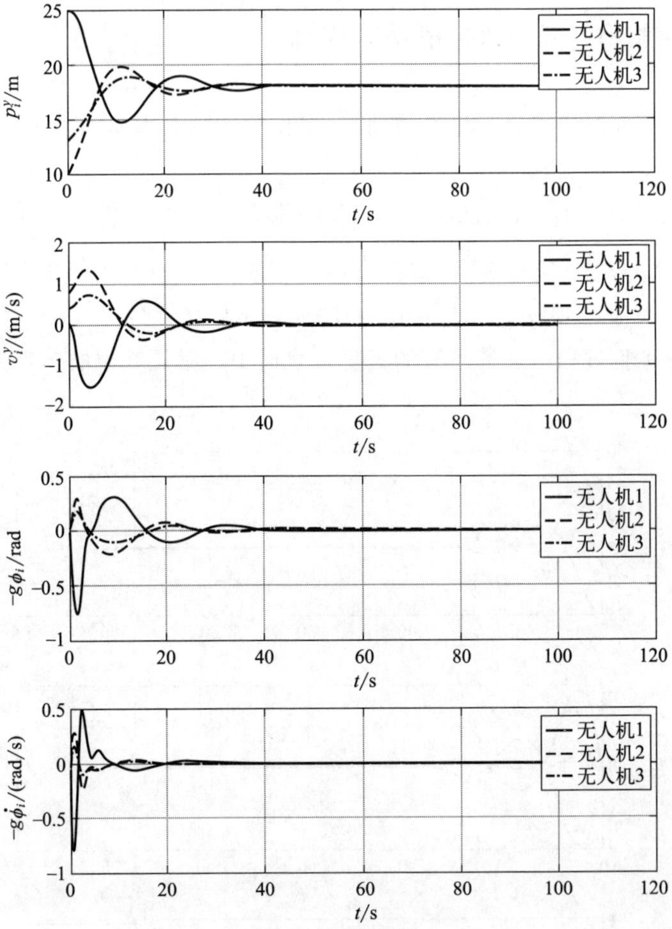

(b) Y轴状态

图 7-10　多无人机系统的静态一致性

数值仿真实验结果如图 7-11 所示。观察系统位置的变化曲线，可以看出系统最终完成了所定义的三角形编队。

为了进一步提升工程应用价值，我们使用虚拟仿真软件 CoppeliaSim/Vrep 构建了无人机的模型。三架无人机编队控制的飞行结果如图 7-12 所示。

观察无人机在不同时刻的位置，可以看到随着时间的变化，无人机最终可以完成三角形编队。系统开始时（$t=0$），无人机静止在初始位置。之后随着任务的开始，无人机开始朝向预定位置飞行（$t=1$s）。由于通信的延迟，这与多无人车系统的编队原因是相同的，无人机会偏离一部分期望位置（$t=3$s），但最终（$t=5$s）都会逐步减小误差达到预期的目标位置，完成编队任务。

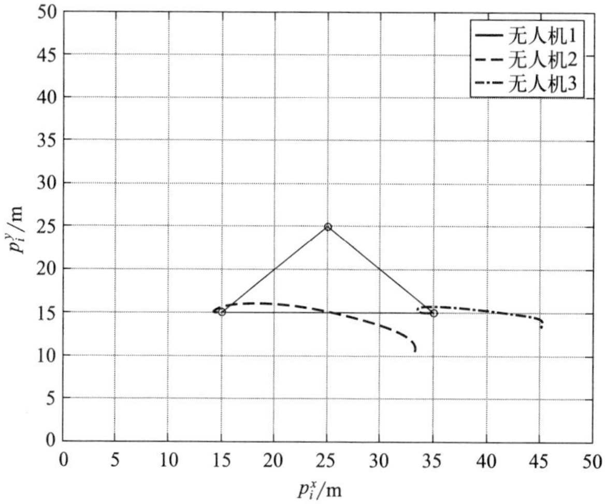

图 7-11　多无人机系统编队控制

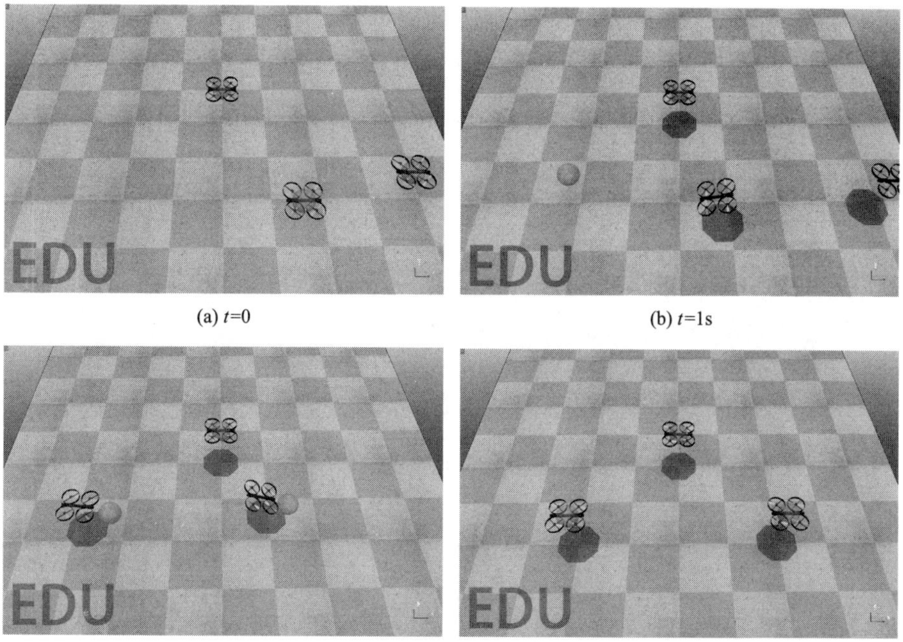

(a) t=0　(b) t=1s

(c) t=3s　(d) t=5s

图 7-12　多无人机系统在不同时刻的位置

本章小结

培养造就大批德才兼备的高素质人才，是国家和民族长远发展大计。载人航天、探月探火、卫星导航等战略性新兴产业领域的关键核心技术要想取得不断突破，就需要不断加强基础研究和原始创新。

本章以四旋翼无人机的“十”字飞行模式和“X”型飞行模式为基础，详细介绍了无人机的飞行原理。根据无人机的动力产生和控制方式，建立了无人机的动力学模型。根据无人机的运动特点，建立了无人机的运动学模型。为了更方便地分析、研究多无人机系统的协同控制，基于单无人机的模型，给出了多无人机系统的状态空间表达式。之后，设计了多无人机系统的动态一致性协议、静态一致性协议和编队控制，并进行了稳定性分析。最后，使用仿真软件对上述三种协议进行了实验分析和验证。

思考与练习题

1. 四旋翼无人机在高度控制，即上升、下降和悬停时的实现原理是什么？
2. 在“十”字飞行模式下如何实现横滚运动？
3. 在“X”型飞行模式下如何实现俯仰运动？
4. 无人机在“十”字飞行模式和“X”型飞行模式下怎样实现偏航运动？
5. 无人机的动力学模型是什么？
6. 无人机的运动学模型是什么？
7. 多无人机系统的模型是什么？
8. 多无人机的动态一致性定义是什么？
9. 多无人机的动态一致性协议是什么？
10. 多无人机的静态一致性定义是什么？
11. 多无人机的静态一致性协议是什么？
12. 多无人机编队控制的目标是什么？
13. 引入误差向量后，重新定义的多无人机系统静态一致性是什么？
14. 多无人机系统的编队控制协议是什么？

第 8 章 异构多智能体系统的协同控制和最优控制

本章介绍由无人机和无人车组成的异构系统。为了讨论异构系统的协同分析及优化控制问题，本章结合无人机和无人车的特点，设计了异构系统的控制协议。本章针对单个智能体，使用最优控制理论得出了智能体的最优控制律。通过对最优控制律进行分解，得出异构系统的最优控制增益参数，结合分布式控制协议，得出了异构系统的分布式最优控制。最后，针对异构系统的编队控制协议和最优控制律等，分别使用数值仿真和软件仿真验证了协议的有效性，说明了成果具有的工程价值。

8.1 无人机和无人车组成的异构系统

8.1.1 系统的设置

设系统是由多个无人机和无人车组成。总的智能体数量为 n，其中无人机的数量为 m，则无人车的数量为 $n-m$。为这些智能体机器人编号排列的顺序为 $\{1,\cdots,m,m+1,\cdots,n\}$。

为了更好地描述异构系统之间的通信关系，需要对系统的拉普拉斯矩阵 $\boldsymbol{L}$ 进行简单的线性变换，得到如下所示的异构系统的拉普拉斯矩阵：

$$\boldsymbol{L}=\begin{bmatrix}\boldsymbol{L}_{AA} & \boldsymbol{L}_{AG}\\ \boldsymbol{L}_{GA} & \boldsymbol{L}_{GG}\end{bmatrix} \tag{8-1}$$

式中，$\boldsymbol{L}_{AA}$ 表示多个无人机之间的通信关系，$\boldsymbol{L}_{AG}$ 表示无人机与无人车之间的通信关系，$\boldsymbol{L}_{GA}$ 表示无人车与无人机之间的通信关系，$\boldsymbol{L}_{GG}$ 表示多个无人车之间的通信关系。

当系统中同时存在领航者与跟随者时，可以将式(8-1) 中的拉普拉斯矩阵进一步变换为

$$\boldsymbol{L}=\begin{bmatrix} L_{A_lA_l} & L_{A_lA_f} & L_{A_lG_l} & L_{A_lG_f} \\ L_{A_fA_l} & L_{A_fA_f} & L_{A_fG_l} & L_{A_fG_f} \\ L_{G_lA_l} & L_{G_lA_f} & L_{G_lG_l} & L_{G_lG_f} \\ L_{G_fA_l} & L_{G_fA_f} & L_{G_fG_l} & L_{G_fG_f} \end{bmatrix} \tag{8-2}$$

式中，下标 A_l，A_f，G_l，G_f 分别表示无人机中的领航者、无人机中的跟随者、无人车中的领航者、无人车中的跟随者。$L_{A_lA_l}$ 表示无人机领航者之间的通信关系，$L_{A_lA_f}$ 表示无人机领航者与跟随者之间的通信关系，其他以此类推。

8.1.2 建立模型

结合第 7 章中对多无人机系统（7-14）和第 6 章中对多无人车系统（6-15）的分析，我们可以通过合并状态变量的方式构建如式(8-3) 所示的异构多智能体系统状态空间表达式。使用编号 $i=1, 2, \cdots, m$ 表示系统中的无人机，编号 $i=m+1, \cdots, n$ 表示系统中的无人车，那么系统中总共存在 n 个智能体。

$$\begin{bmatrix} \dot{\boldsymbol{X}}_A \\ \dot{\boldsymbol{X}}_G \end{bmatrix}=\begin{bmatrix} \boldsymbol{A}_A & 0 \\ 0 & \boldsymbol{A}_G \end{bmatrix}\begin{bmatrix} \boldsymbol{X}_A \\ \boldsymbol{X}_G \end{bmatrix}+\begin{bmatrix} \boldsymbol{B}_A & 0 \\ 0 & \boldsymbol{B}_G \end{bmatrix}\begin{bmatrix} \boldsymbol{U}_A \\ \boldsymbol{U}_G \end{bmatrix}$$

即

$$\dot{\boldsymbol{X}}=\boldsymbol{A}\boldsymbol{X}+\boldsymbol{B}\boldsymbol{U} \tag{8-3}$$

式中，$\boldsymbol{X}_A$，$\boldsymbol{U}_A$ 分别表示无人机的状态和控制输入；$\boldsymbol{X}_G$，$\boldsymbol{U}_G$ 分别表示无人车的状态和控制输入。

下面给出异构多智能体系统状态空间表达式(8-3) 中各变量的详细描述。

$\boldsymbol{X}=\begin{bmatrix}\boldsymbol{X}_A^{\mathrm{T}} & \boldsymbol{X}_G^{\mathrm{T}}\end{bmatrix}^{\mathrm{T}}$，$\boldsymbol{X}_A=\begin{bmatrix}\boldsymbol{P}_A^{\mathrm{T}} & \boldsymbol{V}_G^{\mathrm{T}} & \boldsymbol{\Omega}_G^{\mathrm{T}} & \dot{\boldsymbol{\Omega}}_G^{\mathrm{T}}\end{bmatrix}^{\mathrm{T}}$，$\boldsymbol{X}_G=\begin{bmatrix}\boldsymbol{P}_G^{\mathrm{T}}\end{bmatrix}^{\mathrm{T}}$，$\boldsymbol{U}=\begin{bmatrix}\boldsymbol{U}_A^{\mathrm{T}} & \boldsymbol{U}_G^{\mathrm{T}}\end{bmatrix}^{\mathrm{T}}$，

$\boldsymbol{P}_A=\begin{bmatrix}\boldsymbol{p}_1^{\mathrm{T}} & \boldsymbol{p}_2^{\mathrm{T}} & \cdots & \boldsymbol{p}_m^{\mathrm{T}}\end{bmatrix}^{\mathrm{T}}$，$\boldsymbol{p}_i=\begin{bmatrix}p_i^x & p_i^y & p_i^z\end{bmatrix}^{\mathrm{T}}$，$i=1, 2, \cdots, m$，

$\boldsymbol{V}_A=\begin{bmatrix}\boldsymbol{v}_1^{\mathrm{T}} & \boldsymbol{v}_2^{\mathrm{T}} & \cdots & \boldsymbol{v}_m^{\mathrm{T}}\end{bmatrix}^{\mathrm{T}}$，$\boldsymbol{v}_i=\begin{bmatrix}v_i^x & v_i^y & v_i^z\end{bmatrix}^{\mathrm{T}}$，$i=1, 2, \cdots, m$，

$\boldsymbol{\Omega}_A=\begin{bmatrix}\boldsymbol{\Omega}_1^{\mathrm{T}} & \boldsymbol{\Omega}_2^{\mathrm{T}} & \cdots & \boldsymbol{\Omega}_m^{\mathrm{T}}\end{bmatrix}^{\mathrm{T}}$，$\boldsymbol{\Omega}_i=\begin{bmatrix}g\theta_i & -g\phi_i & 0\end{bmatrix}^{\mathrm{T}}$，$i=1, 2, \cdots, m$，

$\dot{\boldsymbol{\Omega}}_A = \begin{bmatrix}\dot{\boldsymbol{\Omega}}_1^{\mathrm{T}} & \dot{\boldsymbol{\Omega}}_2^{\mathrm{T}} & \cdots & \dot{\boldsymbol{\Omega}}_m^{\mathrm{T}}\end{bmatrix}^{\mathrm{T}}$，$\boldsymbol{\Omega}_i = \begin{bmatrix}g\dot{\theta}_i & -g\dot{\phi}_i & 0\end{bmatrix}^{\mathrm{T}}$，$i=1$，2，…，$m$，

$\boldsymbol{U}_A = \begin{bmatrix}\boldsymbol{u}_1^{\mathrm{T}} & \boldsymbol{u}_2^{\mathrm{T}} & \cdots & \boldsymbol{u}_m^{\mathrm{T}}\end{bmatrix}^{\mathrm{T}}$，$\boldsymbol{u}_i = \begin{bmatrix}u_i^{\theta} & u_i^{\phi} & 0\end{bmatrix}^{\mathrm{T}}$，$i=1$，2，…，$m$，

$\boldsymbol{P}_G = \begin{bmatrix}\boldsymbol{p}_{m+1}^{\mathrm{T}} & \boldsymbol{p}_{m+2}^{\mathrm{T}} & \cdots & \boldsymbol{p}_n^{\mathrm{T}}\end{bmatrix}^{\mathrm{T}}$，$\boldsymbol{p}_i = \begin{bmatrix}p_{gi}^x & p_{gi}^y\end{bmatrix}^{\mathrm{T}}$，$i=m+1$，…，$n$，

$\boldsymbol{U}_G = \begin{bmatrix}\boldsymbol{u}_{m+1}^{\mathrm{T}} & \boldsymbol{u}_{m+2}^{\mathrm{T}} & \cdots & \boldsymbol{u}_n^{\mathrm{T}}\end{bmatrix}^{\mathrm{T}}$，$\boldsymbol{u}_i = \begin{bmatrix}u_i^x & u_i^y\end{bmatrix}^{\mathrm{T}}$，$i=m+1$，…，$n$，

$$\boldsymbol{A}_A = \begin{bmatrix}\boldsymbol{0}_{3\times3} & \boldsymbol{I}_3 & \boldsymbol{0}_{3\times3} & \boldsymbol{0}_{3\times3}\\ \boldsymbol{0}_{3\times3} & \boldsymbol{0}_{3\times3} & \boldsymbol{I}_3 & \boldsymbol{0}_{3\times3}\\ \boldsymbol{0}_{3\times3} & \boldsymbol{0}_{3\times3} & \boldsymbol{0}_{3\times3} & \boldsymbol{I}_3\\ \boldsymbol{0}_{3\times3} & \boldsymbol{0}_{3\times3} & \boldsymbol{0}_{3\times3} & \boldsymbol{0}_{3\times3}\end{bmatrix}\otimes\boldsymbol{I}_m,\ \boldsymbol{B}_A = \begin{bmatrix}\boldsymbol{0}_{3\times3}\\ \boldsymbol{0}_{3\times3}\\ \boldsymbol{0}_{3\times3}\\ \boldsymbol{I}_3\end{bmatrix}\otimes\boldsymbol{I}_m,$$

$\boldsymbol{A}_G = [\boldsymbol{0}_{2\times2}]\otimes\boldsymbol{I}_{n-m}$，$\boldsymbol{B}_G = [I_2]\otimes\boldsymbol{I}_{m-m}$。

注意，当系统中同时含有领航者与跟随者时，我们采用先领航者后跟随者的编号顺序，即$\boldsymbol{X}_A = \begin{bmatrix}X_{A_l} & X_{A_f}\end{bmatrix}^{\mathrm{T}}$，$\boldsymbol{X}_G = \begin{bmatrix}X_{G_l} & X_{G_f}\end{bmatrix}^{\mathrm{T}}$。

接下来验证异构多智能体系统（8-3）的可控性。根据 PBH 判据首先构造如下所示的系统判别矩阵式：

$$[s\boldsymbol{I}-\boldsymbol{A}\,|\,\boldsymbol{B}] = \left[\begin{array}{cc|cc} s\boldsymbol{I}-\boldsymbol{A}_A & 0 & \boldsymbol{B}_A & 0\\ 0 & s\boldsymbol{I}-\boldsymbol{A}_G & 0 & \boldsymbol{B}_G\end{array}\right] \tag{8-4}$$

式中，$\boldsymbol{I}$ 表示合适维度的单位矩阵。

结合第 6 章中对多无人车系统和第 7 章中对多无人机系统的分析，可以得到可控性矩阵（8-4）的秩为 $\mathrm{Rank}(s\boldsymbol{I}-\boldsymbol{A},\boldsymbol{B})=12m+2(n-m)$。根据 PBH 秩判据可得，异构系统（8-3）是可控的。

8.2 异构多智能体系统的协同控制

由于异构系统中智能体机器人的模型并不相同，因此其协同的关键在于找寻模型之间的公共域部分。本书所研究的异构系统由无人机和无人车组成，无人机包含位置状态、速度状态和姿态角，而无人车仅包含位置状态，因此位置状态是二者的公共域。

同时注意到无人机的飞行空间为三维空间，无人车的运动空间为二维空间。基于之前对无人机和无人车的分析，我们提出两个转换矩阵 $\boldsymbol{m}_{G2A}$ 和 $\boldsymbol{m}_{A2G}$，用来解决二者运动空间维度不匹配的问题。至于无人机独有的姿态角

状态，在计算无人车时直接忽略即可。

因此，本章中用到的转换矩阵为

$$\boldsymbol{m}_{G2A}=\begin{bmatrix}1&0\\0&1\\0&0\end{bmatrix},\boldsymbol{m}_{A2G}=\begin{bmatrix}1&0&0\\0&1&0\end{bmatrix} \tag{8-5}$$

关于异构系统的协同控制，本章同样设计了三类控制任务，即动态一致性、静态一致性和编队控制。关于这三种任务的描述和对应的控制协议如下。

8.2.1 动态一致性控制

定义 8.1 针对如式(8-3) 所示的异构系统，当所有智能体的状态都满足式(8-6) 的定义时，表明异构系统达到动态一致。

$$\begin{aligned}&\lim_{t\to\infty}\left\|\boldsymbol{p}_i(t)-\boldsymbol{p}_j(t)\right\|=0,\ i,\ j=1,2,\cdots,m,\cdots,n\\&\lim_{t\to\infty}\left\|\boldsymbol{v}_i(t)-\boldsymbol{v}_j(t)\right\|=0,\ i,\ j=1,2,\cdots,m\\&\lim_{t\to\infty}\left\|\boldsymbol{\Omega}_i(t)\right\|=0,\ i,\ j=1,2,\cdots,m\\&\lim_{t\to\infty}\left\|\dot{\boldsymbol{\Omega}}_i(t)\right\|=0,\ i,\ j=1,2,\cdots,m\end{aligned} \tag{8-6}$$

对于上述动态一致性定义 8.1，结合第 6 章和第 7 章的分析，我们提出了如下所示的动态一致性协议：

$$\begin{aligned}\boldsymbol{u}_i=&\ \alpha_1\sum_{j\in N_{Ai}}a_{ij}(\boldsymbol{p}_j-\boldsymbol{p}_i)+\alpha_1\sum_{j\in N_{Gi}}a_{ij}(\boldsymbol{m}_{G2A}\boldsymbol{p}_j-\boldsymbol{p}_i)+\\&\ \alpha_2\sum_{j\in N_{Ai}}a_{ij}(\boldsymbol{v}_j-\boldsymbol{v}_i)-\alpha_3\boldsymbol{\Omega}_i-\alpha_4\dot{\boldsymbol{\Omega}}_i,\ i=1,2,\cdots,m\\\boldsymbol{u}_i=&\ \beta\sum_{j\in N_{Gi}}a_{ij}(\boldsymbol{p}_j-\boldsymbol{p}_i)+\beta\sum_{j\in N_{Ai}}a_{ij}(\boldsymbol{m}_{A2G}\boldsymbol{p}_j-\boldsymbol{p}_i),\ i=m+1,\cdots,n\end{aligned} \tag{8-7}$$

式中，α_1，α_2，α_3，α_4，β 均为大于 0 的正向增益；N_{Ai} 表示智能体 i 在无人机中的邻居；N_{Gi} 表示智能体 i 在无人车中的邻居。

定理 8.1 针对式(8-3) 所示的异构系统，当其通信拓扑图 $G=(V,E,A)$ 是连通无向图或是含有生成树的有向图时，使用如式(8-7) 所示的控制协议可以实现定义 8.1 所描述的动态一致性。

证明： 可参考定理 7.1 和定理 6.1 的证明。

8.2.2　静态一致性控制

定义 8.2　针对式(8-3)所示的异构系统，当所有智能体的状态都满足式(8-8)的定义时，表明异构系统达到静态一致。

$$
\begin{aligned}
&\lim_{t\to\infty}\left\|\boldsymbol{p}_i(t)-\boldsymbol{p}_j(t)\right\|=0,\ i,\ j=1,2,\cdots,m,\cdots,n\\
&\lim_{t\to\infty}\left\|\boldsymbol{v}_i(t)\right\|=0,\ i,\ j=1,2,\cdots,m\\
&\lim_{t\to\infty}\left\|\boldsymbol{\Omega}_i(t)\right\|=0,\ i,\ j=1,2,\cdots,m\\
&\lim_{t\to\infty}\left\|\dot{\boldsymbol{\Omega}}_i(t)\right\|=0,\ i,\ j=1,2,\cdots,m
\end{aligned}
\tag{8-8}
$$

对于上述静态一致性定义 8.2，我们提出了如下静态一致性协议：

$$
\begin{aligned}
\boldsymbol{u}_i=&\alpha_1\sum_{j\in N_{Ai}}a_{ij}(\boldsymbol{p}_j-\boldsymbol{p}_i)+\alpha_1\sum_{j\in N_{Gi}}a_{ij}(\boldsymbol{m}_{G2A}\boldsymbol{p}_j-\boldsymbol{p}_i)-\\
&\alpha_2\boldsymbol{v}_i-\alpha_3\boldsymbol{\Omega}_i-\alpha_4\dot{\boldsymbol{\Omega}}_i,\ i=1,2,\cdots,m\\
\boldsymbol{u}_i=&\beta\sum_{j\in N_{Gi}}a_{ij}(\boldsymbol{p}_j-\boldsymbol{p}_i)+\beta\sum_{j\in N_{Ai}}a_{ij}(\boldsymbol{m}_{A2G}\boldsymbol{p}_j-\boldsymbol{p}_i),\ i=m+1,\cdots,n
\end{aligned}
\tag{8-9}
$$

式中，α_1，α_2，α_3，α_4，β 均为大于 0 的正向增益；N_{Ai} 表示智能体 i 在无人机中的邻居；N_{Gi} 表示智能体 i 在无人车中的邻居。

定理 8.2　针对式(8-3)所示的异构系统，当其通信拓扑图 $G=(V,E,A)$ 是连通无向图或是含有生成树的有向图时，使用如式(8-9)所示的控制协议可以实现定义 8.2 所描述的静态一致性。

证明：可参考定理 7.2 和定理 6.1 的证明。

8.2.3　异构系统的编队控制

定义异构系统的期望状态向量为 $d(\boldsymbol{X})=\left[d(\boldsymbol{X}_A)^{\mathrm{T}}\quad d(\boldsymbol{X}_G)^{\mathrm{T}}\right]^{\mathrm{T}}$，那么误差向量为

$$
\widetilde{\boldsymbol{X}}=\boldsymbol{X}-d(\boldsymbol{X})
\tag{8-10}
$$

在下面的分析中，形如 $\widetilde{\boldsymbol{X}}$ 的形式均表示 $\boldsymbol{X}$ 的误差向量。

定义 8.3　针对式(8.3)所示的异构系统，当所有智能体的状态都满足式(8-11)的定义时，表明异构系统实现编队控制。

$$\begin{aligned}
&\lim_{t\to\infty}\left\|\widetilde{\boldsymbol{p}}_i(t)-\widetilde{\boldsymbol{p}}_j(t)\right\|=0,\ i,\ j=1,2,\cdots,m,\cdots,n\\
&\lim_{t\to\infty}\left\|\widetilde{\boldsymbol{v}}_i(t)\right\|=0,\ i,\ j=1,2,\cdots,m\\
&\lim_{t\to\infty}\left\|\widetilde{\boldsymbol{\Omega}}_i(t)\right\|=0,\ i,\ j=1,2,\cdots,m\\
&\lim_{t\to\infty}\left\|\dot{\widetilde{\boldsymbol{\Omega}}}_i(t)\right\|=0,\ i,\ j=1,2,\cdots,m
\end{aligned} \tag{8-11}$$

对于上述编队控制定义 8.3，我们提出了如下编队控制协议：

$$\begin{aligned}
\boldsymbol{u}_i=&\alpha_1\sum_{j\in N_{Ai}}a_{ij}(\widetilde{\boldsymbol{p}}_j-\widetilde{\boldsymbol{p}}_i)+\alpha_1\sum_{j\in N_{Gi}}a_{ij}(\boldsymbol{m}_{G2A}\widetilde{\boldsymbol{p}}_j-\widetilde{\boldsymbol{p}}_i)-\\
&\alpha_2\widetilde{\boldsymbol{v}}_i-\alpha_3\widetilde{\boldsymbol{\Omega}}_i-\alpha_4\dot{\widetilde{\boldsymbol{\Omega}}}_i+\boldsymbol{u}_{ci},i=1,2,\cdots,m\\
\boldsymbol{u}_i=&\beta\sum_{j\in N_{Gi}}a_{ij}(\widetilde{\boldsymbol{p}}_j-\widetilde{\boldsymbol{p}}_i)+\beta\sum_{j\in N_{Ai}}a_{ij}(\boldsymbol{m}_{A2G}\widetilde{\boldsymbol{p}}_j-\widetilde{\boldsymbol{p}}_i)+\boldsymbol{u}_{ci},i=m+1,\cdots,n
\end{aligned} \tag{8-12}$$

式中，u_{ci} 表示智能体的补偿项。

定理 8.3 针对如式(8-3) 所示的异构系统，当其通信拓扑图 $G=(V,E,A)$ 是连通无向图或是含有生成树的有向图时，使用如式(8-12) 所示的控制协议可以实现定义 8.3 所描述的编队控制。

证明：可参考定理 7.3 和定理 6.2 的证明。

8.3 异构多智能体系统的最优控制

在解决各种实际问题时，系统的控制将会受到各种限制，此种限制常见为性能指标。性能指标是衡量系统在任一容许控制作用下判定性能优劣的尺度，其内容与形式取决于最优控制问题所要完成的任务[119]。

根据不同的控制问题应采用不同形式的性能指标。而线性二次型性能指标的最优解具有统一的解析表达式，并且可以导致一个简单的状态线性反馈控制律，便于计算和实现闭环反馈控制，所以是常见的性能指标。

本节首先从单个无人机和无人车为研究对象出发，通过构建单个智能体的二次型性能指标，给出单个智能体在满足控制目标的条件下使性能指标达到最优时的最优控制律。然后结合单个智能体的最优控制律和多智能体系统的分布式控制，设计多智能体系统的分布式最优控制协议。这样设计出来的控制协议不仅满足性能指标的要求，同时兼顾了最优控制和分布式控制的优势。

8.3.1 单体机器人的最优控制

所有的控制目标问题均可转变为使控制对象的误差向量趋于零的一致性问题。因此针对单体机器人，构建由误差变量与控制变量构成的积分型性能指标（8-13），其中的误差变量趋于零就等价于智能体实现了控制目标。

$$\boldsymbol{J}=\frac{1}{2}\int_{0}^{\infty}\left[\widetilde{\boldsymbol{X}}^{\mathrm{T}}(t)\boldsymbol{Q}\widetilde{\boldsymbol{X}}(t)+\boldsymbol{U}^{\mathrm{T}}(t)\boldsymbol{R}\boldsymbol{U}(t)\right]\mathrm{d}t \tag{8-13}$$

式中，$\boldsymbol{Q}\geqslant 0$ 为合适维度的对称非负定矩阵，$\boldsymbol{R}>0$ 为合适维度的对称正定矩阵。

为了便于工程应用，性能指标（8-13）中的权重矩阵 $\boldsymbol{Q}$，$\boldsymbol{R}$ 通常取为对角型阵，因此满足对称性。

当取 $\boldsymbol{Q}=\mathrm{diag}[q_1 \quad q_2 \quad \cdots]$ 时，性能指标（8-13）的第一部分可以表示为 $\frac{1}{2}\int_{0}^{\infty}\left[\widetilde{\boldsymbol{X}}^{\mathrm{T}}(t)\boldsymbol{Q}\widetilde{\boldsymbol{X}}(t)\right]\mathrm{d}t=\frac{1}{2}\int_{0}^{\infty}\left[\sum_{i=1}q_i\widetilde{\boldsymbol{X}}_i^2(t)\right]\mathrm{d}t$。这一部分表示在系统控制过程中，对动态跟踪误差加权平方和的积分要求是系统在运动过程中跟踪误差的总度量。

若取 $\boldsymbol{R}=\mathrm{diag}[r_1 \quad r_2 \quad \cdots]$，则性能指标（8-13）的第二部分可以表示为 $\frac{1}{2}\int_{0}^{\infty}\left[\boldsymbol{U}^{\mathrm{T}}(t)\boldsymbol{R}\boldsymbol{U}(t)\right]\mathrm{d}t=\frac{1}{2}\int_{0}^{\infty}\left[\sum_{i=1}r_i u_i^2(t)\right]\mathrm{d}t$。这部分表示在系统控制过程中对系统加权后的控制能量消耗的总度量。

综上所述，二次型性能指标的物理意义是：使系统在控制过程中的动态误差与能量消耗达到综合最优。

但当权重矩阵 $\boldsymbol{Q}$，$\boldsymbol{R}$ 仅为对称矩阵而不为对角型阵时，就需要系统中任一个智能体都能直接获取到其他所有智能体的状态信息。也就是说，系统的通信拓扑图必须为图 8-1(a) 所示的完全图。一方面，系统拓扑图是完全图这个条件非常苛刻，在实际工程中很难得到满足。另一方面，分布式控制的优势就在于不需要太强的通信拓扑要求，所以仅要求系统是如图 8-1(b) 所示的连通图即可。

幸运的是，每个智能体内部的状态是满足完全图的要求的。以无人机 UAV1 为例，其内部状态如图 8-2 所示，位置变量 $\boldsymbol{p}_1$、速度变量 $\boldsymbol{v}_1$、角度变量 $\boldsymbol{\Omega}_1$ 和角速度变量 $\dot{\boldsymbol{\Omega}}_1$ 之间的拓扑关系是完全图。

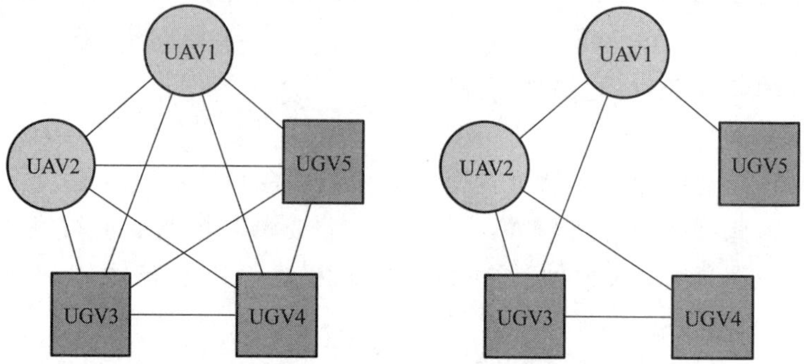

图 8-1　系统通信拓扑图

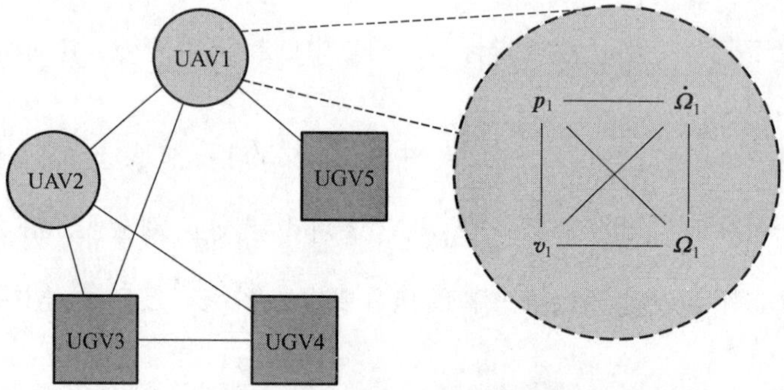

图 8-2　单个智能体内部状态是完全连通的

根据异构系统的状态空间表达式(8-3)，我们可以从中得到单个智能体的状态空间表达式为

$$\dot{\boldsymbol{X}}_i=\boldsymbol{A}_i\boldsymbol{X}_i+\boldsymbol{B}_i\boldsymbol{U}_i \tag{8-14}$$

当智能体表示无人机时，有$\boldsymbol{X}_i=\begin{bmatrix}\boldsymbol{p}_i & \boldsymbol{v}_i & \boldsymbol{\Omega}_i & \dot{\boldsymbol{\Omega}}_i\end{bmatrix}$，$\boldsymbol{A}_i=\boldsymbol{A}_A$，$\boldsymbol{B}_i=\boldsymbol{B}_A$，$i=1$，2，…，$m$。当智能体表示无人车时，有$\boldsymbol{X}_i=[\boldsymbol{p}_i]$，$\boldsymbol{A}_i=\boldsymbol{A}_G$，$\boldsymbol{B}_i=\boldsymbol{B}_G$，$i=m+1$，…，$n$。

同时，我们可以将性能指标（8-13）分解为每一个智能体的性能指标J_i的和。

$$J=\frac{1}{2}\sum_{i=1}^{n}J_i=\frac{1}{2}\sum_{i=1}^{n}\int_0^{\infty}\left[\widetilde{\boldsymbol{X}}_i^{\mathrm{T}}(t)\boldsymbol{Q}_i\widetilde{\boldsymbol{X}}_i(t)+\boldsymbol{u}_i^{\mathrm{T}}(t)\boldsymbol{R}_i\boldsymbol{u}_i(t)\right]\mathrm{d}t \tag{8-15}$$

对单个智能体而言，其最优控制律为

$$\boldsymbol{u}_i^*=-\boldsymbol{R}_i^{-1}\boldsymbol{B}_i^{\mathrm{T}}\boldsymbol{P}_i\widetilde{\boldsymbol{X}}_i \tag{8-16}$$

式中，P_i 是下面提及的黎卡提方程(8-23) 的解。

定理 8.4　针对式(8-14) 所示的单个智能体，其满足性能指标（8-15）的最优控制律为式(8-16)。

证明： 设 $\boldsymbol{u}_i^*$ 是满足性能指标（8-15）的最优控制，则必满足极小值原理。基于式(8-15) 构建哈密顿（Hamilton）函数

$$\boldsymbol{H}=\frac{1}{2}\widetilde{\boldsymbol{X}}_i^{\mathrm{T}}(t)\boldsymbol{Q}_i\widetilde{\boldsymbol{X}}_i(t)+\frac{1}{2}\boldsymbol{u}_i^{\mathrm{T}}(t)\boldsymbol{R}_i\boldsymbol{u}_i(t)+\boldsymbol{\lambda}^{\mathrm{T}}\boldsymbol{A}_i\widetilde{\boldsymbol{X}}_i(t)+\boldsymbol{\lambda}^{\mathrm{T}}\boldsymbol{B}_i\boldsymbol{u}_i(t) \tag{8-17}$$

式中，λ 是协态变量（costate variable）。

由于 $\boldsymbol{u}_i^*$ 不受约束，所以极小值条件是哈密顿函数式(8-17) 关于控制输入 $\boldsymbol{u}_i$ 取无条件极小。根据驻值条件，计算哈密顿函数关于控制输入 $\boldsymbol{u}_i$ 的导数有

$$\frac{\partial \boldsymbol{H}}{\partial \boldsymbol{u}_i}=\boldsymbol{R}_i\boldsymbol{u}_i+\boldsymbol{B}_i^{\mathrm{T}}\boldsymbol{\lambda} \tag{8-18}$$

令 $\dfrac{\partial \boldsymbol{H}}{\partial \boldsymbol{u}_i}=0$，可以得到

$$\boldsymbol{u}_i=-\boldsymbol{R}_i^{-1}\boldsymbol{B}_i^{\mathrm{T}}\boldsymbol{\lambda} \tag{8-19}$$

又因为

$$\frac{\partial^2 \boldsymbol{H}}{\partial \boldsymbol{u}_i^2}=\boldsymbol{R}_i>0 \tag{8-20}$$

因此，式(8-19) 就是使哈密顿函数式(8-17) 取极小值的控制，即最优控制。根据正则方程得

$$\begin{aligned}\dot{\widetilde{\boldsymbol{X}}}_i&=\frac{\partial \boldsymbol{H}}{\partial \boldsymbol{\lambda}}=\boldsymbol{A}_i\widetilde{\boldsymbol{X}}_i+\boldsymbol{B}_i\boldsymbol{u}_i\\ \dot{\boldsymbol{\lambda}}&=-\frac{\partial \boldsymbol{H}}{\partial \widetilde{\boldsymbol{X}}_i}=-\boldsymbol{Q}_i\widetilde{\boldsymbol{X}}_i-\boldsymbol{A}_i^{\mathrm{T}}\boldsymbol{\lambda}\end{aligned} \tag{8-21}$$

令协态方程的解为 $\boldsymbol{\lambda}=\boldsymbol{P}_i\widetilde{\boldsymbol{X}}_i$，式中矩阵 $\boldsymbol{P}_i$ 待定。那么 $\dot{\boldsymbol{\lambda}}=\boldsymbol{P}_i\dot{\widetilde{\boldsymbol{X}}}_i$，代入式(8-21) 有

$$\boldsymbol{P}_i\boldsymbol{A}_i\widetilde{\boldsymbol{X}}_i-\boldsymbol{P}_i\boldsymbol{B}_i\boldsymbol{R}_i^{-1}\boldsymbol{B}_i^{\mathrm{T}}\boldsymbol{P}_i\widetilde{\boldsymbol{X}}_i=-\boldsymbol{Q}_i\widetilde{\boldsymbol{X}}_i-\boldsymbol{A}_i^{\mathrm{T}}\boldsymbol{P}_i\widetilde{\boldsymbol{X}}_i \tag{8-22}$$

化简后可以得到如下黎卡提方程：

$$\boldsymbol{A}_i^{\mathrm{T}}\boldsymbol{P}_i+\boldsymbol{P}_i\boldsymbol{A}_i-\boldsymbol{P}_i\boldsymbol{B}_i\boldsymbol{R}_i^{-1}\boldsymbol{B}_i^{\mathrm{T}}\boldsymbol{P}_i+\boldsymbol{Q}_i=0 \tag{8-23}$$

令 $\boldsymbol{Q}_i>0$，$\boldsymbol{R}_i>0$，那么解 $\boldsymbol{P}_i$ 是对称正定的。选取如下李雅普诺夫函数：

$$V(\widetilde{\boldsymbol{X}}_i)=\widetilde{\boldsymbol{X}}_i^{\mathrm{T}}\boldsymbol{P}_i\widetilde{\boldsymbol{X}}_i\geqslant 0 \tag{8-24}$$

求其关于时间 t 的导数有

$$\dot{V}(\widetilde{\boldsymbol{X}}_i)=\dot{\widetilde{\boldsymbol{X}}}_i^{\mathrm{T}}\boldsymbol{P}_i\widetilde{\boldsymbol{X}}_i+\widetilde{\boldsymbol{X}}_i^{\mathrm{T}}\boldsymbol{P}_i\dot{\widetilde{\boldsymbol{X}}}_i \\ =-\widetilde{\boldsymbol{X}}_i^{\mathrm{T}}(\boldsymbol{Q}_i+\boldsymbol{P}_i\boldsymbol{B}_i\boldsymbol{R}_i^{-1}\boldsymbol{B}_i^{\mathrm{T}}\boldsymbol{P}_i)\widetilde{\boldsymbol{X}}_i \tag{8-25}$$

因为$\boldsymbol{Q}_i>0$,$\boldsymbol{R}_i>0$,那么一定有$(\boldsymbol{Q}_i+\boldsymbol{P}_i\boldsymbol{B}_i\boldsymbol{R}_i^{-1}\boldsymbol{B}_i^{\mathrm{T}}\boldsymbol{P}_i)>0$，因此$\dot{V}(\widetilde{\boldsymbol{X}}_i)\leqslant 0$。根据李雅普诺夫稳定性定理，可得采用了最优控制式(8-16）的系统是渐进稳定的。

【证毕】

由上述过程所获得的最优控制律（8-16）是独立的，它不受系统通信拓扑图的影响。性能指标（8-15）是一个二次型，其权重参数$\boldsymbol{Q}_i$，$\boldsymbol{R}_i$可以任意设置。对于单个智能体而言，所有的内部状态都是可以获得的，因此可以通过上述过程明确得出受性能指标制约的最优控制律。

然而，对于整个多智能体系统来说，并不是每个智能体的所有状态都可以被其他智能体获取到。也就是说，智能体之间存在非通信情况。因此，多智能体系统的最优控制律不能直接通过上述过程得到。

综上所述，权重矩阵$\boldsymbol{Q}_i$，$\boldsymbol{R}_i$决定了不同的优化指标，因此可以通过修改权重矩阵使系统满足不同的工作需求。例如，在实际工程应用中，无人机电池的工作时间比无人车短，所以应该通过增大无人机性能指标的参数$\boldsymbol{R}_i$的值来提高控制输入所占的比例，起到增加无人机续航时间的目的。

8.3.2 异构系统的最优控制

最优控制需要多智能体系统通信拓扑是一个完全图，而分布式控制仅需要通信拓扑是一个连通图。完全图比连通图要求更高。

本节将结合单个智能体的最优控制律和多智能体系统的分布式控制，设计多智能体系统的分布式最优控制协议。这样设计出来的控制协议，不仅满足性能指标的要求，同时兼顾了最优控制和分布式控制的优势。

通过上一节的计算，我们定义单个智能体的控制参数$\boldsymbol{K}_i=-\boldsymbol{R}_i^{-1}\boldsymbol{B}_i^{\mathrm{T}}\boldsymbol{P}_i$。令$\boldsymbol{Q}_i=q_i\boldsymbol{I}$，$\boldsymbol{R}_i=r_i\boldsymbol{I}$，其中$q_i$，$r_i$是常数，$\boldsymbol{I}$是合适维度的单位阵。

那么对于无人机而言，$\boldsymbol{K}_i$必为如下形式：

$$\boldsymbol{K}_i=\boldsymbol{R}_i^{-1}\boldsymbol{B}_{\mathrm{A}}^{\mathrm{T}}\boldsymbol{P}_i \\ =\begin{bmatrix} k_{\alpha1} & 0 & 0 & k_{\alpha2} & 0 & 0 & k_{\alpha3} & 0 & 0 & k_{\alpha4} & 0 & 0 \\ 0 & k_{\alpha1} & 0 & 0 & k_{\alpha2} & 0 & 0 & k_{\alpha3} & 0 & 0 & k_{\alpha4} & 0 \\ 0 & 0 & k_{\alpha1} & 0 & 0 & k_{\alpha2} & 0 & 0 & k_{\alpha3} & 0 & 0 & k_{\alpha4} \end{bmatrix}$$

$$=\begin{bmatrix}k_{\alpha1} & k_{\alpha2} & k_{\alpha3} & k_{\alpha4}\end{bmatrix}\otimes\boldsymbol{I}_3 \tag{8-26}$$

对于无人车，有

$$\begin{aligned}\boldsymbol{K}_i&=\boldsymbol{R}_i^{-1}\boldsymbol{B}_G^{\mathrm{T}}\boldsymbol{P}_i\\&=\begin{bmatrix}k_\beta & 0\\0 & k_\beta\end{bmatrix}\\&=\begin{bmatrix}k_\beta\end{bmatrix}\otimes\boldsymbol{I}_2\end{aligned} \tag{8-27}$$

分布式控制的优势是结构优势。通过相邻智能体间的相对状态来获得智能体的控制输入，这符合分布式的特点。例如控制协议（8-7）、（8-9）和（8-12）便是关于智能体自身与其邻居之间相对状态的和，可以表示为

$$\boldsymbol{u}_i=f\left(\sum_{j\in N_i}(\boldsymbol{X}_j-\boldsymbol{X}_i)\right) \tag{8-28}$$

式中，$f(\cdot)$ 是一种线性函数关系。

而单个智能体的最优控制律（8-16）只与自身和目标点的相对状态有关，可以表示为

$$\boldsymbol{u}_i=f(\hat{\boldsymbol{X}}_i-\boldsymbol{X}_i) \tag{8-29}$$

式中，$\hat{\boldsymbol{X}}_i$ 表示智能体$\boldsymbol{X}_i$ 的目标状态。

需要注意的是，$\hat{\boldsymbol{X}}_i$ 与之前定义的期望状态 $d(\boldsymbol{X}_i)$ 并不相等。为了不破坏系统控制协议的分布式优势，我们不对协议的结构做任何更改，仅通过替换增益参数的方式得到系统的分布式最优控制协议。同时，对参数进行取平均操作，使其符合最优控制律的要求。

我们用 $|N_{Ai}|$ 表示智能体 i 在无人机中邻居的个数，$|N_{Gi}|$ 表示智能体 i 在无人车中邻居的个数。

由此得到基于异构系统动态一致性控制协议（8-7）的最优动态一致性控制协议为

$$\begin{aligned}\boldsymbol{u}_i&=\frac{k_{\alpha1}}{|N_{Ai}|}\sum_{j\in N_{Ai}}a_{ij}(\boldsymbol{p}_j-\boldsymbol{p}_i)+\frac{k_{\alpha1}}{|N_{Gi}|}\sum_{j\in N_{Gi}}a_{ij}(\boldsymbol{m}_{G2A}\boldsymbol{p}_j-\boldsymbol{p}_i)+\\&\quad\frac{k_{\alpha2}}{|N_{Ai}|}\sum_{j\in N_{Ai}}a_{ij}(\boldsymbol{v}_j-\boldsymbol{v}_i)-\alpha_3\boldsymbol{\Omega}_i-\alpha_4\dot{\boldsymbol{\Omega}}_i,\ i=1,2,\cdots,m\\\boldsymbol{u}_i&=\frac{k_\beta}{|N_{Gi}|}\sum_{j\in N_{Gi}}a_{ij}(\boldsymbol{p}_j-\boldsymbol{p}_i)+\frac{k_\beta}{|N_{Ai}|}\sum_{j\in N_{Ai}}a_{ij}(\boldsymbol{m}_{A2G}\boldsymbol{p}_j-\boldsymbol{p}_i),\\&\quad i=m+1,m+2,\cdots,n\end{aligned} \tag{8-30}$$

也可以得到基于异构系统静态一致性控制协议（8-9）的最优静态一致性

控制协议为

$$
\begin{aligned}
\boldsymbol{u}_i &= \frac{k_{\alpha 1}}{|N_{Ai}|}\sum_{j\in N_{Ai}} a_{ij}(\boldsymbol{p}_j-\boldsymbol{p}_i)+\frac{k_{\alpha 1}}{|N_{Gi}|}\sum_{j\in N_{Gi}} a_{ij}(\boldsymbol{m}_{G2A}\boldsymbol{p}_j-\boldsymbol{p}_i)- \\
&\quad \alpha_2\boldsymbol{v}_i-\alpha_3\boldsymbol{\Omega}_i-\alpha_4\dot{\boldsymbol{\Omega}}_i,\ i=1,2,\cdots,m \\
\boldsymbol{u}_i &= \frac{k_{\beta}}{|N_{Gi}|}\sum_{j\in N_{Gi}} a_{ij}(\boldsymbol{p}_j-\boldsymbol{p}_i)+\frac{k_{\beta}}{|N_{Ai}|}\sum_{j\in N_{Ai}} a_{ij}(\boldsymbol{m}_{A2G}\boldsymbol{p}_j-\boldsymbol{p}_i), \\
&\quad i=m+1,m+2,\cdots,n
\end{aligned}
\tag{8-31}
$$

还可以得到基于异构系统编队控制协议（8-12）的最优编队控制协议为

$$
\begin{aligned}
\boldsymbol{u}_i &= \frac{k_{\alpha 1}}{|N_{Ai}|}\sum_{j\in N_{Ai}} a_{ij}(\tilde{\boldsymbol{p}}_j-\tilde{\boldsymbol{p}}_i)+\frac{k_{\alpha 1}}{|N_{Gi}|}\sum_{j\in N_{Gi}} a_{ij}(\boldsymbol{m}_{G2A}\tilde{\boldsymbol{p}}_j-\tilde{\boldsymbol{p}}_i)- \\
&\quad \alpha_2\tilde{\boldsymbol{v}}_i-\alpha_3\tilde{\boldsymbol{\Omega}}_i-\alpha_4\dot{\tilde{\boldsymbol{\Omega}}}_i+\boldsymbol{u}_{ci},\ i=1,2,\cdots,m \\
\boldsymbol{u}_i &= \frac{k_{\beta}}{|N_{Gi}|}\sum_{j\in N_{Gi}} a_{ij}(\tilde{\boldsymbol{p}}_j-\tilde{\boldsymbol{p}}_i)+\frac{k_{\beta}}{|N_{Ai}|}\sum_{j\in N_{Ai}} a_{ij}(\boldsymbol{m}_{A2G}\tilde{\boldsymbol{p}}_j-\tilde{\boldsymbol{p}}_i)+\boldsymbol{u}_{ci}, \\
&\quad i=m+1,m+2,\cdots,n
\end{aligned}
\tag{8-32}
$$

采用上述方案构建的最优控制并不要求系统通信拓扑是完全图，仅要求通信拓扑是连通图，这与分布式控制对通信拓扑的要求一致。

总的来说，上述最优控制协议兼顾了分布式控制和最优控制的优势。既不会影响多智能体系统的分布式特点，又能根据设定的性能指标满足不同的任务需求。

8.4 异构多智能体系统的实验验证

本节从三个方面对最优控制的算法进行了验证，分别是多无人机系统的最优编队控制、多无人车系统的最优编队控制，以及由无人机和无人车组成的异构系统的仿真实验。

8.4.1 实验 1：多无人机系统的最优编队控制

为了验证无人机最优控制的有效性，我们以最优编队控制为例，对比了在没有最优控制下的编队控制结果。

假设多智能体机器人系统中仅含有无人机。基于第 7 章中的实验 3，在保证其他参数均无变化的基础上，设定性能函数式(8-15)中的权重矩阵$\boldsymbol{Q}_i=5\boldsymbol{I}_{12}$，$\boldsymbol{R}_i=\boldsymbol{I}_3$。

通过计算可得$\boldsymbol{K}_i=[2.2361\quad 6.2003\quad 7.4783\quad 4.4673]\otimes\boldsymbol{I}_3=[k_{\alpha1}\quad k_{\alpha2}\quad k_{\alpha3}\quad k_{\alpha4}]\otimes\boldsymbol{I}_3$。代入$k_{\alpha1}$，$k_{\alpha2}$，$k_{\alpha3}$，$k_{\alpha4}$到最优编队控制协议中，得到无人机的编队控制效果如图 8-3 所示。

由于在设定性能函数中的参数时优化了系统的误差，因此在最优编队控制中实际路径与期望路径的偏差应该更小。

通过观察没有进行最优控制的编队控制结果图 8-3(a)，并对比最优控制下的编队控制结果图 8-3(b)，实验结果与预期效果是完全一致的。

同时令人满意的是，最优控制不仅使得系统误差达到最小，同时其完成编队控制所用的时间相比之下也有所减少，这在一定程度上加快了系统的收敛速度。

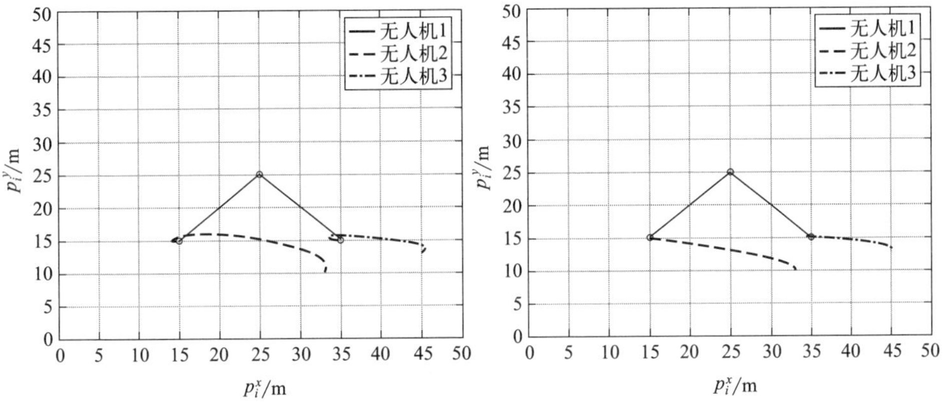

(a) 编队控制　　(b) 最优编队控制

图 8-3　多无人机系统的最优编队控制

8.4.2　实验 2：多无人车系统的最优编队控制

本节的多无人车系统最优编队控制是在第 6 章实验 2 的基础上增加了性能函数的约束。设在无人车性能函数中的权重矩阵为$\boldsymbol{Q}_i=5\boldsymbol{I}_2$，$\boldsymbol{R}_i=\boldsymbol{I}_2$。计算可得$\boldsymbol{K}_i=[2.2361]\otimes\boldsymbol{I}_2=[k_\beta]\otimes\boldsymbol{I}_2$。

多无人车系统的最优编队控制效果如图 8-4 所示。与本章实验 1 中的多无人机系统类似，多无人车系统的重点优化项同样是偏差项。因此系统在完成编队控制的过程中偏离目标位置的波动更小，这也可以通过对比图 8-4(a)、(b)在时间$t=1\text{s}$时的结果得到验证。

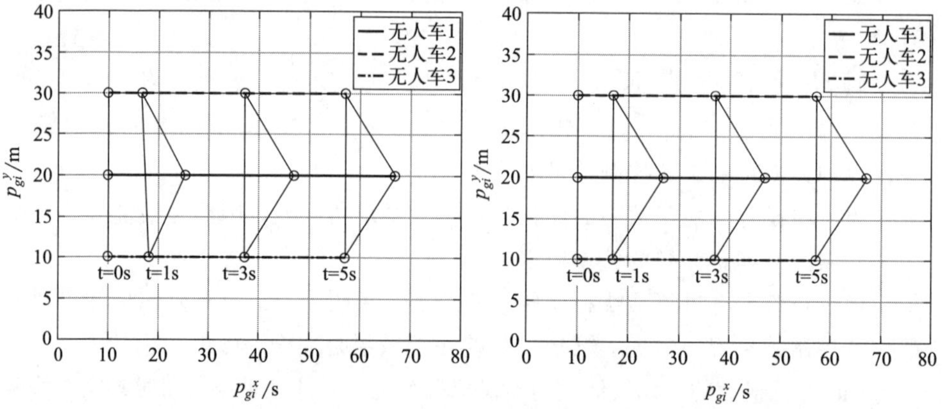

(a) 编队控制　　(b) 最优编队控制

图 8-4　多无人车系统的最优编队控制

8.4.3　实验 3：异构多智能体系统的仿真实验

为了进一步验证本章结论在工程应用中的价值，我们利用虚拟仿真软件 CoppeliaSim/Vrep 构造了一个由 3 架无人机和 4 辆无人车组成的异构系统，其通信关系如图 8-5 所示。

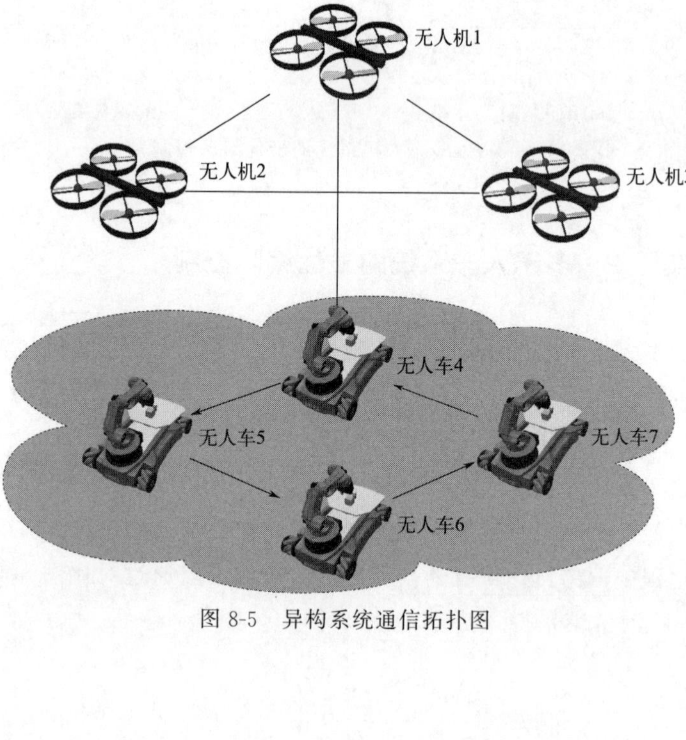

图 8-5　异构系统通信拓扑图

结合式(8-1) 对异构系统通信关系的分析，可得系统的拉普拉斯矩阵为

$$
\boldsymbol{L}=\left[\begin{array}{cc}
\underbrace{\begin{matrix} 3 & -1 & -1 \\ -1 & 2 & -1 \\ -1 & -1 & 2 \end{matrix}}_{\boldsymbol{L}_{AA}} & \underbrace{\begin{matrix} -1 & 0 & 0 & 0 \\ 0 & 0 & 0 & 0 \\ 0 & 0 & 0 & 0 \end{matrix}}_{\boldsymbol{L}_{AG}} \\
\underbrace{\begin{matrix} -1 & 0 & 0 \\ 0 & 0 & 0 \\ 0 & 0 & 0 \\ 0 & 0 & 0 \end{matrix}}_{\boldsymbol{L}_{GA}} & \underbrace{\begin{matrix} 2 & 0 & 0 & -1 \\ -1 & 1 & 0 & 0 \\ 0 & -1 & 1 & 0 \\ 0 & 0 & -1 & 1 \end{matrix}}_{\boldsymbol{L}_{GG}}
\end{array}\right]
$$

在这一异构系统中，无人机的初始位置状态为$\boldsymbol{p}_1(0)=[10\quad 5\quad 15]^{\mathrm{T}}$，$\boldsymbol{p}_2(0)=[7\quad 5\quad 13]^{\mathrm{T}}$，$\boldsymbol{p}_3(0)=[13\quad 5\quad 3]^{\mathrm{T}}$，无人车的初始位置状态为$\boldsymbol{p}_4(0)=[10\quad 5]^{\mathrm{T}}$，$\boldsymbol{p}_5(0)=[7\quad 0]^{\mathrm{T}}$，$\boldsymbol{p}_6(0)=[10\quad 0]^{\mathrm{T}}$，$\boldsymbol{p}_7(0)=[13\quad 0]^{\mathrm{T}}$，除此之外的其他状态均设为 0。

同时设定期望位置的向量为 $d(\boldsymbol{p}_1)=[10\quad 15\quad 10]^{\mathrm{T}}$，$d(\boldsymbol{p}_2)=[5\quad 10\quad 10]^{\mathrm{T}}$，$d(\boldsymbol{p}_3)=[15\quad 10\quad 10]^{\mathrm{T}}$，$d(\boldsymbol{p}_4)=[10\quad 15]^{\mathrm{T}}$，$d(\boldsymbol{p}_5)=[5\quad 10]^{\mathrm{T}}$，$d(\boldsymbol{p}_6)=[10\quad 5]^{\mathrm{T}}$，$d(\boldsymbol{p}_7)=[15\quad 10]^{\mathrm{T}}$，其他期望状态均为 0。

令无人机性能指标的权重矩阵为$\boldsymbol{Q}_i=2\boldsymbol{I}_{12}$，$\boldsymbol{R}_i=9\boldsymbol{I}_3$，无人车性能指标的权重矩阵为$\boldsymbol{Q}_i=5\boldsymbol{I}_2$，$\boldsymbol{R}_i=3\boldsymbol{I}_2$。通过求解黎卡提方程（8-23）可以得到 $k_{\alpha 1}=0.5$，$k_{\alpha 2}=1.7$，$k_{\alpha 3}=2.7$，$k_{\alpha 4}=2.4$，$k_{\beta}=1.3$。

所用的控制协议为最优编队控制协议（8-32）。控制效果如图 8-6 所示，图中展示了所有无人机和无人车在不同时刻的位置。

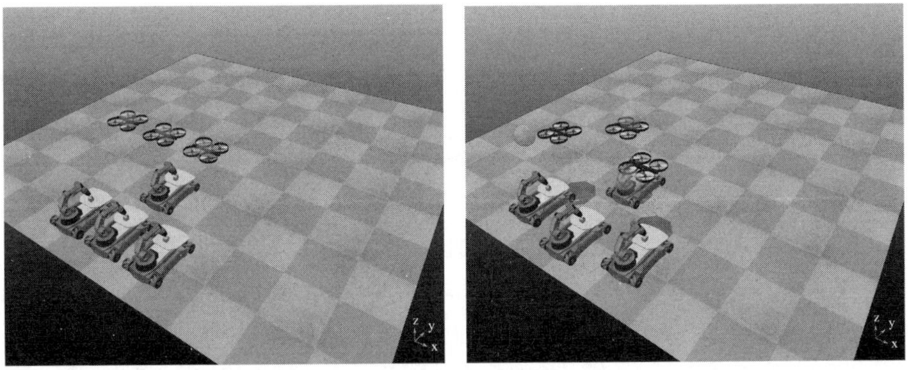

(a) t=0　　(b) t=3s

图 8-6

(c) t=5s　　　　(d) t=10s

图 8-6　异构系统在不同时刻的位置

观察异构系统在不同时刻的位置，可以看出无人车和无人机能够在保证误差较小的基础上快速完成编队任务。不过由于无人机飞行速度较快，在实验过程中无人机会出现偏离其期望路线的情况。

幸运的是，随着时间推移，这些不利因素的影响会降到最低。无人机最终可以返回到目标位置并完成编队要求。这也表明，本书所设计的控制协议具有一定的鲁棒性。

本章小结

我们在学习和研究时必须坚持系统观念。万事万物是相互联系、相互依存的。只有用普遍联系的、全面系统的、发展变化的观点观察事物，才能把握事物发展规律。

为此，在前面各章节的基础上，本章构建了由无人机和无人车组成的异构系统，并给出了异构系统的状态空间表达式模型。该模型通过构造转换矩阵解决了无人机和无人车工作空间的维度不匹配问题。不仅设计出了无人机和无人车的结合方式，还为其他异构智能体的协作提供了灵感。

接着基于异构系统的模型，设计了异构系统的动态一致性控制协议、静态一致性控制协议和编队控制协议。在实际工程应用中，总是要求系统的控制受到各种限制。我们将异构系统的限制整理为二次型函数，并对函数中的每一项做了论证和分析，解释了其在任务控制中具体的物理含义。

基于性能函数与最优控制理论，给出了单个智能体的最优控制律。最后结合最优控制与多智能体系统的分布式控制，得到了多智能体系统的分布式最优控制律。

此种方式不仅保留了多智能体控制的分布式优势，还为最优控制与多智能体系统的结合提供了一种可行方案。使异构多智能体系统在完成协同任务的同时，既能满足各种限制，也能优化相应的指标。

思考与练习题

1. 在由多个无人机和无人车组成的异构系统中，当存在领航者与跟随者时拉普拉斯矩阵是什么？

2. 由多个无人机和无人车组成的异构系统的状态空间表达式是什么？

3. 由于异构系统中智能体的模型并不相同，因此其协同的关键在于哪里？

4. 由多个无人机和无人车组成的异构系统的动态一致性定义是什么？

5. 由多个无人机和无人车组成的异构系统的动态一致性协议是什么？

6. 由多个无人机和无人车组成的异构系统的静态一致性定义是什么？

7. 由多个无人机和无人车组成的异构系统的静态一致性协议是什么？

8. 由多个无人机和无人车组成的异构系统的编队控制的定义是什么？

9. 由多个无人机和无人车组成的异构系统的编队控制协议是什么？

10. 什么是系统的性能指标？

11. 如果希望系统在控制过程中的动态误差与能量消耗达到综合最优，其最优控制律是什么？

12. 基于异构系统动态一致性控制协议的最优动态一致性控制协议是什么？

13. 基于异构系统静态一致性控制协议的最优静态一致性控制协议是什么？

14. 基于异构系统编队控制协议的最优编队控制协议是什么？

15. 简述最优控制协议与分布式控制相结合的优势。

附录 A
本书中出现的缩略语对照表

在书中出现了一些缩略语，下面统一列表显示出来，便于在阅读和学习本书时参考。表 A-1 是书中主要缩略语的英文全称和中文对照。在表的最后空出了几行，还可以自行添加认为重要的内容。

表 A-1　缩略语对照表

缩略语	英文全称	中文对照
MAS	Multi-Agent System	多智能体系统
UGV	Unmanned Ground Vehicle	无人地面车辆
UAV	Unmanned Aerial Vehicle	无人驾驶飞行器
AUV	Autonomous Underwater Vehicle	自主水下机器人
SISO	Single-Input Single-Output	单输入单输出
MIMO	Multi-Input Multi-Output	多输入多输出
PWM	Pulse Width Modulation	脉冲宽度调制
UWB	Ultra-Wide Band	超宽带

附录 B
常用的多智能体系统一致性协议

表 B-1 给出了书中定义的多智能体机器人系统的一致性协议（控制器），便于参考和进行纵向的对比分析。

表 B-1　常用的多智能体系统一致性协议

<table>
<tr><th>系统类型</th><th>一阶系统(第 4 章)</th><th>二阶系统(第 5 章)</th></tr>
<tr><td rowspan="2">连续系统</td><td rowspan="2">$\boldsymbol{u}_i(t)=\sum_{j\in N_i} a_{ij}(\boldsymbol{x}_j(t)-\boldsymbol{x}_i(t))$</td><td>动态一致性
$\boldsymbol{u}_i(t)=\alpha\sum_{j\in N_i} a_{ij}(\boldsymbol{p}_j(t)-\boldsymbol{p}_i(t))+\beta\sum_{j\in N_i} a_{ij}(\boldsymbol{v}_j(t)-\boldsymbol{v}_i(t))$</td></tr>
<tr><td>静态一致性
$\boldsymbol{u}_i(t)=\alpha\sum_{j\in N_i} a_{ij}(\boldsymbol{p}_j(t)-\boldsymbol{p}_i(t))-\beta\boldsymbol{v}_i(t)$</td></tr>
<tr><td rowspan="2">离散系统</td><td rowspan="2">$\boldsymbol{u}_i(k)=\sum_{j\in N_i} a_{ij}(x_j(k)-x_i(k))$</td><td>动态一致性
$\boldsymbol{u}_i(k)=\alpha\sum_{j\in N_i} a_{ij}(\boldsymbol{p}_j(k)-\boldsymbol{p}_i(k))+\beta\sum_{j\in N_i} a_{ij}(\boldsymbol{v}_j(k)-\boldsymbol{v}_i(k))$</td></tr>
<tr><td>静态一致性
$\boldsymbol{u}_i(k)=\alpha\sum_{j\in N_i} a_{ij}(\boldsymbol{p}_j(k)-\boldsymbol{p}_i(k))-\beta\boldsymbol{v}_i(k)$</td></tr>
<tr><td>切换拓扑</td><td>$\boldsymbol{u}(t)=-\boldsymbol{L}_t\cdot\boldsymbol{x}(t)$</td><td>—</td></tr>
<tr><td>连续时间含时延</td><td>$\boldsymbol{u}_i(t)=\sum_{j\in N_i} a_{ij}(\boldsymbol{x}_j(t-\tau)-\boldsymbol{x}_i(t-\tau))$</td><td>动态一致性
$\boldsymbol{u}_i(t)=\alpha\sum_{j\in N_i} a_{ij}(\boldsymbol{p}_j(t-\tau)-\boldsymbol{p}_i(t-\tau))+\beta\sum_{j\in N_i} a_{ij}(\boldsymbol{v}_j(t-\tau)-\boldsymbol{v}_i(t-\tau))$</td></tr>
</table>

续表

系统类型	一阶系统(第 4 章)	二阶系统(第 5 章)
领航跟随系统	$\boldsymbol{u}_i=\sum_{j\in N_i}a_{ij}(\boldsymbol{x}_j-\boldsymbol{x}_i)+\boldsymbol{l}_{il}(\boldsymbol{x}_0-\boldsymbol{x}_i)+\boldsymbol{v}_0$	$\boldsymbol{u}_i(t)=\alpha\left(\sum_{j\in N_i}a_{ij}(\boldsymbol{p}_j(t)-\boldsymbol{p}_i(t))+l_{il}(\boldsymbol{p}_0(t)-\boldsymbol{p}_i(t))\right)+\beta\left(\sum_{j\in N_i}a_{ij}(\boldsymbol{v}_j(t)-\boldsymbol{v}_i(t))+l_{il}(\boldsymbol{v}_0(t)-\boldsymbol{v}_i(t))\right)+\boldsymbol{a}_0$
连续时间编队控制	—	$\boldsymbol{u}_i(t)=\alpha\sum_{j\in N_i}a_{ij}(\tilde{\boldsymbol{p}}_j(t)-\tilde{\boldsymbol{p}}_i(t))+\beta\sum_{j\in N_i}a_{ij}(\tilde{\boldsymbol{v}}_j(t)-\tilde{\boldsymbol{v}}_i(t))+\boldsymbol{u}_{ci}$

参考文献

[1] 蒲志强，易建强，刘振，等. 知识和数据协同驱动的群体智能决策方法研究综述 [J]. 自动化学报，2022，48 (3)：1-17.

[2] 张志强，王龙. 多智能体系统的事件驱动控制 [J]. 控制理论与应用，2018，35 (08)：1051-1065.

[3] 闵海波，刘源，王仕成，等. 多个体协调控制问题综述 [J]. 自动化学报，2012，38 (10)：1557-1570.

[4] W R C. Flocks，herds and schools：A distributed behavioral model [J]. ACM SIGGRAPH Computer Graphics，1987，21 (4)：25-34.

[5] 陈磊，李钟慎. 多智能体系统一致性综述 [J]. 自动化博览，2018，35 (02)：74-78.

[6] VICSEK T，CZIRÓK A，BEN-JACOB E，et al. Novel type of phase transition in a system of self-driven particles [J]. Physical Review Letters，1995，75 (6)：1226.

[7] JADBABAIE A，LIN J，MORSE A S. Coordination of groups of mobile autonomous agents using nearest neighbor rules [J]. IEEE Transactions on Automatic Control，2003，48 (6)：988-1001.

[8] OLFATI-SABER R. Flocking for multi-agent dynamic systems：Algorithms and theory [J]. IEEE Transactions on Automatic Control，2006，51 (3)：401-420.

[9] SU H，WANG X，LIN Z. Flocking of multi-agents with a virtual leader [J]. IEEE Transactions on Automatic Control，2009，54 (2)：293-307.

[10] HU H. Biologically inspired design of autonomous robotic fifish at Essex [C] //IEEE SMC UK-RI Chapter Conference，on Advances in Cybernetic Systems. [S. l.：s. n.]，2006：3-8.

[11] BALCH T，DELLAERT F，FELDMAN A，et al. How multirobot systems research will accelerate our understanding of social animal behavior [J]. Proceedings of the IEEE，2006，94 (7)：1445-1463.

[12] ROSEN K H. 离散数学及其应用 [M]. 北京：机械工业出版社，2007.

[13] DONG W，FARRELL J A. Cooperative control of multiple nonholonomic mobile agents [J]. IEEE Transactions on Automatic Control，2008，53 (6)：1434-1448.

[14] ABDESSAMEUD A，TAYEBI A. Formation control of VTOL unmanned aerial vehicles with communication delays [J]. Automatica，2011，47 (11)：2383-2394.

[15] BAHR A，LEONARD J J，FALLON M F. Cooperative localization for autonomous underwater vehicles [J]. The International Journal of Robotics Research，2009，28 (6)：714-728.

[16] REN W，BEARD R W. Decentralized scheme for spacecraft formation flying via the virtual structure approach [J]. Journal of Guidance，Control，and Dynamics，2004，27 (1)：73-82.

[17] NUNNA H K，DOOLLA S. Multiagent-based distributed-energy-resource management for intelligent microgrids [J]. IEEE Transactions on Industrial Electronics，2012，60 (4)：1678-1687.

[18] WU C，FANG H，ZENG X，et al. Distributed Continuous-Time Algorithm for Time-Varying Optimization With Affine Formation Constraints [J]. IEEE Transactions on Automatic Control，2022：1-8.

[19] RUBENSTEIN M，CORNEJO A，NAGPAL R. Programmable self-assembly in a thousand-robot swarm [J]. Science，2014，345 (6198)：795-799.

[20] OLFATI-SABER R, MURRAY R. Consensus problems in networks of agents with switching topology and timedelays [J]. IEEE Transactions on Automatic Control, 2004, 49 (9): 1520-1533.

[21] DONG X, YU B, SHI Z, et al. Time-varying formation control for unmanned aerial vehicles: Theories and applications [J]. IEEE Transactions on Control Systems Technology, 2014, 23 (1): 340-348.

[22] FAX J, MURRAY R. Information flow and cooperative control of vehicle formations [J]. IEEE Transactions on Automatic Control, 2004, 49 (9): 1465-1476.

[23] MARTIN S, GIRARD A, FAZELI A, et al. Multiagent flocking under general communication rule [J]. IEEE Transactions on Control of Network Systems, 2014, 1 (2): 155-166.

[24] SONG Y, ZHAO W. Multi-agent system rendezvous via refined social system and individual roles [J]. Wseas Transactions on Systems and Control, 2014, 9 (1): 526-532.

[25] LIN J, MORSE A S, ANDERSON B D. The multi-agent rendezvous problem [C] //42nd ieee international conference on decision and control (ieee cat. no. 03ch37475): vol. 2. [S. l. : s. n.], 2003: 1508-1513.

[26] SCHENATO L, GAMBA G. A distributed consensus protocol for clock synchronization in wireless sensor network [C] //2007 46th ieee conference on decision and control. [S. l. : s. n.], 2007: 2289-2294.

[27] 王付永. 二阶动态多智能体系统包容控制问题研究 [D]. 天津: 南开大学, 2019.

[28] JI M, FERRARI-TRECATE G, EGERSTEDT M, et al. Containment control in mobile networks [J]. IEEE Transactions on Automatic Control, 2008, 53 (8): 1972-1975.

[29] MARTINOLI A, EASTON K, AGASSOUNON W. Modeling swarm robotic systems: A case study in collaborative distributed manipulation [J]. The International Journal of Robotics Research, 2004, 23 (4-5): 415-436.

[30] FOX D, KO J, KONOLIGE K, et al. Distributed multirobot exploration and mapping [J]. Proceedings of the IEEE, 2006, 94 (7): 1325-1339.

[31] YANG X, WATANABE* K, IZUMI K, et al. A decentralized control system for cooperative transportation by multiple non-holonomic mobile robots [J]. International Journal of Control, 2004, 77 (10): 949-963.

[32] 郭伟强. 基于一致性理论的无人机编队控制器设计 [D]. 哈尔滨: 哈尔滨工业大学, 2013.

[33] 黄家煜. 事件触发控制背景下的二阶多智能体一致性探究 [J]. 数学学习与研究, 2019 (03): 19.

[34] CAO Y, YU W, REN W, et al. An overview of recent progress in the study of distributed multi-agent coordination [J]. IEEE Transactions on Industrial Informatics, 2013, 9 (1): 427-438.

[35] HONG Y, HU J, GAO L. Tracking control for multi-agent consensus with an active leader and variable topology [J]. Automatica, 2006, 42 (7): 1177-1182.

[36] REN W, BEARD R W. Consensus algorithms for double-integrator dynamics [J]. Distributed Consensus in Multivehicle Cooperative Control: Theory and Applications, 2008: 77-104.

[37] CAO Y, STUART D, REN W, et al. Distributed containment control for multiple autonomous

vehicles with double-integrator dynamics: Algorithms and experiments [J]. IEEE Transactions on Control Systems Technology, 2010, 19 (4): 929-938.

[38] DING Z. Consensus disturbance rejection with disturbance observers [J]. IEEE Transactions on Industrial Electronics, 2015, 62 (9): 5829-5837.

[39] LIU Z, YUAN C, ZHANG Y, et al. A learning-based fault tolerant tracking control of an unmanned quadrotor helicopter [J]. Journal of Intelligent & Robotic Systems, 2016, 84 (1): 145-162.

[40] HU Y, LAM J, LIANG J. Consensus of multi-agent systems with Luenberger observers [J]. Journal of the Franklin Institute, 2013, 350 (9): 2769-2790.

[41] LI Z, ISHIGURO H. Consensus of linear multi-agent systems based on full-order observer [J]. Journal of the Franklin Institute, 2014, 351 (2): 1151-1160.

[42] ZHAO Z, LIN Z. Global leader-following consensus of a group of general linear systems using bounded controls [J]. Automatica, 2016, 68: 294-304.

[43] DING Z. Consensus control of a class of Lipschitz nonlinear systems [J]. International Journal of Control, 2014, 87 (11): 2372-2382.

[44] DING Z. Adaptive consensus output regulation of a class of nonlinear systems with unknown high-frequency gain [J]. Automatica, 2015, 51: 348-355.

[45] YU W, CHEN G, CAO M, et al. Second-order consensus for multiagent systems with directed topologies and nonlinear dynamics [J]. IEEE Transactions on Systems, Man, and Cybernetics, Part B (Cybernetics), 2009, 40 (3): 881-891.

[46] YU W, CHEN G, CAO M. Consensus in directed networks of agents with nonlinear dynamics [J]. IEEE Transactions on Automatic Control, 2011, 56 (6): 1436-1441.

[47] DING Z. Consensus output regulation of a class of heterogeneous nonlinear systems [J]. IEEE Transactions on Automatic Control, 2013, 58 (10): 2648-2653.

[48] LIN Z, FRANCIS B, MAGGIORE M. Necessary and sufficient graphical conditions for formation control of unicycles [J]. IEEE Transactions on Automatic Control, 2005, 50 (1): 121-127.

[49] QU Z. Cooperative control of dynamical systems: Applications to autonomous vehicles [M]. [S. l.]: Springer Science & Business Media, 2009.

[50] REN W, BEARD R W. Consensus seeking in multiagent systems under dynamically changing interaction topologies [J]. IEEE Transactions on Automatic Control, 2005, 50 (5): 655-661.

[51] XI J, CAI N, ZHONG Y. Consensus problems for high-order linear time-invariant swarm systems [J]. Physica A: Statistical Mechanics and its Applications, 2010, 389 (24): 5619-5627.

[52] GODSIL C, ROYLE G F. Algebraic graph theory [M]. [S. l.]: Springer Science & Business Media, 2001.

[53] LI Z, DUAN Z. Cooperative control of multi-agent systems: a consensus region approach [M]. [S. l.]: CRC press, 2017.

[54] WEN G, HU G, YU W, et al. Consensus tracking for higher-order multi-agent systems with switching directed topologies and occasionally missing control inputs [J]. Systems & Control Letters, 2013, 62 (12): 1151-1158.

[55] 苗国英，马倩. 多智能体系统的协调控制研究综述［J］. 南京信息工程大学学报（自然科学版），2013，5（05）：385-396.

[56] CONSOLINI L，MORBIDI F，PRATTICHIZZO D，et al. Leader-follower formation control of nonholonomic mobile robots with input constraints［J］. Automatica，2008，44（5）：1343-1349.

[57] DUAN H，LUO Q，YU Y. Trophallaxis network control approach to formation flight of multiple unmanned aerial vehicles［J］. Science China Technological Sciences，2013，56（5）：1066-1074.

[58] BALCH T，ARKIN R C. Behavior-based formation control for multirobot teams［J］. IEEE transactions on Robotics and Automation，1998，14（6）：926-939.

[59] DONG X，XI J，LU G，et al. Formation control for high-order linear time-invariant multiagent systems with time delays［J］. IEEE Transactions on Control of Network Systems，2014，1（3）：232-240.

[60] REN W. Consensus strategies for cooperative control of vehicle formations［J］. IET Control Theory & Applications，2007，1（2）：505-512.

[61] OH K K，PARK M C，AHN H S. A survey of multi-agent formation control［J］. Automatica，2015，53：424-440.

[62] 王荣浩，邢建春，王平，等. 地面无人系统的多智能体协同控制研究综述［J］. 动力学与控制学报，2016，14（02）：97-108.

[63] 谢光强，章云. 多智能体系统协调控制一致性问题研究综述［J］. 计算机应用研究，2011，28（06）：2035-2039.

[64] TANNER H G，JADBABAIE A，PAPPAS G J. Stable flocking of mobile agents，Part I：Fixed topology［C］//42nd IEEE International Conference on Decision and Control（IEEE Cat. No. 03CH37475）：vol. 2.［S. l.：s. n.］，2003：2010-2015.

[65] TANNER H G，BODDU A. Multiagent navigation functions revisited［J］. IEEE Transactions on Robotics，2012，28（6）：1346-1359.

[66] SABER R O，MURRAY R M. Flocking with obstacle avoidance：Cooperation with limited communication in mobile networks［C］//42nd IEEE International Conference on Decision and Control（IEEE Cat. No. 03CH37475）：vol. 2.［S. l.：s. n.］，2003：2022-2028.

[67] ANDO H，OASA Y，SUZUKI I，et al. Distributed memoryless point convergence algorithm for mobile robots with limited visibility［J］. IEEE Transactions on Robotics and Automation，1999，15（5）：818-828.

[68] PECORA L M，CARROLL T L. Synchronization in chaotic systems［J］. Physical Review Letters，1990，64（8）：821.

[69] LU W，CHEN T. New approach to synchronization analysis of linearly coupled ordinary differential systems［J］. Physica D：Nonlinear Phenomena，2006，213（2）：214-230.

[70] DUAN Z，CHEN G，HUANG L. Disconnected synchronized regions of complex dynamical networks［J］. IEEE Transactions on Automatic Control，2009，54（4）：845-849.

[71] FERRARI-TRECATE G，EGERSTEDT M，BUFFA A，et al. Laplacian sheep：A hybrid，stop-go policy for leaderbased containment control［C］//International Workshop on Hybrid Sys-

tems：Computation and Control. [S. l.：s. n.]，2006：212-226.

[72] CAO Y，REN W. Containment control with multiple stationary or dynamic leaders under a directed interaction graph [C] //Proceedings of the 48h IEEE Conference on Decision and Control (CDC) held jointly with 2009 28thChinese Control Conference. [S. l.：s. n.]，2009：3014-3019.

[73] CAO Y，REN W，EGERSTEDT M. Distributed containment control with multiple stationary or dynamic leaders in fixed and switching directed networks [J]. Automatica，2012，48 (8)：1586-1597.

[74] MEI J，REN W，MA G. Containment control for multiple Euler-Lagrange systems with parametric uncertainties in directed networks [C] //Proceedings of the 2011 American control conference. [S. l.：s. n.]，2011：2186-2191.

[75] LI Z，REN W，LIU X，et al. Distributed containment control of multi-agent systems with general linear dynamics in the presence of multiple leaders [J]. International Journal of Robust and Nonlinear Control，2013，23 (5)：534-547.

[76] 胡寿松. 自动控制原理 [M]. 北京：科学出版社，2019.

[77] 刘振全，贾红艳，戴凤智，等. 自动控制原理 [M]. 陕西：西安电子科技大学出版社，2017.

[78] 廖晓昕. 漫谈 Lyapunov 稳定性的理论、方法和应用 [J]. 南京信息工程大学学报（自然科学版），2009，1 (01)：1-15.

[79] 林敏，夏元清，吴爽. 多智能体领航跟随一致性和轨迹跟踪问题研究 [J]. 无人系统技术，2018，1 (03)：21-28.

[80] REN W，BEARD R W，ATKINS E M. Information consensus in multivehicle cooperative control [J]. IEEE Control Systems Magazine，2007，27 (2)：71-82.

[81] REN W，BEARD R W. Distributed consensus in multi-vehicle cooperative control [M]. [S. l.]：Springer，2008.

[82] ZHU J，TIAN Y P，KUANG J. On the general consensus protocol of multi-agent systems with double-integrator dynamics [J]. Linear Algebra and Its Applications，2009，431 (5-7)：701-715.

[83] 方保镕，周继东，李医民. 矩阵论 [M]. 北京：清华大学出版社，2013.

[84] 黄琳. 系统与控制理论中的线性代数：上册 [M]. 北京：科学出版社，2018.

[85] 黄琳. 系统与控制理论中的线性代数：下册 [M]. 北京：科学出版社，2018.

[86] LEWIS F L，ZHANG H，HENGSTER-MOVRIC K，et al. Cooperative control of multi-agent systems：optimal and adaptive design approaches [M]. [S. l.]：Springer Science & Business Media，2013.

[87] OLFATI-SABER R，FAX J A，MURRAY R M. Consensus and cooperation in networked multi-agent systems [J]. Proceedings of the IEEE，2007，95 (1)：215-233.

[88] XIE G，LIU H，WANG L，et al. Consensus in networked multi-agent systems via sampled control：Fixed topology case [C] //2009 American Control Conference. [S. l.：s. n.]，2009：3902-3907.

[89] GAO Y，WANG L. Sampled-data based consensus of continuous-time multi-agent systems with time-varying topology [J]. IEEE Transactions on Automatic Control，2011，56 (5)：1226-1231.

[90] XIE G，LIU H，WANG L，et al. Consensus in networked multi-agent systems via sampled con-

trol：switching topology case [C] //2009 American Control Conference. [S. l.：s. n.], 2009：4525-4530.

[91] 徐光辉. 多智能体系统的动力学分析与设计 [M]. 北京：科学出版社，2021.

[92] 纪良浩. 多智能体系统一致性协同演化控制理论与技术 [M]. 北京：科学出版社，2019.

[93] 宋莉，伍清河，王垚，等. 线性多智能体系统在固定和切换拓扑下的领航跟随控制 [J]. 控制与决策，2013，28 (11)：1685-1690.

[94] HU J, HONG Y. Leader-following coordination of multi-agent systems with coupling time delays [J]. Physica A：Statistical Mechanics and its Applications, 2007, 374 (2)：853-863.

[95] LI L, ZHANG X, WANG Z, et al. Consensus of leader-following multi-agent systems with sampling information under directed networks [C] //2017 IEEE International Conference on Computational Science and Engineering (CSE) and IEEE International Conference on Embedded and Ubiquitous Computing (EUC)：vol. 1. [S. l.：s. n.], 2017：63-68.

[96] ZHAO J, DAI F, SONG Y. Consensus of Heterogeneous Mixed-Order Multi-agent Systems Including UGV and UAV [C] //Proceedings of 2021 Chinese Intelligent Systems Conference：vol. 805. [S. l.：s. n.], 2022：202-210.

[97] REN W, ATKINS E. Second-order consensus protocols in multiple vehicle systems with local interactions [C] // AIAA Guidance, Navigation, and Control Conference and Exhibit. [S. l.：s. n.], 2005：6238.

[98] 唐骥宇. 多智能体系统一致性问题研究 [D]. 西安：长安大学，2014.

[99] SONG Y. Consensus of heterogeneous agents with linear discrete dynamics [C] //2015 34th Chinese Control Conference (CCC). [S. l.：s. n.], 2015：7416-7422.

[100] YUN-ZHONG S. Consensus of agents with mixed linear discrete dynamics [J]. International Journal of Control, Automation and Systems, 2016, 14 (4)：1139-1143.

[101] ZHANG Y, TIAN Y P. Consentability and protocol design of multi-agent systems with stochastic switching topology [J]. Automatica, 2009, 45 (5)：1195-1201.

[102] XIE D, WANG S. Consensus of second-order discrete-time multi-agent systems with fixed topology [J]. Journal of Mathematical Analysis and Applications, 2012, 387 (1)：8-16.

[103] REN W. Second-order consensus algorithm with extensions to switching topologies and reference models [C] // 2007 American Control Conference. [S. l.：s. n.], 2007：1431-1436.

[104] GAO Y, YU J, SHAO J, et al. Second-order group consensus in multi-agent systems with time-delays based on second-order neighbours' information [C] //2015 34th Chinese Control Conference (CCC). [S. l.：s. n.], 2015：7493-7498.

[105] YANG B, FANG H, WANG H. Second-order consensus in networks of dynamic agents with communication time-delays [J]. Journal of Systems Engineering and Electronics, 2010, 21 (1)：88-94.

[106] WANG Y, ZHOU W, LI M. Consensus problem of the first-order linear network and the second-order linear network [C] //2010 Chinese Control and Decision Conference. [S. l.：s. n.], 2010：4124-4128.

[107] SU J H, FONG I K, TSENG C L. Stability analysis of linear systems with time delay [J]. IEEE Transactions on Automatic Control, 1994, 39 (6)：1341-1344.

[108] GOLDIN D, RAISCH J. Controllability of second order leader-follower systems [J]. IFAC Proceedings Volumes, 2010, 43 (19): 233-238.

[109] PARKS P C, HAHN V. Stability Theory [M]. [S. l.]: Prentice-Hall, Inc., 1993.

[110] TANG Z J, HUANG T Z, HU J P, et al. Leader-following consensus in networks of agents with nonuniform time-varying delays [J]. Mathematical Problems in Engineering, 2012.

[111] CAO Y, REN W, LI Y. Distributed discrete-time coordinated tracking with a time-varying reference state and limited communication [J]. Automatica, 2009, 45 (5): 1299-1305.

[112] LI W, CHEN Z, LIU Z. Leader-following formation control for second-order multiagent systems with time-varying delay and nonlinear dynamics [J]. Nonlinear Dynamics, 2013, 72 (4): 803-812.

[113] ZHANG C, JICHAO Z, DAI F. A design of multi-agent system simulation platform based on unmanned ground vehicles and a research on formation control protocol [C] //2022 Proceedings of International Conference on Artificial Life and Robotics (ICAROB): vol. 27. [S. l.: s. n.], 2022: 808-812.

[114] 戴凤智，王璇，马文飞. 四旋翼无人机的制作与飞行 [M]. 北京：化学工业出版社，2018.

[115] LAI L C, YANG C C, WU C J. Time-optimal control of a hovering quad-rotor helicopter [J]. Journal of Intelligent and Robotic Systems, 2006, 45 (2): 115-135.

[116] WANG J, HAN L, DONG X, et al. Distributed sliding mode control for time-varying formation tracking of multi-UAV system with a dynamic leader [J]. Aerospace Science and Technology, 2021, 111: 106549.

[117] ABDOLHOSSEINI M, ZHANG Y M, RABBATH C A. An efficient model predictive control scheme for an unmanned quadrotor helicopter [J]. Journal of Intelligent & Robotic Systems, 2013, 70 (1): 27-38.

[118] YANG X, WANG W, HUANG P. Distributed optimal consensus with obstacle avoidance algorithm of mixed-order UAVs - USVs - UUVs systems [J]. ISA Transactions, 2020, 107: 270-286.

[119] 胡寿松，王执铨，胡维礼. 最优控制理论与系统 [M]. 北京：科学出版社，2017.